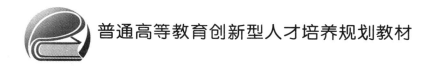
普通高等教育创新型人才培养规划教材

实时数字信号处理实践方法
——从理论到实现

金 靖 等编著

北京航空航天大学出版社

内 容 简 介

本书介绍了实时数字信号处理系统设计和实现的相关理论、技术和方法。全书共9章,前4章介绍了实时数字信号处理应用基础及仿真方法,主要包括信号产生与操作、信号频谱分析技术、离散时间系统分析与实现、数字滤波器设计等;后5章介绍了实时数字信号处理系统设计与实现,包括系统组成、软硬件结构和控制、折衷设计、实时算法开发、系统实现的技术手段等。本书的重点是从信号处理理论到软硬件实现的映射过程和转换方法,并结合实际应用需求配有大量实例。

本书可作为电子、仪器、自动控制、光学等专业高年级本科生和研究生的教材或参考书,也可供相关研究人员和工程师使用。

图书在版编目(CIP)数据

实时数字信号处理实践方法:从理论到实现 / 金靖等编著. -- 北京:北京航空航天大学出版社,2016.7
 ISBN 978-7-5124-2173-8

Ⅰ. ①实… Ⅱ. ①金… Ⅲ. ①数字信号处理 Ⅳ. ①TN911.72

中国版本图书馆 CIP 数据核字(2016)第 136482 号

版权所有,侵权必究。

实时数字信号处理实践方法——从理论到实现

金 靖 等编著

责任编辑 孙兴芳

*

北京航空航天大学出版社出版发行

北京市海淀区学院路 37 号(邮编 100191) http://www.buaapress.com.cn
发行部电话:(010)82317024 传真:(010)82328026
读者信箱:goodtextbook@126.com 邮购电话:(010)82316936
北京泽宇印刷有限公司印装 各地书店经销

*

开本:710×1 000 1/16 印张:14.75 字数:314 千字
2016 年 8 月第 1 版 2016 年 8 月第 1 次印刷 印数:3 000 册
ISBN 978-7-5124-2173-8 定价:35.00 元

若本书有倒页、脱页、缺页等印装质量问题,请与本社发行部联系调换。联系电话:(010)82317024

前　　言

目前，国内关于数字信号处理的书籍基本分为两大类：一类是以 A·V·奥本海姆所著《离散时间信号处理》为代表的理论类书籍，该类书籍重点讲解信号处理理论的物理概念和数学描述，具有系统、严谨的理论体系；另一类主要讲解与信号处理相关的硬件和软件工具，如 DSP、FPGA、ARM、MCU 芯片应用和 C 语言、汇编语言、硬件描述语言以及 MATLAB 软件等。但是，在实际的信号处理系统设计和实现过程中，并不能完全将系统功能和理论算法直接对应到硬件和软件工具中，很多情况下需要对系统功能和算法进行优化、简化、转换和重新配置，仅仅这两类书籍是无法覆盖全过程的。本书正是根据以上现状，在对数字信号处理基础理论进行凝练、总结和归类的基础上，重点介绍了将信号处理理论映射到软硬件工具中的通用方法和技术，较为系统和全面地论述了实时数字信号处理系统的设计和实现方法，在信号处理理论和实现工具之间架设了一座桥梁，并能够给已经学习过基础理论的高年级本科生、研究生、相关研究人员和工程师的科研实践工作提供必要和有效的指导。为了突出实践性和技术特点，本书针对提炼出的各种通用技术和方法都配备了相应的例子加以说明。

本书较系统地介绍了实时数字信号处理系统设计和实现的相关理论、技术和方法，总结和凝练了从系统功能和算法理论映射到实现工具过程中所涉及的系统和算法仿真、优化、折衷、简化、分解、映射等重要方法，针对性和应用性强。全书共 9 章，前 4 章介绍了实时数字信号处理应用基础及仿真方法，主要包括信号产生与操作、信号频谱分析技术、离散时间系统分析与实现、数字滤波器设计等；后 5 章介绍了实时数字信号处理系统设计与实现，包括系统组成、软硬件结构和控制、折衷设计、实时算法开发、系统实现技术等。

该书的受众目标是高年级本科生、研究生、相关研究人员和工程师，假设读者已经具备高等数学、线性代数、概率统计、信号与系统、数字电路和计算机原理的初步知识。所以，内容并不拘泥于完整的基础理论体系和详细的公式推导，而是通过大量的实例来强调理论和公式的应用，从应用中归纳、总结和提炼方法，并初步训练读者使用信号处理工具的能力。

本书由北京航空航天大学的金靖、潘雄、李慧、宋镜明、孔令海和任聪编写，其中，第 1 章由宋镜明编写，第 2、5、6、7、8、9 章由金靖编写，第 3 章由潘雄编写，第 4 章由李慧编写，全书的仿真实例由孔令海和任聪编写，金靖负责全书的统稿工作。

在本书的编写过程中，邀请了北京航空航天大学的张春熹教授和宋凝芳教授审阅本书，他们对书中内容提出了宝贵的意见，并对该书的出版给予了热情的支持和帮助，在此表示衷心感谢；同时，感谢研究生王庆涛、李亚、张婷、张浩石、张丁对本书进行细致的校验，感谢北京航空航天大学仪器科学与光电工程学院对本书出版给予的大力支持。

由于作者水平有限，书中尚存缺点和遗漏之处，恳请读者提出宝贵意见和建议，以帮助作者提高水平和进一步完善本书。

作　者

2016 年 2 月

目　　录

第1章　离散时间信号 ·· 1
1.1　信号的概念及分类 ··· 1
1.2　基本离散时间信号的表示 ··· 5
1.3　典型离散随机信号的表示 ·· 12
1.4　离散时间信号的基本运算和操作 ·· 19

第2章　离散傅里叶变换和Z变换 ·· 30
2.1　离散傅里叶变换 ··· 30
2.2　进行频谱分析的注意事项 ··· 39
2.3　频谱分析实例 ·· 44
2.4　Z变换概述 ··· 46

第3章　离散时间系统 ·· 49
3.1　离散时间系统的概念和性质 ·· 49
3.2　离散时间系统的模型 ··· 50
3.3　离散时间系统的结构、分析与实现 ··· 56

第4章　数字滤波器设计 ··· 68
4.1　概　述 ··· 68
4.2　IIR滤波器设计 ·· 70
4.3　FIR滤波器设计 ··· 80

第5章　实时数字信号处理系统概述 ··· 93
5.1　实时数字信号处理系统的特点 ··· 93
5.2　实时数字信号处理系统的基本组成 ··· 94
5.3　实时数字信号处理系统的数字表示法 ··· 102

第6章　实时数字信号处理系统的软件和硬件结构 ··· 115
6.1　实时数字信号处理系统的通用软件结构 ··· 115
6.2　硬件描述语言中的典型软件结构 ·· 121

6.3 实时数字信号处理器的一般硬件结构 …………………………… 126
  6.4 FPGA 的基本硬件结构 …………………………………………… 129
  6.5 实时数字信号处理系统中的多处理器结构 ……………………… 132
  6.6 数字信号处理器系统的控制 ……………………………………… 137

第 7 章 实时数字信号处理系统的折衷设计 …………………………… 142
  7.1 折衷设计方法 ……………………………………………………… 142
  7.2 软件和硬件折衷 …………………………………………………… 143
  7.3 软件的时间和空间折衷 …………………………………………… 147
  7.4 硬件的时间和空间折衷 …………………………………………… 157
  7.5 其他类型折衷 ……………………………………………………… 166

第 8 章 实时数字信号处理算法的开发 ………………………………… 173
  8.1 实时数字信号处理算法的概念和性能分析 ……………………… 173
  8.2 实时数字信号处理算法的设计和描述 …………………………… 182
  8.3 实时数字信号处理算法实现的基本步骤 ………………………… 187

第 9 章 实时数字信号处理系统实现的技术手段 ……………………… 191
  9.1 输入数据的简化处理 ……………………………………………… 191
  9.2 算法的优化和简化 ………………………………………………… 192
  9.3 算法的转化和移植 ………………………………………………… 202
  9.4 算法的分解 ………………………………………………………… 208
  9.5 软硬件联合设计 …………………………………………………… 215
  9.6 通信优化设计 ……………………………………………………… 218
  9.7 测试和验证方法 …………………………………………………… 222

参考文献 ………………………………………………………………………… 225

第 1 章 离散时间信号

1.1 信号的概念及分类

信号是指消息的表现形式,既可以是带有信息的某种物理量,也可以是一个数学函数。如果将信号表示为 $x(t)$,则因变量 x 即是信号的幅值,其可以代表不同的物理量,如电流、光强、波长、压力、转速等;自变量 t 也称信号的域,很多场合下都代表时间,则信号 $x(t)$ 被称为时间信号或时域信号,但 t 也可能是频率、空间、温度等变量,相对应的则是频域信号、空间域信号和温度域信号等。在本书中,不做特殊说明时,均把 $x(t)$ 视为时域信号。

图 1.1(a)所示是一个超辐射发光二极管输出光的中心波长随时间变化的情况,该信号的因变量是波长,自变量是时间,因此,该信号是一个时域波长信号;图 1.1(b)所示是相同时间段内该超辐射发光二极管所处温箱内的温度随时间变化的波形,该信号的因变量代表温度,自变量同样为时间,因此,该信号为时域温度信号。对比图 1.1(a)和图 1.1(b)可知,波长和温度有着十分明显的相关性,相比波长在时间域的表现,我们更关心波长与温度间的数学关系和物理内涵。将波长作为因变量(信号的幅值)、温度作为自变量(信号的域),可以得到一个温度域内的波长信号,如图 1.1(c)所示。

根据信号的特点、性质、表达方式以及研究角度等,可将信号分为下列常见类型。

1. 连续信号、离散抽样信号和数字信号

连续信号是指域和幅值都连续的信号,记为 $x(t)$。若该信号的域 t 为时间,则称 $x(t)$ 为连续时间信号。

只有信号的域被离散和量化了的信号才称为离散抽样信号,记为 $x(nT_s)$(其中,T_s 为抽样周期,n 取整数),一般可以简化为 $x(n)$。特别地,当信号 $x(nT_s)$ 的自变量为时间时,离散抽样信号又称为离散时间信号,$x(n)$ 也称为离散时间序列。

若信号的域和幅值都被离散和量化了,则该信号为数字信号。连续信号数字化的过程如图 1.2 所示。

在信号处理过程中,进行数学公式推导和演算时可用连续信号。使用 C 语言和 MATLAB 程序等在计算机中仿真时,因为数据字长较长,信号幅值的量化精度很高,可近似认为信号是幅值连续的离散抽样信号或离散时间信号,本书的前 4 章将主要关注离散时间信号。在实时数字信号处理系统中,使用了模/数转换器(Analog-to-Digital Converter,ADC)、现场可编程门阵列(Field Programmable Gate Array,

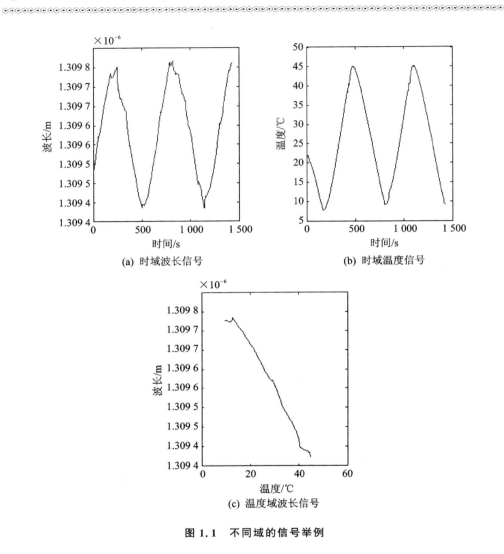

图 1.1 不同域的信号举例

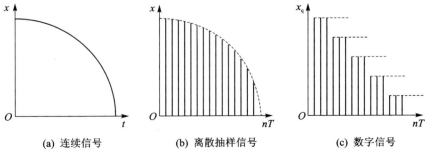

图 1.2 连续信号数字化

FPGA)和数字信号处理器(Digital Signal Processor,DSP)等数字化器件,要求所处理信号的域和幅值均量化,即数字信号,本书后续关于实时数字信号处理系统设计和实现的内容将主要涉及数字信号。

2. 确定性信号和随机信号

如果信号能够用明确的数学关系来描述,并能利用该数学关系精确地确定或预测信号的值,则该信号为确定性信号。相反,随机信号的取值是不可精确确定和预测的,其因变量和自变量缺乏明确的数学关系表述,只能用统计学的方法描述其平均特性。

光电探测器组件(包括光电转换器和跨阻抗放大器)的输出噪声是典型的随机信号,我们无法精确确定和预测其取值,只能确定其均值、方差等统计特性。图 1.3 所示为在相同实验条件下独立地多次重复测试光电探测器组件输出噪声的实验结果。

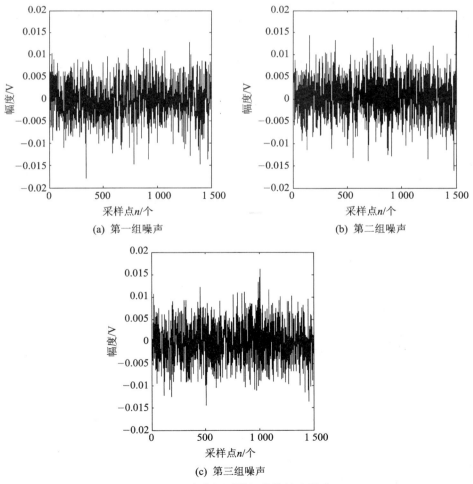

图 1.3 光电探测器组件的输出噪声

在实际工作中,很难得到理想的确定性信号,各种物理过程总是伴随着随机因素,信号的产生和测量也都不可避免地包含各种随机过程。因此,我们得到的数据往往是理想确定性信号和随机信号的某种组合。判断实际数据是否为确定性的一个实践标准是,能否通过可控的实验重复这个数据。在相同条件下独立地重复多次产生特定数据的实验,如果产生的所有结果都相同或其差异在实验误差允许的范围内,那么该数据就被认为是确定性的。

对于一个正弦信号 $x(t)=\sin(2\pi ft+\varphi)$,确定了频率 f 和相位 φ 后,该信号就是严格的确定性信号。但在实际电路中,给定的频率 f_0 和相位 φ_0 均伴随着微小的随机波动。例如,考虑相位有随机波动时,正弦信号可以表示为 $x(t)=\sin[2\pi f_0 t+\varphi_0+\Delta\varphi(t)]$,其中,$\Delta\varphi(t)$ 是服从某种概率分布的随机信号。如果 $\Delta\varphi(t)$ 的波动足够小,就可以较精确地确定 $x(t)$ 的值,那么近似认为信号 $x(t)$ 是确定性的;如果 $\Delta\varphi(t)$ 的波动较大,信号 $x(t)$ 的相位带有明显的随机性,无法较精确地确定 $x(t)$ 的值,那么就认为 $x(t)$ 是随机信号。两种情况如图 1.4 所示,实线为确定性正弦波,虚线为带有相位随机波动的正弦波。

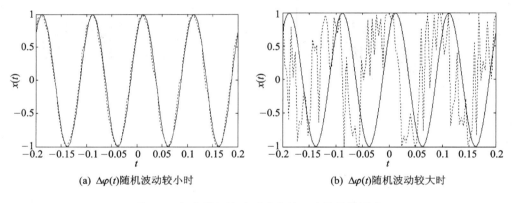

(a) $\Delta\varphi(t)$ 随机波动较小时   (b) $\Delta\varphi(t)$ 随机波动较大时

图 1.4 相位随机波动对确定性正弦信号的影响

随机信号包括平稳随机信号和非平稳随机信号,平稳随机信号还可进一步分为各态遍历信号和非各态遍历信号。

3. 周期信号和非周期信号

对于所有的 t 和 n,如果有

$$x(t) = x(t+T) \tag{1.1}$$

$$x(n) = x(n+N) \tag{1.2}$$

式中:T 表示周期;N 为整数,表示周期,则称 $x(t)$ 和 $x(n)$ 为周期信号,否则称为非周期信号。1.2 节将给出典型周期信号和非周期信号。

4. 持续期有限信号和持续期无限信号

信号 $x(t)$ 和 $x(n)$ 满足下列条件:

第 1 章 离散时间信号

$$x(t) = 0, \quad |t| > T \tag{1.3}$$

$$x(n) = 0, \quad n < N_1 \text{ 或 } n > N_2 \tag{1.4}$$

式中：T 为正数，N_1 和 N_2 为整数且 $N_2 \geq N_1$，则称信号 $x(t)$ 和 $x(n)$ 为持续期有限信号；当 $T=\infty$，$N_1=-\infty$ 或 $N_2=\infty$ 时，称信号 $x(t)$ 和 $x(n)$ 为持续期无限信号。

5. 能量信号和功率信号

信号 $x(t)$ 和 $x(n)$ 的总能量或能量为

$$E = \int_{-\infty}^{\infty} |x(t)|^2 \mathrm{d}t \tag{1.5}$$

$$E = \sum_{n=-\infty}^{\infty} |x(n)|^2 \tag{1.6}$$

信号 $x(t)$ 和 $x(n)$ 的平均功率或功率为

$$P = \lim_{T \to \infty} \frac{1}{T} \int_{-T/2}^{T/2} |x(t)|^2 \mathrm{d}t \tag{1.7}$$

$$P = \lim_{N \to \infty} \frac{1}{2N+1} \sum_{n=-N}^{N} |x(n)|^2 \tag{1.8}$$

能量有限信号，即 $0 < E < \infty$，称为能量信号；功率有限信号，即 $0 < P < \infty$，称为功率信号。对于理想的周期信号和随机信号，由于其持续时间是无限长的，其能量是无限的，所以可以从功率角度对其进行分析。

1.2 基本离散时间信号的表示

下面介绍一些常用的基本离散时间信号，并且介绍它们在 MATLAB 软件中是如何产生的。

1. 单位抽样序列

单位抽样序列又称为单位冲激序列，定义为

$$\delta(n) = \begin{cases} 1, & n = 1 \\ 0, & n \neq 0 \end{cases} \tag{1.9}$$

在 MATLAB 中，可以用 zeros 函数产生该信号，即

```
% * * * * * * * * * * * * * * * 生成一个总长度为 count 的单位抽样序列 * * * * * * * * * * * * * * * %
t = -10:1:10;                    % 序列位置向量点
count = length(t);               % 序列总长度
a = zeros(1, count);             % 产生一个全 0 序列
a(fix(count/2) + 1) = 1;         % 将对称中心值赋为 1，即 t = 0 时 a = 1
stem(t, a, '.k');                % 作图
```

单位抽样序列如图 1.5 所示。

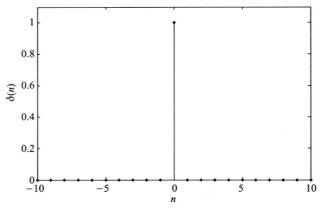

图 1.5 单位抽样序列

2. 单位阶跃序列

$$u(n) = \begin{cases} 1, & n \geqslant 0 \\ 0, & n < 0 \end{cases} \quad (1.10)$$

在 MATLAB 中,可以用 ones 函数产生该信号,即

```
% * * * * * * * * * * * * * * 生成一个总长度为 count 的单位阶跃序列 * * * * * * * * * * * * * * %
n = - 20:1:20;                    % 序列位置向量点
count = length(n);                % 序列总长度
a = zeros(1,fix(count/2));        % 产生一个全 0 序列
b = ones(1,fix(count/2) + 1);     % 产生一个全 1 序列
u = [a b];                        % 拼成单位阶跃序列,n<0 时 u = 0,n≥0 时 u = 1
stem(t, a, '.k');                 % 作图
```

单位阶跃序列如图 1.6 所示。

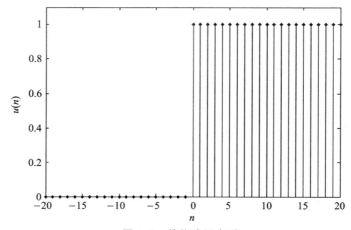

图 1.6 单位阶跃序列

3. 实指数序列

$$x(n) = a^n, \quad -\infty < n < \infty, a \in \mathbf{R} \tag{1.11}$$

在 MATLAB 中的产生方法如下：

```
% ************* 生成一个以 a 为底、总长度为 N 的指数序列 *************%
n = 1:N;
x = a.^n;              % 点阶乘,".^"是对向量或矩阵中元素进行阶乘运算
```

当输入参数 $a=0.9, N=20$ 时，有如图 1.7 所示的结果。

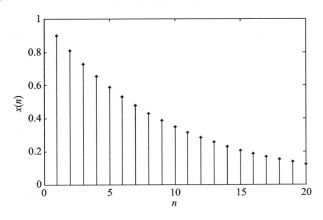

图 1.7　实指数序列

4. 复指数序列

$$x(n) = e^{(\sigma+j\omega)n}, \quad -\infty < n < \infty \tag{1.12}$$

在 MATLAB 中的产生方法如下：

```
% ********************* 复指数序列 *********************%
n = 1:N;                % N 表示生成序列的长度
x = exp(a*n);           % x 表示生成的复指数序列值,a 表示指数参数(应该为复数)
rea = real(x);          % rea 表示复指数序列的实部序列
ima = imag(x);          % ima 表示复指数序列的虚部序列
amp = abs(x);           % amp 表示复指数序列的幅度值序列
pha = angle(x);         % pha 表示复指数序列的相位值序列
```

当输入参数为 $a=-0.3+0.5\times j, N=20$ 时，有如图 1.8 所示的结果。

5. 矩形脉冲序列

矩形脉冲序列可由两个单位阶跃序列组合产生，如下：

$$x(n) = A[u(n+k) - u(n-k)] \tag{1.13}$$

式中：脉冲幅度为 A，脉冲宽度为 $2k$。一种在 MATLAB 中产生矩形脉冲序列的方法如下：

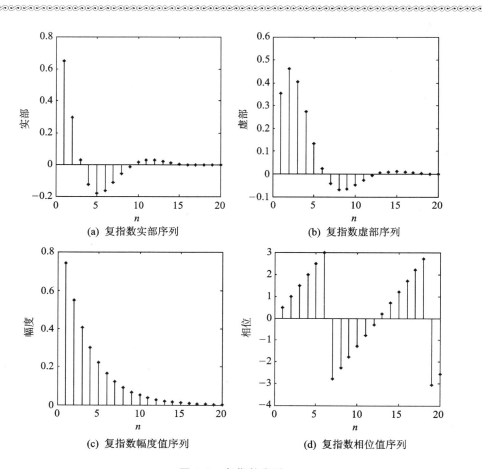

图 1.8 复指数序列

```
% ***************生成一个宽度为 n 的矩形脉冲序列****************%
a1 = zeros(1,m - 1);
b1 = ones(1,M - m + 1);
u1 = [a1 b1];              % 延时为 m 个点的单位阶跃序列
a2 = zeros(1,m + n - 1);
b2 = ones(1,M - m - n + 1);
u2 = [a2 b2];              % 延时为 m + n 个点的单位阶跃序列
x = u1 - u2;               % 两个不同延时的单位阶跃序列相减得宽度为 n 的矩形脉冲序列
```

当输入参数 $m=5$, $n=4$, $M=10$ 时,生成起始点为 $m=5$、宽度为 $n=4$ 的矩形脉冲序列的过程如图 1.9 所示。

6. 正弦波序列

$$x(n) = A\sin(2\pi f T_s n + \varphi), \quad T_s = 1/f_s \tag{1.14}$$

$$x(n) = A\sin(\Omega T_s n + \varphi), \quad \Omega = 2\pi f \tag{1.15}$$

第 1 章 离散时间信号

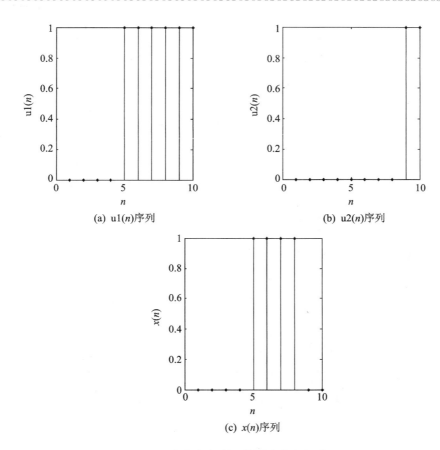

图 1.9 产生宽度为 4 的矩形脉冲序列

$$x(n) = A\sin(\omega n + \varphi), \quad \omega = 2\pi f T_s \tag{1.16}$$

正弦波序列可以表示成上述 3 种形式,其中,A 是信号幅值,T_s 为抽样周期,f_s 为抽样频率,φ 为信号相位,f 是信号频率(单位是 Hz),Ω 为模拟角频率(单位是 rad/s),ω 为数字角频率或圆频率(单位是 rad/s),ω 也表示 Z 平面的幅角或向量的相角。

在 MATLAB 中可用如下方法产生正弦波序列:

```
% ************** 生成序列总长度为M点的正弦波序列 **************%
n = 0:M-1;                  %M是序列点数
t = n/fs;                   % fs为抽样频率,t为采样点的时间值
x = A * sin(2 * pi * fo * t + ph);  % fo为信号频率,A为正弦波幅值,ph为初始相位
```

当输入参数 $M=64, A=1, ph=0, fo=10, fs=400$ 时,有如图 1.10 所示的结果。

7. 方波序列

在 MATLAB 中,可以用 square 函数方便地生成任意占空比的方波信号,例如:

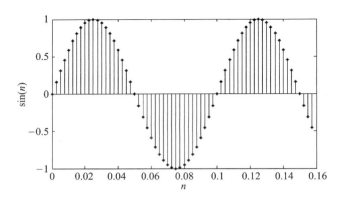

图 1.10 正弦波序列

```
% ****** 利用 square(t,duty)函数产生频率为 50 Hz、幅值为 ±1 的方波序列 ******%
t = 0:0.001:0.05;          % 生成采样时间点
duty = 30;                 % 占空比为 30%
f = 50;                    % 信号频率为 50 Hz
x = square(2 * pi * f * t,duty);
```

图 1.11 所示为方波序列。

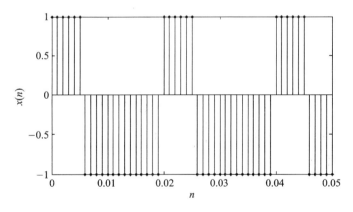

图 1.11 方波序列

此外,也可利用有限项的傅里叶级数来逼近周期信号。例如,对称方波信号的傅里叶级数展开表达式为

$$x(n) = \frac{2A}{\pi} \sum_{k=1}^{\infty} \frac{1}{k} \sin\left(\frac{k\pi}{2}\right) \cos\left[(k2\pi f) T_s n\right] \tag{1.17}$$

式中:A 为方波幅值,T_s 为抽样周期,f 为方波频率。

我们可以利用上式中的有限项来产生近似的对称方波信号。利用此种方法的 MATLAB 程序如下:

```
% ************** 利用有限项的傅里叶级数来逼近周期信号 **************%
A = 1; Ts = 0.02; f = 1; N = 100;   % A 为方波幅值,Ts 为抽样周期,f 为方波频率
x = zeros(1,N);
K = 1;                    % K = 7; % K = 125;  % 分别取 1 项、7 项和 125 项傅里叶级数
for n = 1:N
    for k = 1:K
        x(n) = x(n) + (sin(k * pi/2) * cos(2 * pi * k * Ts * n * f))/k;
    end
    x(n) = x(n) * A * 2/pi;
end
```

图 1.12 给出了取 1 项、7 项和 125 项傅里叶级数来逼近对称方波的结果,分别对应图中的实线、长虚线和短虚线。

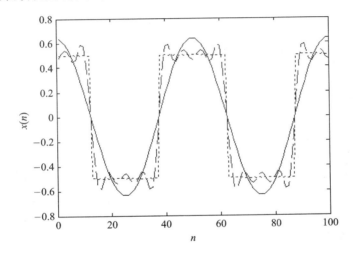

图 1.12 分别取 1 项、7 项和 125 项傅里叶级数来逼近对称方波

8. 锯齿波序列

在 MATLAB 中,可以用 sawtooth 函数方便地生成锯齿波信号,例如:

```
% ****** sawtooth(t,width)函数产生频率为 50 Hz、幅度为 ±1 的三角波 ******%
t = 0:0.001:0.05;                  % 生成采样时间点
f = 50;                            % 信号频率
width = 1;                         % width 为 0~1 之间的尺度参数
x = sawtooth(2 * pi * f * t,width); % 当 width = 1 时,产生一个奇对称三角波
```

锯齿波序列如图 1.13 所示。

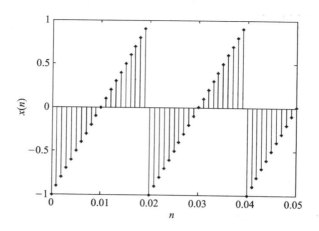

图 1.13 锯齿波序列

1.3 典型离散随机信号的表示

在数字信号处理算法仿真和实现过程中,除了会用到 1.2 节介绍的确定性离散时间信号外,还经常要用到具有不同统计特性的离散随机信号。下面将介绍一些典型的离散随机信号以及它们的产生方法。

为了生成随机信号,可以使用随机数生成算法产生一组随机数,然后将这组随机数看作是顺序时间的一组采样样本,使用这组随机数模拟离散随机信号或离散随机序列。这里要注意的是,采用随机数生成算法并不能生成理想随机数,因为计算机的字长有限,且随机数序列长度有限、周期性重复,只能要求生成的随机数通过统计检验尽可能符合理想随机数的一些统计特性,因此,也称这些用算法生成的随机数为伪随机数。

最常用的一种伪随机数生成算法是线性同余法,利用该算法可以生成均匀分布的随机数,在 MATLAB 和 C 语言等高级计算机语言中也都有产生伪随机数的函数可以直接调用。一般要求生成的伪随机数中,各个数值相互独立,而且这组数是互不相关的,符合白噪声的统计特性。

1. 均匀分布随机序列的产生

线性同余法是一种比较好的产生伪随机序列的方法,其采用如下线性递推公式:

$$x_{n+1} = bx_n + a \tag{1.18}$$

式中:参数 b、a 和初值 $x(0)$ 均为正整数,合理地选择这 3 个参数才能使产生的随机序列中各个数值相互独立。

然后,再通过下式便可产生在区间[0,1]内均匀分布的伪随机序列 U:

$$u_{n+1} = \frac{x_{n+1}(\bmod M)}{M} \tag{1.19}$$

式中：mod M 表示对模 M 取余，其定义为：若任意整数 x 可表示为 $x=mM+c$，其中，$0 \leqslant c < M$ 或 $M < c \leqslant 0$，m 为整数，则有 $x(\bmod M)=c$。

利用线性同余法产生在单位区间内均匀分布的随机序列，参数定义为：$x(0)=1$，$a=296\,891$，$b=1.9$，$M=2^{31}-1$，相应的 MATLAB 程序如下：

```
% ********线性同余法产生单位区间内服从均匀分布的随机序列 *********%
x = zeros(1,N);
u = zeros(1,N);
for i = 1:N-1
    x(i+1) = b* x(i) + a;              %生成序列 x(n)
end
for k = 1:N
    u(k) = mod(x(k),M)/M;              %生成[0,1]内均匀分布的伪随机序列
end
```

用线性同余法产生的在单位区间内服从均匀分布的随机序列如图 1.14 所示。

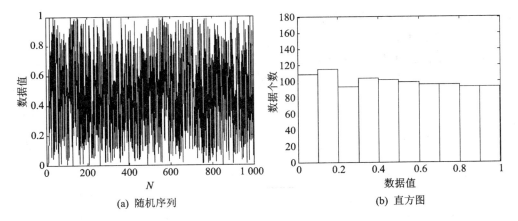

(a) 随机序列　　　　　　　　　(b) 直方图

图 1.14　用线性同余法产生在单位区间内服从均匀分布的随机序列

MATLAB 软件自带的 rand 函数也可以产生在区间[0,1]内均匀分布的随机序列。例如，用指令 rand(1,N) 可生成如图 1.15 所示的均匀分布随机序列，其中 $N=1\,000$。

2. 概率密度函数的调整

随机数生成算法产生的随机序列一般具有均匀分布概率密度函数，如果想得到具有其他分布概率密度函数的随机序列，就需要将均匀分布随机序列变换为特定分布的随机序列。概率分布函数的反变换法是实现在[0,1]内均匀分布随机序列转换到指定分布随机序列的一种基本算法。

反变换法可以描述为：U 为在[0,1]内均匀分布的随机序列，$F(X)$ 为指定分布随机序列的概率分布函数，$F^{-1}(Y)$ 是其逆函数，若对均匀分布的随机序列 U 进行如

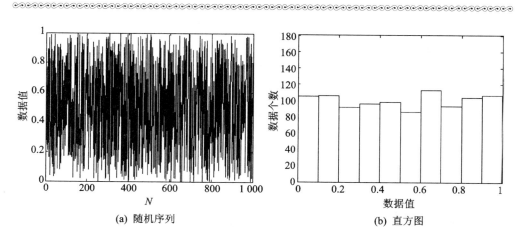

(a) 随机序列　　　　　　　　　(b) 直方图

图 1.15　在 MATLAB 中产生在单位区间内服从均匀分布的随机序列

下变换：
$$R = F^{-1}(U) \tag{1.20}$$
则 R 即为指定概率分布的随机序列。

下面介绍几种典型概率分布的随机序列产生方法。

(1) 在任意区间内均匀分布的随机序列

在区间 $[a,b]$ 内均匀分布的随机序列的概率密度函数为
$$p(x) = \begin{cases} 1/(b-a), & a \leqslant x \leqslant b \\ 0, & 其他 \end{cases} \tag{1.21}$$

其概率分布函数为
$$F(x) = \int_{-\infty}^{x} p(v) \mathrm{d}v = \begin{cases} 0, & x < a \\ \dfrac{(x-a)}{(b-a)}, & a \leqslant x \leqslant b \\ 1, & x > b \end{cases} \tag{1.22}$$

$F(x)$ 的逆函数为
$$F^{-1}(y) = (b-a)y + a \tag{1.23}$$

则根据概率分布函数的反变换法，将在 $[0,1]$ 内均匀分布的随机序列 U 代入式(1.23)可得
$$R = (b-a)U + a \tag{1.24}$$

因此，序列 R 为在区间 $[a,b]$ 内服从均匀分布的随机序列。

若令 $a=-10, b=10$，并将上文用线性同余法产生的在单位区间内均匀分布的随机序列 U 代入式(1.24)，则可得在区间 $[-10,10]$ 内均匀分布的随机序列，如图 1.16 所示。

(2) 高斯分布的随机序列

高斯分布也称为正态分布，其随机变量的概率密度函数为

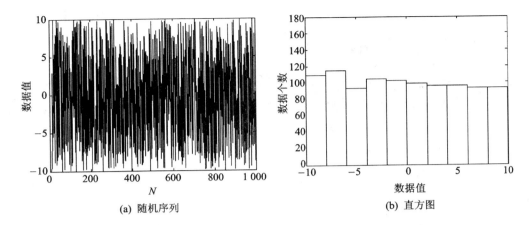

(a) 随机序列 (b) 直方图

图 1.16 用反变换法产生服从均匀分布的随机序列

$$p(x) = \frac{1}{\sqrt{2\pi\sigma^2}}\exp\left[-\frac{(x-\mu)^2}{2\sigma^2}\right] \tag{1.25}$$

式中：μ 为数学期望，σ^2 为方差。数学期望为 0、方差为 1 的高斯分布又称为标准高斯分布。除了上述概率分布函数的反变换法，还可以采用中心极限定理来产生高斯分布的随机序列。

中心极限定理的定义：设随机变量 $X_1, X_2, \cdots, X_n, \cdots$ 独立同分布，且具有有限的数学期望和方差，即

$$E(X_i) = \mu, \quad D(X_i) = \sigma^2 \neq 0, \quad i = 1, 2, \cdots, n, \cdots$$

若记

$$Y_n = \sum_{i=1}^{n} X_i \tag{1.26}$$

则对任意实数 ε 有

$$\lim_{n\to+\infty} P\left\{\frac{Y_n - n\mu}{\sigma\sqrt{n}} < \varepsilon\right\} = \int_{-\infty}^{\varepsilon} \frac{1}{\sqrt{2\pi}} \exp\left(-\frac{t^2}{2}\right) dt \tag{1.27}$$

中心极限定理说明，当 n 足够大时，随机变量 $\dfrac{Y_n - n\mu}{\sigma\sqrt{n}}$ 近似服从标准高斯分布，因此，$\sum_{i=1}^{n} X_i$ 近似服从参数为 $n\mu$、$n\sigma^2$ 的高斯分布。

在上文用线性同余法已经产生在 [0,1] 内均匀分布的随机序列 U，因此，根据中心极限定理，将该随机序列代入式(1.26)，对随机序列的 n 个数据求和，则可以产生近似高斯分布的随机序列，这里选取 $n=10$，可得如图 1.17 所示的结果。

在 MATLAB 中可以利用 randn 函数便捷地产生服从高斯分布的随机序列。例如，使用指令 randn(1,N) 可生成如图 1.18 所示的标准高斯分布随机序列，其中，$N=1000$。

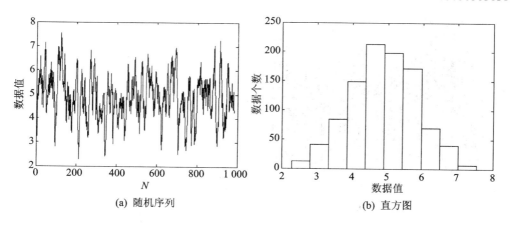

图 1.17 用中心极限定理产生服从近似高斯分布的随机序列

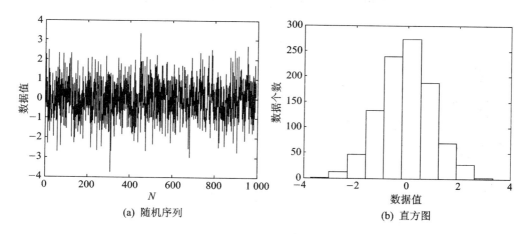

图 1.18 在 MATLAB 中产生服从标准高斯分布的随机序列

(3) 服从指数分布的随机序列

参数为 λ 的指数分布随机变量的概率密度函数为

$$p(x) = \begin{cases} \lambda e^{-\lambda x}, & x \geqslant 0, \\ 0, & x < 0, \end{cases} \quad \lambda > 0 \quad (1.28)$$

其概率分布函数为

$$F(x) = \int_{-\infty}^{x} p(v)\mathrm{d}v = 1 - e^{-\lambda x}, \quad x \geqslant 0 \quad (1.29)$$

$F(x)$ 的逆函数为

$$F^{-1}(y) = -\frac{1}{\lambda}\ln(1-y) \quad (1.30)$$

则根据概率分布函数的反变换法,将在 [0,1] 内均匀分布的随机序列 U 代入式(1.30)可得

$$R = -\frac{1}{\lambda}\ln(1-U) \tag{1.31}$$

因此,序列 R 为服从参数为 λ 的指数分布随机序列。

若令 $\lambda=2$,并将上文用线性同余法产生的在单位区间内均匀分布的随机序列 U 代入式(1.31),则可得指数分布的随机序列,如图 1.19 所示。

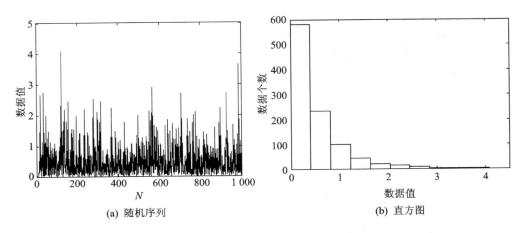

(a) 随机序列 (b) 直方图

图 1.19 用反变换法产生服从指数分布的随机序列

在 MATLAB 中,可以使用 rand 函数产生在 [0,1] 内均匀分布的随机序列,然后再将该序列代入式(1.31),相应的 MATLAB 程序如下:

```
% ******** 用 rand 函数产生服从指数分布的随机序列 **********%
N = 1000;                  % 序列点数
u = rand(1,N);             %[0,1]内均匀分布的随机序列
r = zeros(1,N);
for i = 1:N
    r(i) = - log(1 - u(i))/2;% 指数分布的随机序列
end
```

在 MATLAB 中产生的服从指数分布的随机序列如图 1.20 所示。

(4) 其他分布的随机序列

在 MATLAB 中,用 random 函数可以生成指定分布的随机序列,下面以泊松分布和瑞利分布为例进行说明。

例如,使用指令 random('poiss',12,1,1000) 可生成如图 1.21 所示的泊松分布随机序列。

例如,使用指令 random('rayl',1,1,1000) 可生成如图 1.22 所示的瑞利分布随机序列。

3. 数字特征的调整

除了概率密度函数和概率分布函数以外,还经常用数学期望、均方值和方差等数

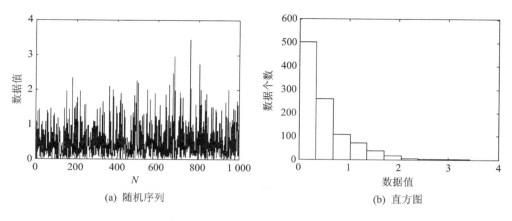

(a) 随机序列　　　　　　　　　　(b) 直方图

图 1.20　在 MATLAB 中产生服从指数分布的随机序列

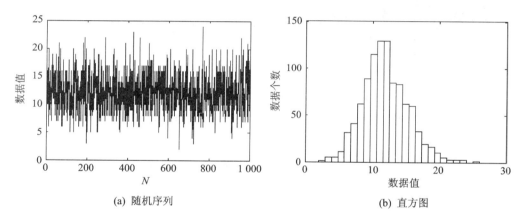

(a) 随机序列　　　　　　　　　　(b) 直方图

图 1.21　在 MATLAB 中产生服从泊松分布的随机序列

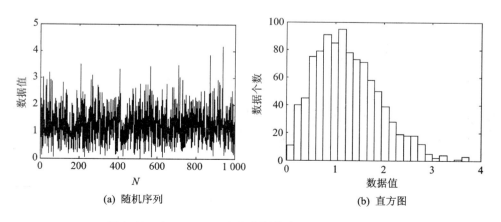

(a) 随机序列　　　　　　　　　　(b) 直方图

图 1.22　在 MATLAB 中产生服从瑞利分布的随机序列

字特征来描述随机信号。因为在实际应用中只有有限的样本数据可以获得,因此,通常用下列表达式获得随机信号数字特征值的估计,其中,$x_i(i=1,2,\cdots,N)$ 为随机序列。

数学期望的估计

$$\hat{\mu}_x = E\{x\} = \frac{1}{N}\sum_{i=1}^{N} x_i \tag{1.32}$$

方差的估计

$$\hat{\sigma}_x^2 = E\{(x-\hat{\mu}_x)^2\} = \frac{1}{N}\sum_{i=1}^{N}(x_i - \hat{\mu}_x)^2 \tag{1.33}$$

均方值的估计

$$\hat{D}_x = E\{x^2\} = \frac{1}{N}\sum_{i=1}^{N} x_i^2 \tag{1.34}$$

可以使用线性变换的方法来实现上述数字特征值的调整,令线性变换为

$$y_i = bx_i + a, \quad i=1,2,\cdots,N \tag{1.35}$$

则变换后的随机序列 $y_i(i=1,2,\cdots,N)$ 的数字特征值为

$$\hat{\mu}_y = E\{y\} = \frac{1}{N}\sum_{i=1}^{N} y_i = \frac{1}{N}\sum_{i=1}^{N}(bx_i + a) = a + b\hat{\mu}_x \tag{1.36}$$

$$\hat{\sigma}_y^2 = E\{(y-\hat{\mu}_y)^2\} = \frac{1}{N}\sum_{i=1}^{N}(y_i - \hat{\mu}_y)^2 = \frac{1}{N}\sum_{i=1}^{N}[(bx_i + a) - (a + b\hat{\mu}_x)]^2 =$$

$$b^2 \frac{1}{N}\sum_{i=1}^{N}(x_i - \hat{\mu}_x)^2 = b^2 \hat{\sigma}_x^2 \tag{1.37}$$

$$\hat{D}_y = E\{y^2\} = \frac{1}{N}\sum_{i=1}^{N} y_i^2 = \frac{1}{N}\sum_{i=1}^{N}(bx_i + a)^2 = a^2 + 2ab\hat{\mu}_x + b^2 \hat{D}_x^2 \tag{1.38}$$

1.4 离散时间信号的基本运算和操作

1. 信号延迟

$$y(n) = x(n-N) \tag{1.39}$$

上式表示序列 $x(n)$ 右移 N 个采样周期得到新序列 $y(n)$。在实际数字电路中,将信号通过移位寄存器可以产生延迟。相应的 MATLAB 程序如下:

```
% ************************信号序列延时************************%
x = [0 0 0 1 1 1 0 0 0 0];
N = 2;                            % 延时点数
for i = 1:N
    for n = length(x): - 1:2
        x(n) = x(n - 1);          % 模拟移位寄存器右移位
    end
```

```
    x(1) = 0;                    % 序列左端补零
end
```

当输入参数 $x=[0\ 0\ 0\ 1\ 1\ 1\ 0\ 0\ 0\ 0]$，$N=2$ 时，结果为 $x=[0\ 0\ 0\ 0\ 0\ 1\ 1\ 1\ 0\ 0]$。

2. 信号相加和信号相乘

$$x(n) = x_1(n) + x_2(n) \tag{1.40}$$

$$x(n) = x_1(n)x_2(n) \tag{1.41}$$

以上两式分别表示将两个序列 $x_1(n)$、$x_2(n)$ 在相同时刻 n 的值对应进行相加和相乘运算。在 MATLAB 中，将两个序列定义为相同长度和相同位置的向量，然后采用"+"、"*"和".*"实现向量内对应元素的加法和乘法运算，例如：

```
% ******************** 信号序列相加 ********************%
x1 = [0 1 2 3 4 5 6 7;1 1 1 1 1 1 1 1];   x2 = [1 1 1 1 1 1 1 1;0 1 2 3 4 5 6 7];
p1 = plus(x1,x2);       % MATLAB 自带矩阵加法函数，将 x1 与 x2 对应位置的数相加
p2 = x1 + x2;           % plus(x1,x2)与 x1+x2 效果一样，但 x1、x2 的行列数必须相同
```

结果为 p1=[1 2 3 4 5 6 7 8;1 2 3 4 5 6 7 8]，p2=[1 2 3 4 5 6 7 8;1 2 3 4 5 6 7 8]。

```
% ******************** 信号序列(矩阵)相乘 ********************%
x1 = [1 2 3];           % 行向量
x2 = [2;2;2];           % 列向量
x3 = x2';               % 对 x2 取转置
q1 = x1 * x2;           % x1、x2 要符合矩阵相乘原理，即 x1 的列数跟 x2 的行数相同
q2 = x1.* x3;           % 矩阵点乘实现两个矩阵对应位置上的数相乘
```

结果为 q1=12，q2=[2 4 6]。

3. 信号求和和信号求积

$$y = \sum_{n=N_1}^{N_2} x(n) \tag{1.42}$$

$$y = \prod_{n=N_1}^{N_2} x(n) \tag{1.43}$$

以上两式分别表示序列 $x(n)$ 从 N_1 到 N_2 时刻所有值的累加和、连乘积。相应的 MATLAB 程序如下：

```
% ******************** 信号序列的自相加举例 ********************%
x1 = [0 1 2 3 4 5 6 7;1 1 1 1 1 1 1 1;2 2 2 2 2 2 2 2];
x2 = [1 2 3 4 5 6 7 8];
y1 = sum(x1,1);         % sum(x1,1)是将 x1 每一列的所有数相加，生成一个行向量
y2 = sum(x1,2);         % sum(x1,2)是将 x1 每一行的所有数相加，生成一个列向量
y3 = sum(x2);           % 对序列内所有数求和
```

结果为 y1=[3 4 5 6 7 8 9 10]，y2=[28;8;16]，y3=36。

```
% ******************** 信号序列的自相积举例 ********************%
x1 = [0 1 2 3 4 5 6 7; 1 1 1 1 1 1 1 1; 2 2 2 2 2 2 2 2];
x2 = [1 2 3 4 5 6 7 8];
y1 = prod(x1,1);           % prod(x1,1)是将 x1 每一列的所有数相乘,生成一个行向量
y2 = prod(x1,2);           % prod(x1,2)是将 x1 每一行的所有数相乘,生成一个列向量
y3 = prod(x2);             % 将序列内所有数相乘
```

结果为 y1=[0 2 4 6 8 10 12 14],y2=[0; 1; 256],y3=40 320。

4. 信号能量和功率

$$E = \sum_{n=0}^{N-1} |x(n)|^2 \tag{1.44}$$

$$P = \frac{1}{N} \sum_{n=0}^{N-1} |x(n)|^2 \tag{1.45}$$

以上两式表示有限长序列的能量和功率。相应的 MATLAB 程序如下:

```
% ******************** 求有限长信号序列的能量 ********************%
x = [1 2 3 4 5 6 7];
E = sum(abs(x).^2);
```

结果为 $E=140$。

```
% ******************** 求有限长信号序列的功率 ********************%
x = [1 2 3 4 5 6 7];
t = length(x);
P = sum(abs(x).^2)/t;
```

结果为 $P=20$。

5. 信号翻转

$$y(n) = x(-n) \tag{1.46}$$

该运算称为信号翻转或信号折叠,表示信号 $x(n)$ 以时间零点的纵轴为中心进行左、右翻转。在 MATLAB 中,使用 fliplr 函数实现序列翻转,具体如下:

```
% ************************ 信号翻转 ************************%
x = [1 2 3 4 0 5 6 7 8 9];
n1 = -4 : 5;
y = fliplr(x);             % fliplr(x)函数是将序列 x 翻转
n2 = -fliplr(n1);
```

序列 $x=[1 2 3 4 0 5 6 7 8 9]$ 翻转后的结果为 $y=[9 8 7 6 5 0 4 3 2 1]$,如图 1.23 所示。

6. 信号线性卷积

序列 $x(n)$ 和序列 $h(n)$ 的线性卷积为

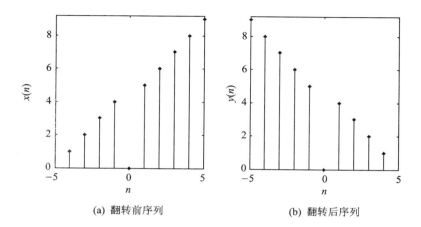

(a) 翻转前序列　　　　　　　　(b) 翻转后序列

图 1.23　序列翻转示意图

$$y(n) = \sum_{k=-\infty}^{\infty} x(k)h(n-k) \qquad (1.47)$$

一般简记为 $y(n)=x(n)*h(n)$。卷积与两序列的先后次序无关，即卷积可交换 $x(n)*h(n)=h(n)*x(n)$。若序列 $x(n)$ 的长度为 N，序列 $h(n)$ 的长度为 M，则 $y(n)$ 的长度为 $L=M+N-1$。卷积的运算方法可表示为矩阵的形式，即

$$\begin{bmatrix} y(0) \\ y(1) \\ \vdots \\ y(L-1) \end{bmatrix} = \begin{bmatrix} x(0) & 0 & 0 & \cdots & 0 & 0 \\ x(1) & x(0) & 0 & \cdots & 0 & 0 \\ \vdots & \vdots & \vdots & & \vdots & \vdots \\ 0 & 0 & 0 & \cdots & x(N-1) & x(N-2) \\ 0 & 0 & 0 & \cdots & 0 & x(N-1) \end{bmatrix} \begin{bmatrix} h(0) \\ h(1) \\ \vdots \\ h(M-1) \end{bmatrix}$$

$$(1.48)$$

在 MATLAB 中，可以用 conv 函数实现两个序列的线性卷积，程序如下：

```
%********************卷积运算********************%
x = [1 2 3 4];
h = [4 3 2 1];
y1 = conv(x,h);      % conv 函数实现一维信号卷积, conv2 函数实现二维信号卷积
y2 = conv(h,x);      % y1 = y2, 两个信号卷积结果与信号卷积的先后次序无关
```

结果为 y1=[4 11 20 30 20 11 4]，y2=[4 11 20 30 20 11 4]，如图 1.24 所示。

7. 信号相关

相关可以度量两个信号的相似程度或一个信号经过延迟后与其自身的相似性。如果序列 $x(n)$ 和 $y(n)$ 为能量有限的时间序列，则定义两序列的互相关函数为

$$r_{xy}(m) = \sum_{n=-\infty}^{\infty} x(n)y^*(n-m) \qquad (1.49)$$

定义序列 $x(n)$ 的自相关函数为

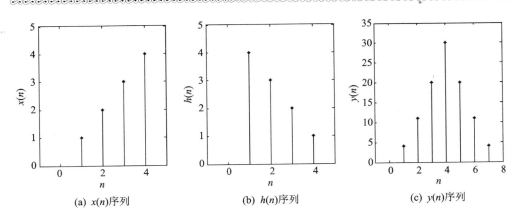

(a) $x(n)$序列　　　　　　(b) $h(n)$序列　　　　　　(c) $y(n)$序列

图 1.24　离散信号线性卷积示意图

$$r_{xx}(m) = \sum_{n=-\infty}^{\infty} x(n)x^*(n-m) \tag{1.50}$$

在 MATLAB 中,可以用 xcorr 函数实现序列的互相关或自相关,程序如下：

```
% ******************* 信号序列相关 *******************%
x1 = randn(1,50);           % 用 randn 函数生成均值为 0、方差为 1 的 50 点高斯随机序列
x2 = randn(1,40);
Rx1x2 = xcorr(x1,x2);       % 对 x1 序列与 x2 序列做互相关计算
Rx1 = xcorr(x1);            % 对 x1 序列做自相关计算
```

序列 x1(n)与 x2(n)的互相关及 x1(n)的自相关示意图如图 1.25 所示。

8. 信号加窗

在实际工作中,我们能够分析和处理的离散时间信号都是有限长的,把一个较长的信号序列截短就要用到各种窗函数对信号进行加窗处理。若 $x(n)$ 为一个长序列,$w(n)$ 是长度为 N 的窗函数,则用 $w(n)$ 乘 $x(n)$ 表示信号加窗操作,即

$$x_N(n) = x(n)w(n) \tag{1.51}$$

在进行数字滤波器设计和功率谱估计时,加窗的重要作用是消除序列截短导致的吉布斯效应。在 MATLAB 中常用的窗函数有 rectwin(矩形窗)、triang(三角窗)、bartlett(巴特利特窗)、blackman(布莱克曼窗)、hamming(汉明窗)、hanning(汉宁窗)、chebwin(切比雪夫窗)和 kaiser(凯瑟窗)等。下面举例说明。

矩形窗示例程序如下：

```
% ******************* 矩形窗举例 *******************%
n = 0:63; N = 16;   m = 4;              %n 为序列长度,N 为窗长度,m 为窗口起始位置
x = 1 * sin(2 * pi * 3 * (n/64) + 0);   % 生成一个 64 点的正弦序列
w1 = boxcar(N);                         % 生成窗口序列值
w2 = zeros(1,m);                        % 生成窗口左边序列值
w3 = zeros(1,length(n) - N - m);        % 生成窗口右边序列值
```

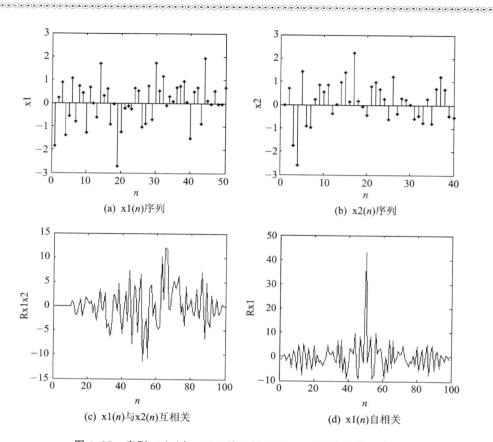

图 1.25 序列 x1(n) 与 x2(n) 的互相关及 x1(n) 的自相关示意图

```
w = [w2,w1',w3];              %生成矩形窗序列
xn = x.*w;                    %给正弦序列加矩形窗
```

矩形窗函数序列举例示意图如图 1.26 所示。

三角窗示例程序如下：

```
%******************三角窗举例******************%
n = 0:63; N = 16;  m = 4;     %n为序列长度,N为窗长度,m为窗口起始位置
x = 1*sin(2*pi*3*(n/64)+0);   %生成一个64点的正弦序列
w1 = triang(N);               %生成窗口序列值
w2 = zeros(1,m);              %生成窗口左边序列值
w3 = zeros(1,length(n)-N-m);  %生成窗口右边序列值
w = [w2,w1',w3];              %生成三角窗序列
xn = x.*w;                    %给正弦序列加三角窗
```

三角窗函数序列举例示意图如图 1.27 所示。

凯瑟窗示例程序如下：

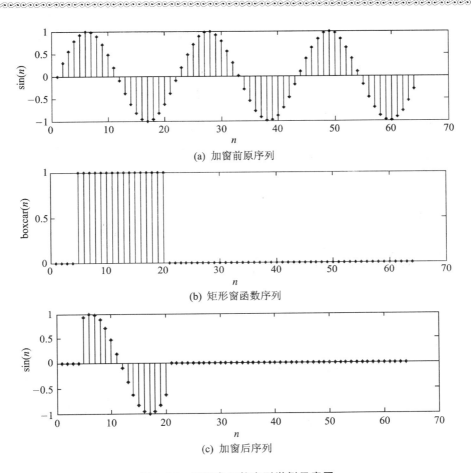

图 1.26 矩形窗函数序列举例示意图

```
%************************凯瑟窗举例********************%
n = 0:63; N = 16;   m = 4;              %n 为序列长度,N 为窗长度,m 为窗口起始位置
x = 1 * sin(2 * pi * 3 * (n/64) + 0);    %生成一个 64 点的正弦序列
w1 = kaiser(N);                          %生成窗口序列值
w2 = zeros(1,m);                         %生成窗口左边序列值
w3 = zeros(1,length(n) - N - m);         %生成窗口右边序列值
w = [w2,w1',w3];                         %生成凯瑟窗序列
xn = x.*w;                               %给正弦序列加凯瑟窗
```

凯瑟窗函数序列举例示意图如图 1.28 所示。

9. 信号时间尺度调整

离散时间信号的时间尺度调整可以采取抽取和插值的方法实现。对序列 $x(n)$ 进行 M 倍的抽取可得

$$y(n) = x(Mn) \tag{1.52}$$

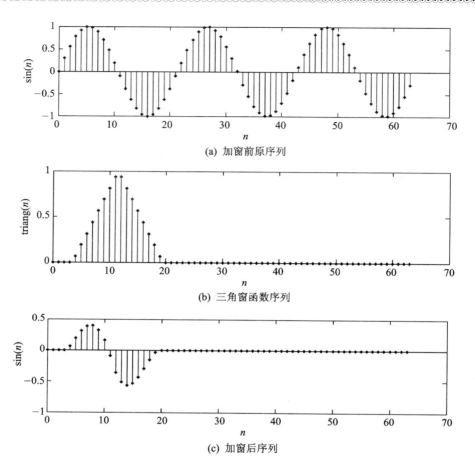

图 1.27 三角窗函数序列举例示意图

对序列 $x(n)$ 进行 L 倍的插值可得

$$y(n) = x(n/L) \tag{1.53}$$

结合插值和抽取,可以实现信号非整数倍的采样率转换,即

$$y(n) = x\left(\frac{M}{L}n\right) \tag{1.54}$$

式(1.52)~式(1.54)中的 M 和 L 均为正整数。对信号进行抽取意味着信号的采样频率降低了 M 倍,为了避免频域上发生混叠,抽取之前先对信号进行低通滤波,以压缩带宽。插值一般是在序列每相邻两点间进行补零,然后再对信号进行低通滤波。由于抽取会损失信号的信息,因此,在实现信号 $\frac{L}{M}$ 倍采样率转换时,应先对信号进行插值,然后抽取。

在 MATLAB 中,信号的插值、抽取和重采样可以使用 interp、decimate 和 resample 函数来实现,程序分别如下:

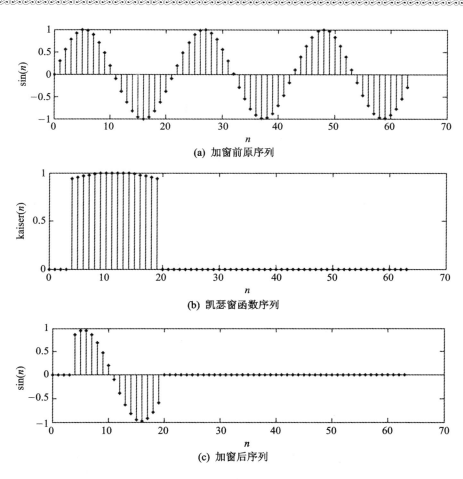

图 1.28 凯瑟窗函数序列举例示意图

```
% ****************** 离散信号尺度调整——插值 ******************%
L = 2;                      % 插值倍数
N = 40;                     % 插值前序列的点数
x = sine(N,1,0,10,400);     % 生成一个40点的正弦序列
y = interp(x,L);            % 通过补零使x序列的抽样率增加L倍,再进行低通滤波
```

离散序列插值示意图如图 1.29 所示。

```
% ****************** 离散信号尺度调整——抽取 ******************%
M = 2;                      % 抽取倍数
N = 40;                     % 抽取前序列的点数
x = sine(N,1,0,10,400);     % 生成一个40点的正弦序列
y = decimate(x,M);          % 先将数据进行低通滤波,再对其进行M倍抽取
```

离散序列抽取示意图如图 1.30 所示。

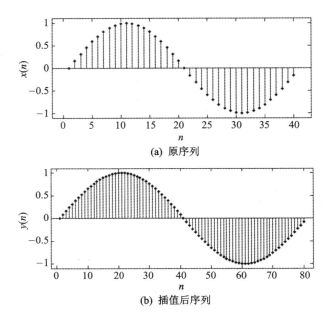

图 1.29 离散序列插值示意图 ($y(n)=x(n/L), L=2$)

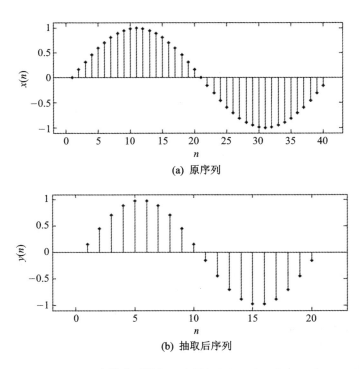

图 1.30 离散序列抽取示意图 ($y(n)=x(Mn), M=2$)

第1章 离散时间信号

```
% ***************** 离散信号尺度调整——重采样 *****************%
N = 40;                        % 重采样前序列的点数
x = sine(N,1,0,10,400);        % 生成一个30点的正弦序列
M = 4; L = 3;                  % 设定抽取倍数和插值倍数
y = resample(x,M,L);           % 先进行L倍插值,再进行M倍抽取
                               % 使y序列的抽样率变为x序列的M/L
```

离散信号的重采样示意图如图 1.31 所示。

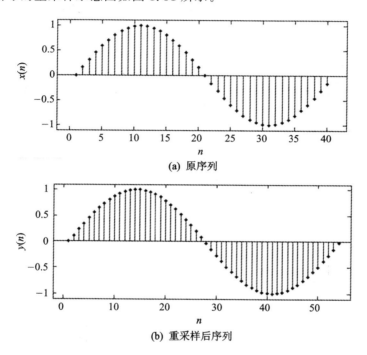

(a) 原序列

(b) 重采样后序列

图 1.31 离散信号的重采样示意图 $\left(y(n)=x\left(\dfrac{M}{L}n\right), M=4, L=3\right)$

第 2 章　离散傅里叶变换和 Z 变换

2.1　离散傅里叶变换

1. 傅里叶变换的形式

傅里叶变换广泛应用于信号时域和频域间的映射。根据信号的不同特征,即信号在时域和频域的取值是连续的还是离散的,信号是否具有周期性,就形成了各种形式的傅里叶变换。表 2.1 归纳了 4 种傅里叶变换形式,对于各种变换的详细推导、分析和性质,读者可查阅其他参考书。

表 2.1　4 种傅里叶变换形式

名　称	信号特点	变换公式
傅里叶变换	时域:连续、非周期 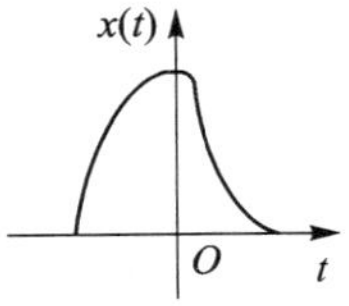 频域:连续、非周期 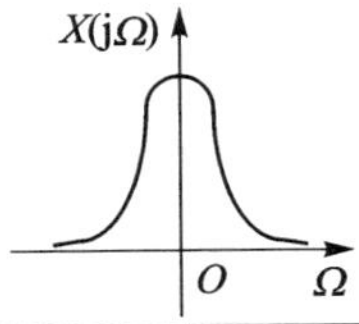	正变换: $X(\mathrm{j}\Omega) = \int_{-\infty}^{\infty} x(t)\mathrm{e}^{-\mathrm{j}\Omega t}\mathrm{d}t$ 反变换: $x(t) = \dfrac{1}{2\pi}\int_{-\infty}^{\infty} X(\mathrm{j}\Omega)\mathrm{e}^{\mathrm{j}\Omega t}\mathrm{d}\Omega$
傅里叶级数展开	时域:连续、周期 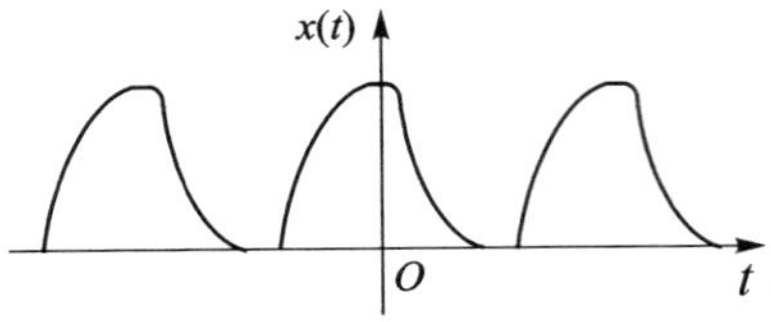 频域:离散、非周期 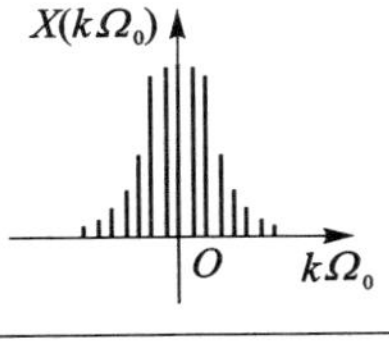	正变换: $X(\mathrm{j}k\Omega_0) = \dfrac{1}{T}\int_{-T/2}^{T/2} x(t)\mathrm{e}^{-\mathrm{j}k\Omega_0 t}\mathrm{d}t$ 反变换: $x(t) = \displaystyle\sum_{k=-\infty}^{\infty} X(\mathrm{j}k\Omega_0)\mathrm{e}^{\mathrm{j}k\Omega_0 t}$

续表 2.1

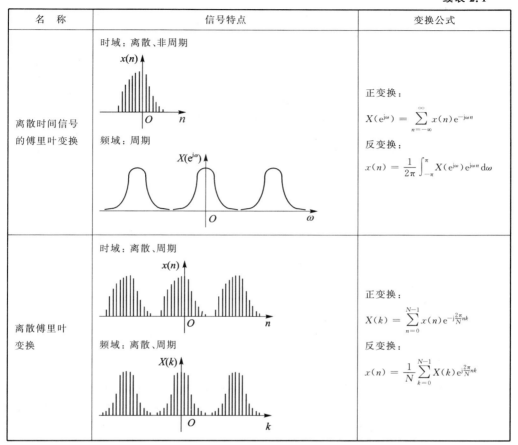

在表 2.1 中，Ω_0 为信号的基波模拟角频率，定义为 $\Omega_0 = 2\pi f_0$，f_0 为信号基波频率；其他符号定义与 1.2 节中正弦波序列的符号定义相同。

2. 离散傅里叶变换

为了更好地理解离散傅里叶变换的概念，下面将介绍离散时间周期信号的傅里叶级数。

已知周期为 N 的周期序列

$$\tilde{x}(n) = \tilde{x}(n+kN), \quad k \text{ 为任意整数} \tag{2.1}$$

可以展开成离散的傅里叶级数形式

$$\tilde{x}(n) = \frac{1}{N}\sum_{k=0}^{N-1}\tilde{X}(k)e^{j\frac{2\pi}{N}nk}, \quad n = 0, \pm 1, \cdots \tag{2.2}$$

式中：$\tilde{X}(k)$ 称为离散傅里叶级数的系数，其表达式如下：

$$\tilde{X}(k) = \sum_{n=0}^{N-1}\tilde{x}(n)e^{-j\frac{2\pi}{N}nk}, \quad k = 0, \pm 1, \cdots \tag{2.3}$$

式(2.2)和式(2.3)称为离散时间周期信号的傅里叶级数(DFS)表示。注意，DFS 在时域和频域都是周期的和离散的，尽管在式中标注的 n、k 都是从 $-\infty$ 到 ∞，但实际上只需算出一个周期内的 N 个独立值。

在计算机和各种数字信号处理器上实现信号的频谱分析时，要求信号在时域和频域都是离散的，且是有限长的，对应这类信号就产生了离散傅里叶变换(DFT)。如果我们认为有限长序列 $x(n)$ 为周期序列 $\tilde{x}(n)$ 的一个周期(周期为 N)，则由式(2.2)和式(2.3)可得有限长序列的离散傅里叶变换对为

$$X(k) = \sum_{n=0}^{N-1} x(n) e^{-j\frac{2\pi}{N}nk} = \sum_{n=0}^{N-1} x(n) W_N^{nk}, \quad W_N = e^{-j\frac{2\pi}{N}}, \quad k = 0, 1, \cdots, N-1 \tag{2.4}$$

$$x(n) = \frac{1}{N} \sum_{k=0}^{N-1} X(k) e^{j\frac{2\pi}{N}nk} = \frac{1}{N} \sum_{k=0}^{N-1} X(k) W_N^{-nk}, \quad W_N = e^{-j\frac{2\pi}{N}}, \quad n = 0, 1, \cdots, N-1 \tag{2.5}$$

式中：$x(n)$ 和 $X(k)$ 分别代表序列在时域和频域内的一个周期，且将序列的采样周期 T_s 和基波频率 Ω_0 都归一化为 1。式(2.4)写成矩阵形式为

$$\begin{bmatrix} X(0) \\ X(1) \\ \vdots \\ X(N-2) \\ X(N-1) \end{bmatrix} = \begin{bmatrix} W_N^{00} & W_N^{10} & \cdots & W_N^{(N-1)0} \\ W_N^{01} & W_N^{11} & \cdots & W_N^{(N-1)1} \\ \vdots & \vdots & \vdots & \vdots \\ W_N^{0(N-2)} & W_N^{1(N-2)} & \cdots & W_N^{(N-1)(N-2)} \\ W_N^{0(N-1)} & W_N^{1(N-1)} & \cdots & W_N^{(N-1)(N-1)} \end{bmatrix} \begin{bmatrix} x(0) \\ x(1) \\ \vdots \\ x(N-2) \\ x(N-1) \end{bmatrix}$$

有限长序列或周期序列才存在离散傅里叶变换，其中，有限长序列被视为周期序列的一个周期，暗含周期性意义。在实际工作中常常遇到的是非周期序列，我们可以将其截短为有限长序列 $x(n)$，经过这样的处理，就可对非周期序列按照式(2.4)方便地在计算机上求其离散频谱。

3. 离散傅里叶变换的计算

离散傅里叶变换可以实现信号的傅里叶分析和频谱分析，其计算一般采用直接计算和快速计算两种算法。

(1) 直接计算

使用复数代数或三角等式直接计算离散傅里叶变换表达式(2.4)。在 MATLAB 中，离散傅里叶变换的直接计算实现如下：

```
% ******************* 直接傅里叶变换 *******************%
L = length(xn);                    % 取离散序列 xn 的长度
if(L<N)                            % N 表示傅里叶变换点数
    xn = [xn zeros(1,N-1)];        % 对离散序列 xn 进行补零
end
n = 0:N-1;  k = 0:N-1;
```

```
WN = exp(-j*2*pi/N);            %定义旋转因子
nk = n'*k;                       %产生旋转因子的幂矩阵
WNnk = WN.^nk;                   %生成矩阵形式 DFT
Xk = xn * WNnk;                  %实现序列 xn 的 DFT
```

(2) 快速计算

快速傅里叶变换(FFT)是离散傅里叶变换的一种快速算法,可以分为两大类:时间抽取法(DIT-FFT)和频率抽取法(DIF-FFT),两类算法的思想基本一致,只是划分方式略有不同。

在式(2.4)和式(2.5)中,系数$\{W_N^{nk}\}$具有周期性和对称性,即

$$W_N^{nk} = W_N^{(n+N)k} = W_N^{n(k+N)} \tag{2.6}$$

$$W_N^{nk} = -W_N^{nk+N/2} \tag{2.7}$$

利用其周期性,DFT 运算中的某些项就可合并;利用其对称性和周期性,可将长序列的 DFT 分解为较短序列的 DFT。FFT 就是基于这样的基本思路发展起来的。

当序列长度 $N=2^M$(M 为正整数)时,称为基 2FFT。本书以最典型的时间抽取基 2FFT 算法为例介绍 FFT 算法,该算法把 DFT 分为多级运算,每一级都将上一级数据按照时间上的奇偶顺序进行二分。下面按照该算法对 DFT 进行分解。

第一级分解:

将长度 $N=2^M$ 的序列 $x(n)$ 按奇偶顺序分成两组,即令 $n=2r, n=2r+1, r=0, 1, \cdots, N/2-1$,于是根据式(2.4)有

$$X(k) = \sum_{r=0}^{N/2-1} x(2r) W_N^{2rk} + \sum_{r=0}^{N/2-1} x(2r+1) W_N^{(2r+1)k} =$$

$$\sum_{r=0}^{N/2-1} x(2r) W_{N/2}^{rk} + W_N^k \sum_{r=0}^{N/2-1} x(2r+1) W_{N/2}^{rk}, \quad W_{N/2} = e^{-j\frac{2\pi}{(N/2)}} \tag{2.8}$$

若令上式中偶数部分和奇数部分分别为

$$\left.\begin{aligned}A_e(k) &= \sum_{r=0}^{N/2-1} x(2r) W_{N/2}^{rk}, \\ A_o(k) &= \sum_{r=0}^{N/2-1} x(2r+1) W_{N/2}^{rk},\end{aligned}\right\} \quad k=0,1,\cdots,N/2-1 \tag{2.9}$$

则有

$$X(k) = A_e(k) + W_N^k A_o(k), \quad k=0,1,\cdots,N/2-1 \tag{2.10}$$

由于 $X(k)$ 是 N 点的 DFT,因此用上式表示 $X(k)$ 并不完全,对于 $k=N/2,\cdots,N$ 的情况,利用式(2.6)和式(2.7)描述的 W_N^k 因子性质可得

$$X(k+N/2) = A_e(k+N/2) + W_N^{k+N/2} A_o(k+N/2) =$$

$$A_e(k) - W_N^k A_o(k), \quad k=0,1,\cdots,N/2-1 \tag{2.11}$$

这样用 $A_e(k)$ 和 $A_o(k)$ 就可以完整地表示 $X(k)$,即

$$\left.\begin{aligned}X(k) &= A_e(k) + W_N^k A_o(k), \\ X(k+N/2) &= A_e(k) - W_N^k A_o(k)\end{aligned}\right\}, \quad k=0,1,\cdots,N/2-1 \tag{2.12}$$

当序列长度 N 为 8 时,第一级分解关系如图 2.1 所示。

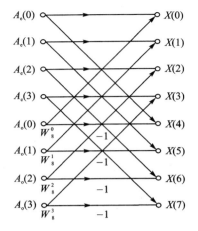

图 2.1　8 点时间抽取基 2FFT 算法第一级分解关系

第二级分解:

重复第一级方法继续向下分解 $A_e(k)$ 和 $A_o(k)$ 的 DFT,即令 $r=2m, r=2m+1$,$m=0,1,\cdots,N/4-1$,则 $A_e(k)$ 可表示为

$$A_e(k) = \sum_{m=0}^{N/4-1} x(4m) W_{N/2}^{2mk} + \sum_{m=0}^{N/4-1} x(4m+2) W_{N/2}^{(2m+1)k} =$$

$$\sum_{m=0}^{N/4-1} x(4m) W_{N/4}^{mk} + W_{N/2}^{k} \sum_{m=0}^{N/4-1} x(4m+2) W_{N/4}^{mk}, \quad W_{N/4} = \mathrm{e}^{-\mathrm{j}\frac{2\pi}{(N/4)}}$$

(2.13)

令上式中偶数部分和奇数部分分别为

$$\left. \begin{aligned} B_e(k) &= \sum_{m=0}^{N/4-1} x(4m) W_{N/4}^{mk}, \\ B_o(k) &= \sum_{m=0}^{N/4-1} x(4m+2) W_{N/4}^{mk}, \end{aligned} \right\} \quad k=0,1,\cdots,N/4-1 \quad (2.14)$$

则有

$$\left. \begin{aligned} A_e(k) &= B_e(k) + W_{N/2}^{k} B_o(k), \\ A_e(k+N/4) &= B_e(k) - W_{N/2}^{k} B_o(k), \end{aligned} \right\} \quad k=0,1,\cdots,N/4-1 \quad (2.15)$$

同理,令分解 $A_o(k)$ 的偶数部分和奇数部分分别为

$$\left. \begin{aligned} C_e(k) &= \sum_{m=0}^{N/4-1} x(4m+1) W_{N/4}^{mk}, \\ C_o(k) &= \sum_{m=0}^{N/4-1} x(4m+3) W_{N/4}^{mk}, \end{aligned} \right\} \quad k=0,1,\cdots,N/4-1 \quad (2.16)$$

则有

$$A_o(k) = C_e(k) + W_{N/2}^k C_o(k),$$
$$A_o(k+N/4) = C_e(k) - W_{N/2}^k C_o(k), \quad k = 0,1,\cdots,N/4-1 \} \quad (2.17)$$

当序列长度 N 为 8 时,第二级分解关系如图 2.2 所示。

第三级分解:

若 $N=8$,则 $B_e(k)$、$B_o(k)$、$C_e(k)$ 和 $C_o(k)$ 都是无法再分的 2 点 DFT,即

$$B_e(0) = x(0) + x(4) \}$$
$$B_e(1) = x(0) - x(4) \} \quad (2.18)$$

$$B_o(0) = x(2) + x(6) \}$$
$$B_o(1) = x(2) - x(6) \} \quad (2.19)$$

$$C_e(0) = x(1) + x(5) \}$$
$$C_e(1) = x(1) - x(5) \} \quad (2.20)$$

$$C_o(0) = x(3) + x(7) \}$$
$$C_o(1) = x(3) - x(7) \} \quad (2.21)$$

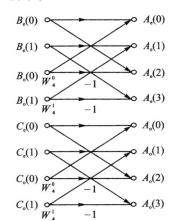

图 2.2 8 点时间抽取基 2FFT 算法第二级分解关系

若 $N=16,32,\cdots,2^M,\cdots$,则可按上述方法继续分解下去,直到 2 点 DFT 为止。当序列长度 N 为 8 时,整个算法的三级分解关系如图 2.3 所示。

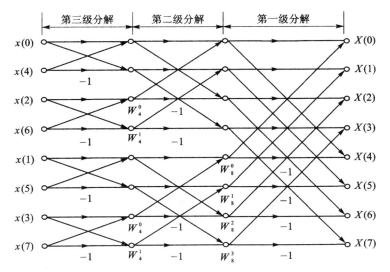

图 2.3 8 点时间抽取基 2FFT 的三级分解关系

频率抽取的基 2FFT 算法与时间抽取的基 2FFT 算法非常类似,只是对序列的划分方式略有差别,先把序列 $x(n)$ 按先后顺序划分为两半,再重复上述过程。

在 MATLAB 中,离散傅里叶变换的快速计算实现如下:

```
Xk = fft(x,N)
```

参数说明：

x：表示待变换的离散信号序列，当 x 为向量时，计算向量的 FFT；当 x 为矩阵时，计算矩阵每一列的 FFT。

N：表示采用 N 点的傅里叶变换，若 x 的长度 n 小于 N，则将 x 补零至长度 N；若 x 的长度 n 大于 N，则截短 x 使之长度为 N。为了提高运算速度，N 通常取 2 的幂次方。

一次完整的 DFT 计算需要经过 N^2 次复数乘法和 $(N-1)N$ 次复数加法，而一次完整的按时间抽取的基 2FFT 算法计算过程只要 $\frac{N}{2}\log_2 N$ 次复数乘法和 $N\log_2 N$ 次复数加法。因此，当 N 较大时，采用 FFT 算法能够大大缩小计算量，提高计算速度。

FFT 算法除用作频谱分析外，也可以用于较长序列之间的卷积和相关等操作，以降低其计算量。例如，可以利用 FFT 计算相关函数，即用循环相关代替线性相关，通常称为快速相关。

设信号 $x(n)$ 的长度为 N，$y(n)$ 的长度为 M，其线性相关为

$$r_{xy}(n) = \sum_{m=0}^{N-1} x(n+m)y^*(m) \qquad (2.22)$$

相关序列 $r_{xy}(n)$ 的非零值区间为 $n\in[-(M-1),(N-1)]$，相关长度为 $N+M-1$。根据相关定理

$$R_{xy}(k) = X(k)Y^*(k) \qquad (2.23)$$

可以利用 FFT 算法计算线性相关。需要注意的是，为了利用循环相关来代替线性相关而不引起混叠失真，必须使 FFT 的点数 L 满足

$$\left.\begin{array}{l} L \geqslant M+N-1 \\ L = 2^J, \quad J \text{ 为正整数} \end{array}\right\} \qquad (2.24)$$

这样就可用基 2FFT 算法来计算循环相关，从而也就计算了线性相关。

用 FFT 计算线性相关的步骤如下：

① 为了满足式(2.24)，将序列 $x(n)$ 补上 $L-M$ 个零值点，将 $y(n)$ 补上 $L-N$ 个零值点。

② 计算序列 $x(n)L$ 点 FFT，即求 $X(k)=\text{FFT}[x(n)]$。

③ 计算序列 $y(n)L$ 点 FFT，即求 $Y(k)=\text{FFT}[y(n)]$。

④ 计算 $R_{xy}(k)=X(k)Y^*(k)$。

⑤ 计算 $R_{xy}(k)L$ 点快速傅里叶反变换(IFFT)，即求 $\hat{r}_{xy}(n)=\text{IFFT}[R_{xy}(k)]=\text{IFFT}[X(k)Y^*(k)]$。

循环相关结果 $\hat{r}_{xy}(n)$ 主值区间的取值范围为 $n\in[0,L-1]$，而实际相关序列 $r_{xy}(n)$ 的取值范围为 $n\in[-(M-1),(N-1)]$。为了从 $\hat{r}_{xy}(n)$ 中推导出 $r_{xy}(n)$，可根据 $\hat{r}_{xy}(n)$ 的周期性，对 $\hat{r}_{xy}(n)$ 进行周期拓展，然后截取拓展序列中区间 $[-(M-1),(N-1)]$ 的值，得到线性相关 $r_{xy}(n)$。FFT 的计算速率比 DFT 大大提高，当序列点数较大时，

使用 FFT 计算相关的方法要比直接进行相关计算的计算量小得多。

在 MATLAB 中用 FFT 实现线性相关的计算过程如下：

```
% ******************* 用FFT实现线性相关 *********************%
N = length(x); M = length(y);
LL = M + N - 1;              % 线性相关的理论相关长度
L = 2^15;                    % 选取变换长度值,满足 L≥LL 的条件
Ox = zeros(1,L - length(x));  Oy = zeros(1,L - length(y));
x1 = [x Ox];     y1 = [y Oy];           % 对 x1、y1 进行补零操作
X = fft(x1,L);   Y = fft(y1,L);         % 对 X、Y 进行快速傅里叶变换
Y1 = conj(Y);    X1 = conj(X);          % 对 X1、Y1 进行求共轭矩阵的操作
Rxy = X.*Y1;     Rxx = X.*X1;           % 分别求互相关、自相关频域序列
rxy0 = ifft(Rxy,L);                      % 求快速傅里叶反变换
rxy01 = [rxy0,rxy0,rxy0];                % 周期拓展,形成完整周期信号
rxy = rxy01(22770:42768);                % 取信号完整周期
rxx0 = ifft(Rxx,L);   rxx01 = [rxx0,rxx0,rxx0];   rxx = rxx01(22770:42768);
rxy1 = xcorr(x,y);                       % 直接计算 x、y 的互相关
rxx1 = xcorr(x,x);                       % 直接计算 x 的自相关
```

信号序列 $x(n)$ 和 $y(n)$ 的波形分别如图 2.4 和图 2.5 所示。

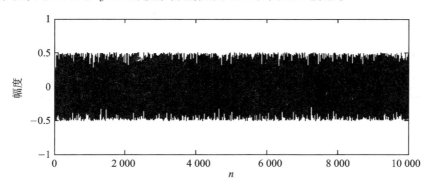

图 2.4　信号序列 $x(n)$ 的波形

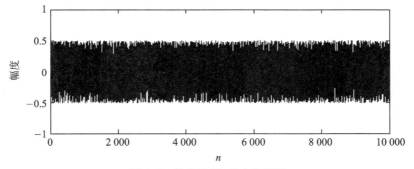

图 2.5　信号序列 $y(n)$ 的波形

线性相关的时域计算结果和频域计算结果对比如图 2.6 和图 2.7 所示。

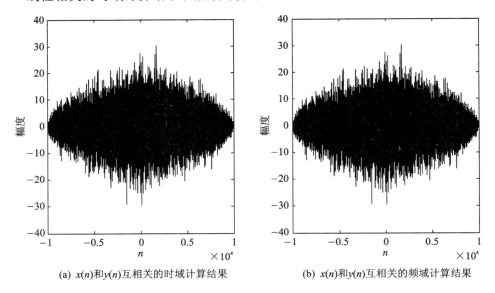

(a) $x(n)$ 和 $y(n)$ 互相关的时域计算结果　　(b) $x(n)$ 和 $y(n)$ 互相关的频域计算结果

图 2.6　$x(n)$ 和 $y(n)$ 互相关的两种计算方法的结果比较

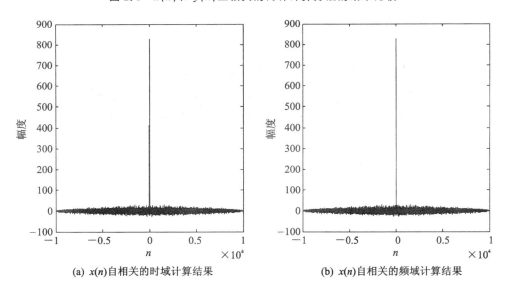

(a) $x(n)$ 自相关的时域计算结果　　(b) $x(n)$ 自相关的频域计算结果

图 2.7　$x(n)$ 自相关的两种计算方法的结果比较

此外,也可以利用 FFT 算法进行序列之间的卷积计算,其计算量与相关计算的相同。

2.2 进行频谱分析的注意事项

由上文的讨论可知,对信号作 DFT,要求信号在时域和频域都是离散的,且是有限长的。信号的截短以及时域和频域的离散化等操作将给 DFT 计算带来一系列误差和问题,采用 DFT 的直接算法和快速算法对信号进行频谱分析时,必须注意以下几点。

1. 时域离散化引起的问题

为了使有限带宽的连续信号 $x(t)$ 离散化,需要对其进行抽样,信号时域上的采样将导致频谱的周期性延拓,见表 2.1。为了保证抽样后信号 $x(t)$ 的频谱周期延拓时不发生混叠,要求信号 $x(t)$ 的频率范围局限在折叠频率之内,这一要求称为抽样定理。

抽样定理也称奈奎斯特抽样定理或香农抽样定理,其定义为:若有限带宽连续信号 $x(t)$ 的截止频率为 f_c,为保证抽样后信号 $x(nT_s)$ 的频谱不发生混叠,即 $x(nT_s)$ 保留了 $x(t)$ 的所有信息,则抽样频率 f_s 必须满足 $f_s \geqslant 2f_c$。

在实际工作中,对 $x(t)$ 进行抽样前,必须事先了解 $x(t)$ 的截止频率 f_c,如果采用的抽样频率 f_s 不能满足抽样定理的要求,则抽样前必须对 $x(t)$ 进行低通滤波,该滤波称为抗混叠滤波。使抽样后信号频谱不发生混叠的最小抽样频率 $f_s'=2f_c$ 称为奈奎斯特频率,$f_s'/2$ 称为折叠频率。

2. 频域离散化引起的问题

在 DFT 计算时,频域也是离散化的,我们只能得到一组特定频率上的值 $X(k\Omega_0)$,其中,Ω_0 为周期时域信号的基波频率。注意,信号频域上的离散化是由时域的周期性重复引起的,见表 2.1。如果我们关注的重要频率 Ω 不在这些特定频率值上,即 $\Omega \neq k\Omega_0$,则信号的频谱分析将产生误差,该误差在某些文献中称为栅栏效应。

显然,缩小频率间隔会有效减小该误差,缩小频率间隔的方法有以下两种:
① 增加时域信号采样点数,以延长信号,从而减小频率间隔,提高 DFT 精度;
② 在时域采样信号末尾补零,以延长信号,从而减小频率间隔,提高 DFT 精度。

例如:N 点采样信号在频域的频率间隔(基波频率)$\Omega_0 = \dfrac{1}{NT_s}$,如果通过补上 M 个零将采样信号延长,则新的频率间隔变成 $\Omega_0' = \dfrac{1}{(N+M)T_s}$,显然 $\Omega_0' < \Omega_0$。

3. 信号的截短和加窗

计算 DFT 前,必须将无限长或较长的时间信号 $x(n)$ 进行截短,信号加窗是将信号截短的一个有效方法,信号加窗操作见 1.4 节的讨论。信号的截短和加窗会带来频谱泄漏和频率分辨率下降的问题,下面分别讨论。

(1) 频谱泄漏

最简单的截短方法是自然截短,就是将长序列 $x(n)$ 乘以一个长度为 N 的矩形窗函数 $w_R(n)$,即

$$x_N(n) = x(n)w_R(n) \tag{2.25}$$

式中:

$$w_R(n) = \begin{cases} 1, & 0 \leqslant n \leqslant N-1 \\ 0, & 其他 \end{cases} \tag{2.26}$$

对矩形窗进行离散时间傅里叶变换可得

$$W_R(e^{j\omega}) = T_s \frac{\sin(\pi f N T_s)}{\sin(\pi f T_s)} e^{-j\pi f(N-1)T_s} =$$

$$T_s \frac{\sin(\omega N/2)}{\sin(\omega/2)} e^{-j\omega(N-1)/2}, \quad \omega = 2\pi f T_s \tag{2.27}$$

根据离散时间傅里叶变换的卷积定理,式(2.25)的频域关系为

$$X_N(e^{j\omega}) = X(e^{j\omega}) * W_R(e^{j\omega}) \tag{2.28}$$

可见,$X_N(e^{j\omega})$ 并不等于 $X(e^{j\omega})$,$X_N(e^{j\omega})$ 是由 $X(e^{j\omega})$ 和 $W_R(e^{j\omega})$ 的卷积得到的,这种卷积运算会使 $X(e^{j\omega})$ 中某个频率上的能量泄漏到 $X_N(e^{j\omega})$ 中的其他频率上,该泄漏是由 $W_R(e^{j\omega})$ 的旁瓣引起的,旁瓣越大,且衰减越慢,泄漏就越严重。这种由截短引起的误差称为泄漏误差。

窗函数的频谱特性决定了泄漏误差,可以通过调整窗函数及其频谱来减小泄漏误差。图 2.8 所示是矩形窗频谱 $W_R(e^{j\omega})$ 的归一化幅频特性 $20\lg|W_R(e^{j\omega})/W_R(e^{j0})|$,幅频曲线在频率坐标轴上有很多局部峰值点和谷值点,这些谷值点之间的部分称为"瓣",以零频率为中心的瓣定义为主瓣,其余称为旁瓣。式(2.28)的卷积运算会使旁瓣的加权效应在整个频率范围内扩散。

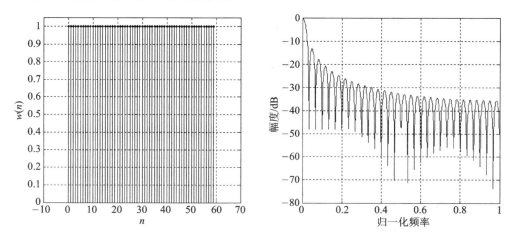

图 2.8 长度为 60 点的矩形窗函数的时域序列与幅频特性

第 2 章 离散傅里叶变换和 Z 变换

减小泄漏误差的方法主要有两种：

① 加长窗的长度 N，即增加采样点数。

窗长度增加将压缩主瓣宽度，使边瓣幅值减小，且衰减速度加快。不同长度矩形窗函数的幅频特性如图 2.9 所示。

② 挑选其他类型的窗函数，以改变时域窗函数的形状。

除矩形窗外，还可以采用其他类型的窗函数。为了减小泄漏误差，窗函数的选用原则就是尽可能减小旁瓣相对于主瓣的能量。一般用旁瓣最大幅值与主瓣幅值的比值（即旁瓣水平）来衡量该选用原则。几种典型窗函数的幅频特性如图 2.10 所示。

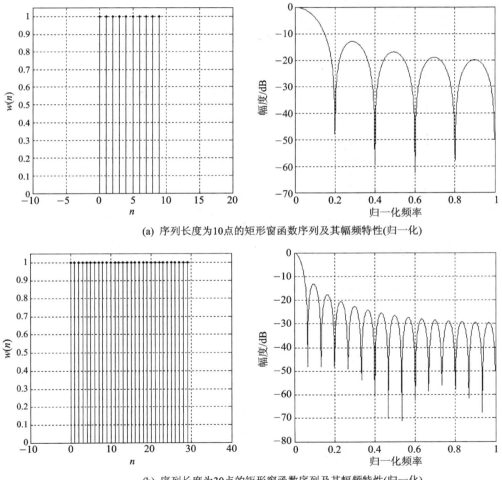

(a) 序列长度为10点的矩形窗函数序列及其幅频特性(归一化)

(b) 序列长度为30点的矩形窗函数序列及其幅频特性(归一化)

图 2.9 不同长度矩形窗函数的幅频特性

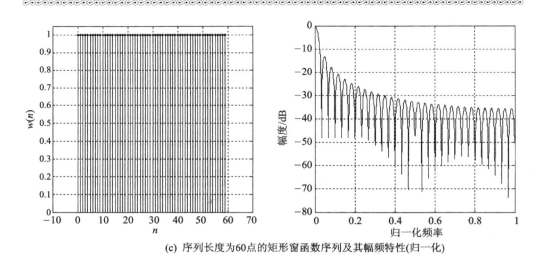

(c) 序列长度为60点的矩形窗函数序列及其幅频特性(归一化)

图 2.9 不同长度矩形窗函数的幅频特性(续)

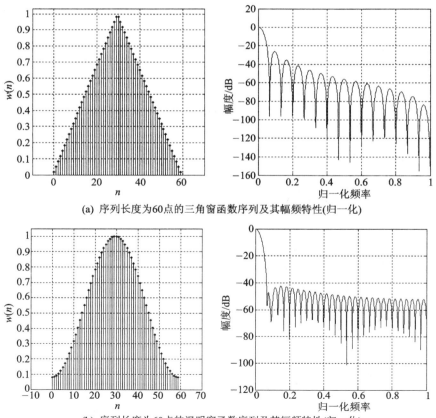

(a) 序列长度为60点的三角窗函数序列及其幅频特性(归一化)

(b) 序列长度为60点的汉明窗函数序列及其幅频特性(归一化)

图 2.10 不同窗函数的幅频特性

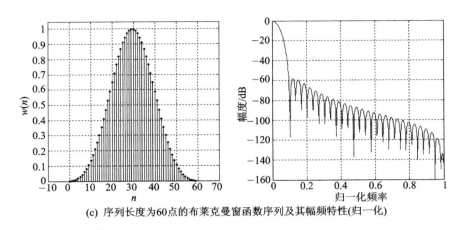

(c) 序列长度为60点的布莱克曼窗函数序列及其幅频特性(归一化)

图 2.10　不同窗函数的幅频特性(续)

(2) 频率分辨率下降

窗函数频谱中旁瓣的特性会造成泄漏误差,而主瓣的性质则会影响频率分辨率。式(2.28)的卷积运算使 $W_R(e^{j\omega})$ 的主瓣对 $X(e^{j\omega})$ 起到平滑作用,降低了 $X(e^{j\omega})$ 中频谱峰值的分辨能力。主瓣越窄,对频率分辨率的影响越小。一般定义如下经验准则:窗函数主瓣宽度的 50% 就是窗函数的分辨率。例如,对某信号作频谱分析时,如果该信号的两个峰值谱线间距小于窗函数主瓣宽度的一半,则信号加窗后作频谱分析将无法分辨出这两个峰值谱线。

与减小泄漏误差的方法类似,提高频率分辨率的方法有两种:

① 加长窗的长度 N,可以压缩主瓣宽度;

② 改变时域窗函数的形状,尽量选择主瓣窄的窗函数。

综上所述,加长窗的长度既可以减小泄漏误差,又可以提高频率分辨率。而选择窗函数时,则需要进行折中考虑。理想情况应该是,选择的窗函数主瓣越窄越好,旁瓣越小且衰减越快越好。但从图 2.10 可以看出,实际情况是,旁瓣幅值小的窗函数,其主瓣就较宽,反之亦然。因此,减小泄漏误差和提高分辨率是相互矛盾的,需要综合考虑。

4. 剔除均值和趋势项

实际遇到的有限长信号都带有均值和趋势项,这部分信号分量的能量集中在零频率附近,一般能量较大。计算 DFT 时,其影响会向低频区域扩散,影响低频区的频谱分析。一般在进行 DFT 计算前,我们先采用低阶多项式对信号进行最小二乘拟合,拟合结果基本代表了信号的均值和趋势项,然后从信号中减去拟合结果,最后使用去除趋势项后的数据计算 DFT。

综上所述,为了尽可能减小 DFT 的计算误差,在计算前应对信号进行如下处理:

① 剔除信号的均值和趋势项;

② 对信号进行合适的加窗处理;

③ 对数据进行补零处理,以减少频率间隔和实现快速算法。

2.3 频谱分析实例

在此我们用一个实际例子来进行信号的频谱分析。现有某种传感器的输出数据序列 A1(n),如图 2.11(a)所示,可以看出该数据带有明显的趋势项和均值;从原始数据中剔除趋势项可得序列 A2(n),如图 2.11(b)所示;然后再对数据进行均值剔除,可得序列 A3(n),如图 2.11(c)所示。分别对上述 3 种数据进行傅里叶变换,变换结果如图 2.12 所示。显然,剔除趋势项和均值操作可以明显改善信号低频部分的频谱分析结果。

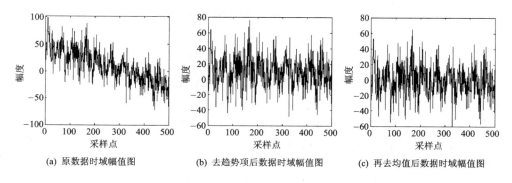

(a) 原数据时域幅值图　　(b) 去趋势项后数据时域幅值图　　(c) 再去均值后数据时域幅值图

图 2.11　原数据、去趋势项和均值后的时域图

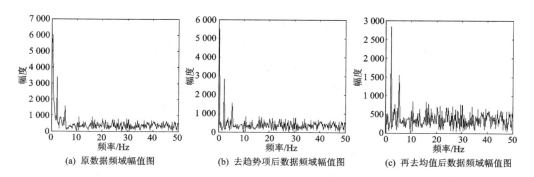

(a) 原数据频域幅值图　　(b) 去趋势项后数据频域幅值图　　(c) 再去均值后数据频域幅值图

图 2.12　原数据、去趋势项和均值后的频谱图

原始数据处理程序如下:

```
% ********************* 原始数据处理 *********************%
s0 = A1';                    % 将原始数据赋给 s0
s01 = s0 - A2';              % A2' 为根据原始数据拟合出的趋势项数据
s1 = s01 - mean(s01);        % 去均值
```

数据时域到频域变换的程序如下:

```
% ******************* 数据时域到频域的变换 ******************%
S0 = fft(s0,length(s0));                % 对原始数据进行快速傅里叶变换
S01 = fft(s01,length(s01));             % 对去趋势项后的数据进行快速傅里叶变换
S1 = fft(s1,length(s1));                % 对去除均值后的数据进行快速傅里叶变换
re_S0 = real(S0); ima_S0 = imag(S0);    % 取频域信号的实部和虚部
abs_S0 = abs(S0); abs_S01 = abs(S01); abs_S1 = abs(S1);    % 取频域信号的幅值
```

对数据进行去趋势项与去均值操作后,再对数据进行加窗处理,此处我们先对其进行不同长度矩形窗加窗操作。相关的 MATLAB 程序如下:

```
% ******************* 对信号加 64 点矩形窗 ******************%
N1 = 64;  n11 = 100;  n12 = length(s0) - N1 - n11;
C10 = boxcar(N1); C10 = C10';
C11 = zeros(1,n11); C12 = zeros(1,n12);  C1 = [C11 C10 C12];  s21 = C1.*s1;
% ******************* 对信号加 128 点矩形窗 ******************%
N2 = 128;  n21 = 100;  n22 = length(s0) - N2 - n21;
C20 = boxcar(N2); C20 = C20';
C21 = zeros(1,n21);  C22 = zeros(1,n22); C2 = [C21 C20 C22];  s22 = C2.*s1;
% ******************* 对信号加 256 点矩形窗 ******************%
N3 = 256;  n31 = 100;  n32 = length(s0) - N3 - n31;
C30 = boxcar(N3); C30 = C30';
C31 = zeros(1,n31);  C32 = zeros(1,n32); C3 = [C31 C30 C32];  s23 = C3.*s1;
% ************** 对加窗后数据进行 FFT 变换并求其幅频特性 *************%
S21 = fft(s21,length(s21)); abs_S21 = abs(S21);
S22 = fft(s22,length(s22)); abs_S22 = abs(S22);
S23 = fft(s23,length(s23)); abs_S22 = abs(S23);
```

加窗后信号的频谱分析结果如图 2.13 所示。由图 2.13 可以看出,随着矩形窗的长度增加,数据的频谱分辨率随之提高。所以,在对数据进行加窗操作时,应该选择合适的窗函数长度,这样才可达到比较满意的频谱分辨率。

此外,选择不同类型的窗函数也会影响数据频谱分析结果。此处,对数据采用 256 点矩形窗、三角窗及布莱克曼窗进行加窗操作,相应的 MATLAB 程序如下:

```
% ******************* 对信号加 256 点三角窗 ******************%
N4 = 256;  n41 = 100;  n42 = length(s0) - N4 - n41;
C40 = triang(N4); C40 = C40';   % 生成 N4 点的三角窗口值
C41 = zeros(1,n41);  C42 = zeros(1,n42);  C4 = [C41 C40 C42]; s24 = C4.*s1;
% ******************* 对信号加 256 点布莱克曼窗 ******************%
N5 = 256;  n51 = 100;  n52 = length(s0) - N5 - n51;
C50 = blackman(N5); C50 = C50';   % 生成 N5 点的布莱克曼窗口值
C51 = zeros(1,n51);  C52 = zeros(1,n52);  C5 = [C51 C50 C52]; s25 = C5.*s1;
```

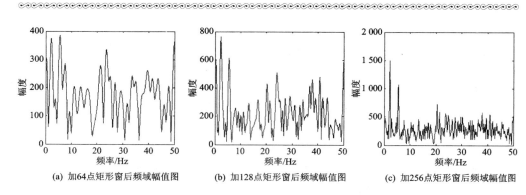

图 2.13 对数据分别加 64 点、128 点和 256 点的矩形窗函数后的频谱图

```
% ************** 对加窗后数据进行FFT变换并求其幅频特性 **************%
S23 = fft(s23,length(s23)); abs_S23 = abs(S23);
S24 = fft(s24,length(s24)); abs_S24 = abs(S24);
S25 = fft(s25,length(s25)); abs_S25 = abs(S25);
```

如图 2.14 所示，分别对数据加相同长度的矩形窗、三角窗和布莱克曼窗，并进行频谱分析，可以看出，对同一个数据加相同长度不同类型窗函数得到的频谱分辨率也不相同。在本例中，加矩形窗的效果最好，分辨率最高，频谱泄露较少；相比之下，加布莱克曼窗的效果最差。因此，对于不同类型的数据应根据其自身特点选择不同类型的窗函数，以便得到最佳的频谱分析结果。

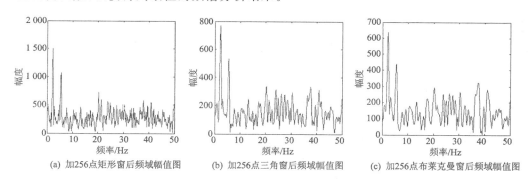

图 2.14 对数据分别加 256 点的不同窗函数后的频谱图

2.4 Z 变换概述

1. Z 变换的定义

给定时间序列 $\cdots, x(-2), x(-1), x(0), x(1), x(2), \cdots$，以其作为系数构成一个双边无穷级数

$$X(z) = \cdots + x(-2)z^2 + x(-1)z^1 + x(0) + x(1)z^{-1} + x(2)z^{-2} + \cdots =$$
$$\sum_{n=-\infty}^{\infty} x(n)z^{-n} \tag{2.29}$$

则称该式为时间序列 $x(n)$ 的 Z 变换。

对于给定序列 $x(n)$，满足下式所有 z 的取值的集合称为 Z 变换的收敛域，收敛的 Z 变换才有意义：

$$\sum_{n=-\infty}^{\infty} |x(n)z^{-n}| < \infty \tag{2.30}$$

在 Z 变换中 z 为复数，常用极坐标形式表示，即

$$z = re^{j\omega} \tag{2.31}$$

在极坐标中，r 是 z 的模，即 $|z|=r$，ω 是 z 的相角，即 $\arg[z]=\omega$（$\arg[\cdot]$ 表示取向量的相角）。将式(2.31)代入 Z 变换的定义表达式(2.29)中可得

$$X(z) = X(re^{j\omega}) = \sum_{n=-\infty}^{\infty} x(n)r^{-n}e^{-j\omega n} \tag{2.32}$$

从式(2.32)可以看出，当 $|z|=r=1$（即单位圆周上）时，有

$$X(z) = X(e^{j\omega}) = \sum_{n=-\infty}^{\infty} x(n)e^{-j\omega n} \tag{2.33}$$

这时一个时间序列的 Z 变换就变成了离散时间傅里叶变换，$X(e^{j\omega})$ 也就是单位圆周($r=|z|=1$)上的 Z 变换 $X(z)$ 的值，因此，Z 变换可视为离散时间傅里叶变换的一种推广。

有关 Z 变换收敛域的讨论和求解逆 Z 变换的基本方法可参考其他书籍。

2. Z 变换的性质

Z 变换的主要性质包括线性、时移、频移、共轭、卷积、时间倒置等，本书不做详细推导，将其总结在表 2.2 中。

表 2.2 Z 变换的性质

性质	时域	Z 域
线性	$a_1 x_1(n) + a_2 x_2(n)$	$a_1 X_1(z) + a_2 X_2(z)$
时移	$x(n-k)$	$z^{-k} X(z)$
Z 域尺度变换	$a^n x(n)$	$X(a^{-1} z)$
时间倒置	$x(-n)$	$X(z^{-1})$
共轭	$x^*(n)$	$X^*(z^*)$
Z 域微分	$n x(n)$	$-z \dfrac{dX(z)}{dz}$
卷积	$x_1(n) * x_2(n)$	$X_1(z) X_2(z)$

根据 Z 变换的定义和性质，可以求出如表 2.3 所列的部分典型时间序列的 Z 变换，其在求解逆 Z 变换时经常要用到。

表 2.3　部分典型时间序列的 Z 变换

时间序列	Z 变换	收敛域
$\delta(n)$	1	$0 \leqslant |z| \leqslant \infty$
$u(n)$	$\dfrac{1}{1-z^{-1}}$	$|z|>1$
$nu(n)$	$\dfrac{z^{-1}}{(1-z^{-1})^2}$	$|z|>1$
$a^n u(n)$	$\dfrac{1}{1-az^{-1}}$	$|z|>a$
$e^{jn\omega_0} u(n)$	$\dfrac{1}{1-e^{j\omega_0} z^{-1}}$	$|z|>1$
$\sin(n\omega_0)u(n)$	$\dfrac{z^{-1}\sin\omega_0}{1-z^{-1}2\cos\omega_0+z^{-2}}$	$|z|>1$
$\cos(n\omega_0)u(n)$	$\dfrac{1-z^{-1}\cos\omega_0}{1-z^{-1}2\cos\omega_0+z^{-2}}$	$|z|>1$

第 3 章 离散时间系统

3.1 离散时间系统的概念和性质

一个离散时间系统,可以抽象为一种变换或映射,若输入序列为 $x(n)$,输出序列为 $y(n)$,且以 $T[\cdot]$ 来表示映射,则离散时间系统可表示为

$$y(n) = T[x(n)] \tag{3.1}$$

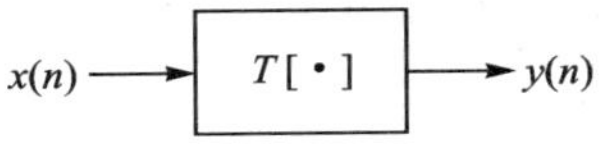

$$x(n) \longrightarrow \boxed{T[\cdot]} \longrightarrow y(n)$$

图 3.1 离散时间系统

1. 线性时不变(LTI)系统

若一个离散时间系统满足均匀性和叠加性,则称为离散时间线性系统。进一步,若该系统的响应还与施加激励的时刻无关,则称为离散时间线性时不变(LTI)系统。

系统的线性特性可以解释为,如果系统输入为 $x_1(n)$ 和 $x_2(n)$,相应的输出为 $y_1(n)$ 和 $y_2(n)$,即

$$\left.\begin{array}{l} y_1(n) = T[x_1(n)] \\ y_2(n) = T[x_2(n)] \end{array}\right\} \tag{3.2}$$

当输入为 $ax_1(n)+bx_2(n)$ 时,其中 a、b 为常数,则输出必定为

$$\begin{aligned} T[ax_1(n)+bx_2(n)] &= T[ax_1(n)] + T[bx_2(n)] = \\ &= aT[x_1(n)] + bT[x_2(n)] = \\ &= ay_1(n) + by_2(n) \end{aligned} \tag{3.3}$$

系统的时不变特性可以理解为,若输入信号发生超前或滞后的时移 k,则输出信号也会发生同样的时移 k,且输出信号形态保持不变,即

$$y(n-k) = T[x(n-k)] \tag{3.4}$$

2. LTI 系统的单位冲激响应与线性卷积

单位冲激响应是指系统输入为单位抽样序列 $\delta(n)$ 激励系统所产生的响应。一般用 $h(n)$ 来表示单位冲激响应,即

$$h(n) = T[\delta(n)] \tag{3.5}$$

$h(n)$ 反映了系统的固有特性,是离散系统的一个重要参数。若已知 $h(n)$,就可求得线性时不变系统对任意输入的响应。根据 1.2 节介绍的单位抽样序列 $\delta(n)$ 的定义,任意时间序列 $x(n)$ 可表示为 $\delta(n)$ 移位加权和的形式,即

$$x(n) = \sum_{k=-\infty}^{\infty} x(k)\delta(n-k) \tag{3.6}$$

设系统输入为 $x(n)$,输出为 $y(n)$,由上式可得

$$y(n) = T[x(n)] = T\left[\sum_{k=-\infty}^{\infty} x(k)\delta(n-k)\right] =$$

$$\sum_{k=-\infty}^{\infty} x(k)T[\delta(n-k)] = \sum_{k=-\infty}^{\infty} x(k)h(n-k) \tag{3.7}$$

上式称为 LTI 系统的线性卷积,简记为

$$y(n) = x(n) * h(n) \tag{3.8}$$

3. LTI 系统的因果性

一个 LTI 系统,如果它在任一时刻 n 的输出 $y(n)$ 只取决于现在和过去的输入 $\{x(n), x(n-1), \cdots\}$,而和将来的输入 $\{\cdots, x(n+2), x(n+1)\}$ 无关,那么,可以称该系统为因果系统。

可以证明,若 LTI 系统的单位冲激响应 $h(n)$ 在 $n<0$ 时恒为零,那么该系统是因果系统。若一个离散时间系统能够实时实现,则该系统必须具有因果性。

4. LTI 系统的稳定性

一个信号 $x(n)$,如果存在一个实数 R,使得其对所有的 n 都满足 $|x(n)| \leq R$,则称 $x(n)$ 是有界的。对于一个 LTI 系统,若输入 $x(n)$ 和输出 $y(n)$ 都是有界的,那么该系统是稳定的。

系统稳定性判据 1:一个 LTI 系统是稳定的充分必要条件是 $\sum_{n=-\infty}^{\infty} |h(n)| < \infty$。

3.2 离散时间系统的模型

本节将从时域和频域两个方面来描述离散时间 LTI 系统,在此基础上进一步介绍系统的可逆性和最小相位系统,以及线性相位系统。

1. 模型的时域描述

对于离散时间的 LTI 系统,其输入 $x(n)$ 和输出 $y(n)$ 之间的关系可以用常系数线性差分方程来描述,即

$$y(n) = -\sum_{k=1}^{N} a(k)y(n-k) + \sum_{r=0}^{M} b(r)x(n-r) \tag{3.9}$$

式中:$a(k)$ 和 $b(r)$ 是模型系数。如果给定输入 $x(n)$ 和系统初始条件,即可通过求解该差分方程得到输出 $y(n)$。

由 3.1 节可知,一个 LTI 系统的输出 $y(n)$ 还可表示为系统输入 $x(n)$ 和系统单位冲激响应 $h(n)$ 的线性卷积,即

$$y(n) = x(n) * h(n) = \sum_{k=-\infty}^{\infty} x(k)h(n-k) =$$

$$h(n) * x(n) = \sum_{k=-\infty}^{\infty} h(k)x(n-k) \tag{3.10}$$

2. 模型的频域描述

(1) 系统传递函数

对式(3.9)所描述的常系数线性差分方程两边取 Z 变换得

$$Y(z) = -Y(z)\sum_{k=1}^{N} a(k)z^{-k} + X(z)\sum_{r=0}^{M} b(r)z^{-r} \tag{3.11}$$

整理后得

$$Y(z) = X(z) \frac{\sum_{r=0}^{M} b(r)z^{-r}}{1 + \sum_{k=1}^{N} a(k)z^{-k}} \tag{3.12}$$

对式(3.10)两边取 Z 变换,并由 Z 变换的卷积性质得

$$Y(z) = X(z)H(z) \tag{3.13}$$

式中:$H(z)$ 为 $h(n)$ 的 Z 变换,即

$$H(z) = \sum_{n=-\infty}^{\infty} h(n)z^{-n} \tag{3.14}$$

对比式(3.12)、式(3.13)和式(3.14)可知,$H(z)$ 还可表示为

$$H(z) = \frac{Y(z)}{X(z)} = \frac{\sum_{r=0}^{M} b(r)z^{-r}}{1 + \sum_{k=1}^{N} a(k)z^{-k}} \tag{3.15}$$

此处,$H(z)$ 称为系统的传递函数或转移函数,是系统的一种频域描述方式。

(2) 系统零极点增益

对系统传递函数式(3.15)的分子和分母多项式分别作因式分解,表示成系列一阶因式连乘的形式,即

$$H(z) = G \frac{\prod_{r=1}^{M}(1 - z_r z^{-1})}{\prod_{k=1}^{N}(1 - p_k z^{-1})} = G z^{N-M} \frac{\prod_{r=1}^{M}(z - z_r)}{\prod_{k=1}^{N}(z - p_k)} \tag{3.16}$$

式中:G 称为系统的直流增益,本式中 $G = b(0)$;使分母等于零的 z 值(即 p_k)称为系统的极点;使分子等于零的 z 值(即 z_r)称为系统的零点。

通过零极点分析,可以估计系统的频率响应,也可以判断系统的稳定性,还能指导数字滤波器的设计,以下简要说明。

1) 估计系统频率响应

令 $z=\mathrm{e}^{\mathrm{j}\omega}$,即 z 在极坐标的单位圆上取值,则式(3.16)变为

$$H(\mathrm{e}^{\mathrm{j}\omega}) = G\mathrm{e}^{\mathrm{j}(N-M)\omega} \frac{\prod_{r=1}^{M}(\mathrm{e}^{\mathrm{j}\omega}-z_r)}{\prod_{k=1}^{N}(\mathrm{e}^{\mathrm{j}\omega}-p_k)} \quad (3.17)$$

式中:称 $H(\mathrm{e}^{\mathrm{j}\omega})$ 为系统的频率响应函数;$\mathrm{e}^{\mathrm{j}\omega}$ 是极坐标中单位圆上的某点,也可看作是从极坐标原点到单位圆上的向量;$\mathrm{e}^{\mathrm{j}\omega}-z_r$ 表示由系统零点 z_r 到单位圆 $\mathrm{e}^{\mathrm{j}\omega}$ 的向量;$\mathrm{e}^{\mathrm{j}\omega}-p_k$ 表示由系统极点 p_k 到单位圆 $\mathrm{e}^{\mathrm{j}\omega}$ 的向量。随着 ω 取值的变化,$\mathrm{e}^{\mathrm{j}\omega}$ 在单位圆上移动,则上述两个向量的模 $|\mathrm{e}^{\mathrm{j}\omega}-z_r|$、$|\mathrm{e}^{\mathrm{j}\omega}-p_k|$,以及相角 $\arg(\mathrm{e}^{\mathrm{j}\omega}-z_r)$、$\arg(\mathrm{e}^{\mathrm{j}\omega}-p_k)$ 随之改变。这样,我们就可通过系统零极点分析得到系统的幅频响应和相频响应,即

$$|H(\mathrm{e}^{\mathrm{j}\omega})| = G \frac{\prod_{r=1}^{M}|(\mathrm{e}^{\mathrm{j}\omega}-z_r)|}{\prod_{k=1}^{N}|(\mathrm{e}^{\mathrm{j}\omega}-p_k)|} \quad (3.18)$$

$$\angle H(\mathrm{e}^{\mathrm{j}\omega}) = \arg[\mathrm{e}^{\mathrm{j}(N-M)\omega}] + \sum_{r=1}^{M}\arg(\mathrm{e}^{\mathrm{j}\omega}-z_r) - \sum_{k=1}^{N}\arg(\mathrm{e}^{\mathrm{j}\omega}-p_k) \quad (3.19)$$

系统的相频响应 $\angle H(\mathrm{e}^{\mathrm{j}\omega})$ 有时也表示为 $\phi(\mathrm{e}^{\mathrm{j}\omega})$。利用系统的幅频响应和相频响应,$H(\mathrm{e}^{\mathrm{j}\omega})$ 更一般的表示为

$$H(\mathrm{e}^{\mathrm{j}\omega}) = |H(\mathrm{e}^{\mathrm{j}\omega})|\mathrm{e}^{\mathrm{j}\phi(\omega)} \quad (3.20)$$

2) 判断系统稳定性

系统稳定性判据 2:一个 LTI 系统是稳定的充分必要条件是其所有极点都位于单位圆内。

3) 滤波器设计的基本原理

本小节所指的数字滤波器包括低通滤波器(Low-Pass Filter,LPF)、高通滤波器(High-Pass Filter,HPF)、带通滤波器(Band-Pass Filter,BPF)和带阻滤波器(Band-Stop Filter,BSF)4 种,这些滤波器有如下特点:

- 在频域上具有选择性,能够保留或抑制信号在某些频段的分量,如 LPF 保留了信号的低频分量,滤除了高频分量。
- 4 种滤波器均为线性滤波器,可以用式(3.9)所示的常系数线性差分方程来描述。在数字信号处理器上实现时,只需要进行乘法、加法和延时等操作。
- 4 种滤波器本质上也是离散时间 LTI 系统。由上文对系统模型的讨论可知,其输入和输出之间关系的频域描述为

$$Y(\mathrm{e}^{\mathrm{j}\omega}) = X(\mathrm{e}^{\mathrm{j}\omega})H(\mathrm{e}^{\mathrm{j}\omega}) = X(\mathrm{e}^{\mathrm{j}\omega})G\frac{\prod_{r=1}^{M}(1-z_r\mathrm{e}^{-\mathrm{j}\omega})}{\prod_{k=1}^{N}(1-p_k\mathrm{e}^{-\mathrm{j}\omega})} \quad (3.21)$$

式中：$Y(e^{j\omega})$、$X(e^{j\omega})$ 和 $H(e^{j\omega})$ 分别是输出信号、输入信号和滤波器在频域的表述。

由上式可知，输出信号的频率特性是由输入信号和滤波器的频率特性共同决定的。输出信号的幅频特性可以表示为

$$|Y(e^{j\omega})| = |X(e^{j\omega})||H(e^{j\omega})| = |X(e^{j\omega})|G\frac{\prod_{r=1}^{M}|(1-z_r e^{-j\omega})|}{\prod_{k=1}^{N}|(1-p_k e^{-j\omega})|} \quad (3.22)$$

可见，我们只要设计合适形状的 $|H(e^{j\omega})|$ 就可以得到期望的 $|Y(e^{j\omega})|$。一般若使滤波器抑制某个频率分量，则应在 z 平面内单位圆上相应的频率处设置一个零点；相反，如果要尽量保留某个频率分量信号，则应在单位圆内相应的频率处设置一个极点。极点越靠近单位圆，滤波器系统的幅频响应幅值就越大。典型 LPF 的滤波原理如图 3.2 所示。

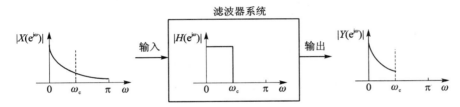

图 3.2　典型 LPF 的滤波原理

3. 最小相位系统和线性相位系统

(1) 可逆系统

对于一个系统，如果能从输出唯一地确定它的输入，则称其为可逆的。如果这个系统还是线性时不变的，那么其逆系统也是线性时不变的。因此，如果 $h(n)$ 是一个离散 LTI 系统的冲激响应，$h_{inv}(n)$ 是它的逆响应，则有

$$[x(n) * h(n)] * h_{inv}(n) = x(n) \quad (3.23)$$

或

$$h(n) * h_{inv}(n) = \delta(n) \quad (3.24)$$

将上式进行 Z 变换可得

$$H_{inv}(z) = \frac{1}{H(z)} \quad (3.25)$$

可见，如果系统 $H(z)$ 可以表示成零极点增益的形式，则 $H(z)$ 的极点是 $H_{inv}(z)$ 的零点，$H(z)$ 的零点是 $H_{inv}(z)$ 的极点。$H_{inv}(z)$ 称为 $H(z)$ 的逆系统或逆滤波器，逆滤波器在信号检测中有重要的应用。

(2) 最小相位系统

一个冲激响应为 $h(n)$ 的 LTI 系统，若这个系统和它的逆系统 $h_{inv}(n)$ 都是因果和稳定的（即物理可实现的），则称之为最小相位系统，即

$$h(n) = 0, \quad n < 0 \atop h_{\text{inv}}(n) = 0, \quad n < 0 \right\} \text{（因果系统）} \quad (3.26)$$

$$\sum_{n=0}^{\infty} |h(n)| < \infty \atop \sum_{n=0}^{\infty} |h_{\text{inv}}(n)| < \infty \right\} \text{（稳定系统）} \quad (3.27)$$

显然,在 Z 变换域内,系统 $H(z)$ 的所有极点和零点都在单位圆内,则它是最小相位的,而对于一个因果、稳定的系统,只要求其极点必须位于单位圆内,而对零点无特殊要求。

重要性质：在具有相同幅频响应的因果、稳定系统中,最小相位系统在每一个频率 ω 上都有最小的群延迟响应,即相位偏移最小。

在图 3.3 中,左、右两个零极点图分别对应着两个系统 $H(z) = \dfrac{z-a}{z-b}, H(z) = \dfrac{z-c}{z-d}$。其中：$z=a, z=c$ 对应着系统零点,零点到单位圆上一点的向量为 $\mathrm{e}^{\mathrm{j}\omega}-a$, $\mathrm{e}^{\mathrm{j}\omega}-c$,向量的模和相角为 (r_1, ϕ_1)；$z=b, z=d$ 对应着系统极点,极点到单位圆上一点的向量为 $\mathrm{e}^{\mathrm{j}\omega}-b, \mathrm{e}^{\mathrm{j}\omega}-d$,向量的模和相角为 (r_2, ϕ_2),即

$$\text{系统 1：} \begin{cases} \mathrm{e}^{\mathrm{j}\omega} - a = r_1 \mathrm{e}^{\mathrm{j}\phi_1} \\ \mathrm{e}^{\mathrm{j}\omega} - b = r_2 \mathrm{e}^{\mathrm{j}\phi_2} \end{cases}$$

$$\text{系统 2：} \begin{cases} \mathrm{e}^{\mathrm{j}\omega} - c = r_1 \mathrm{e}^{\mathrm{j}\phi_1} \\ \mathrm{e}^{\mathrm{j}\omega} - d = r_2 \mathrm{e}^{\mathrm{j}\phi_2} \end{cases}$$

式中：

$$\text{系统 1：} \begin{cases} r_1 = |\mathrm{e}^{\mathrm{j}\omega} - a| \\ r_2 = |\mathrm{e}^{\mathrm{j}\omega} - b| \end{cases}, \quad \begin{cases} \phi_1 = \arg[\mathrm{e}^{\mathrm{j}\omega} - a] \\ \phi_2 = \arg[\mathrm{e}^{\mathrm{j}\omega} - b] \end{cases}$$

$$\text{系统 2：} \begin{cases} r_1 = |\mathrm{e}^{\mathrm{j}\omega} - c| \\ r_2 = |\mathrm{e}^{\mathrm{j}\omega} - d| \end{cases}, \quad \begin{cases} \phi_1 = \arg[\mathrm{e}^{\mathrm{j}\omega} - c] \\ \phi_2 = \arg[\mathrm{e}^{\mathrm{j}\omega} - d] \end{cases}$$

则两系统的幅频特性 $|H(\mathrm{e}^{\mathrm{j}\omega})| = \dfrac{r_1}{r_2}$,相频特性 $\angle H(\mathrm{e}^{\mathrm{j}\omega}) = \phi_1 - \phi_2$。

由图 3.3 可以看出,随着数字角频率 ω 的变化,系统的幅度和相位都在变化。显然,若两系统幅频响应相同,则信号通过右边最小相位系统的相位滞后较小。

在 Z 变换域内,若系统的所有极点和零点都在单位圆外,则称为最大相位系统,该系统和它的逆系统都是非因果和不稳定的。既不属于最小相位系统也不属于最大相位系统的称为混合相位系统。

(3) 线性相位系统

一个离散系统除了具有所希望的幅频响应外,为了不失真地传输信号,还要求具有线性相位。

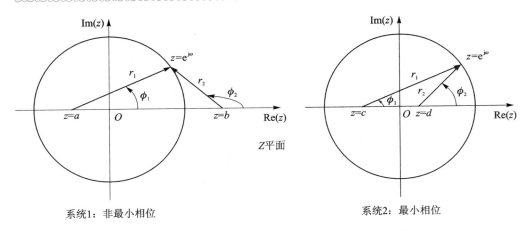

系统1：非最小相位　　　　　　　　　　　　　　系统2：最小相位

图 3.3　非最小相位系统和最小相位系统在 Z 平面的零极图对比

如果一个系统的相频特性为
$$\angle H(e^{j\omega}) = k\omega + \beta \tag{3.28}$$
式中：β 为初始相位，k 为常数，则称该相频特性为线性相位，即相位与频率成线性关系。这样就可以保证信号的不同频率成分通过该系统后有相同的时延，保证信号不失真。

下面举例说明。如图 3.4 所示，如果信号 $x(n)$ 可以分解为两个频率分量的正弦信号 $x_1(n)$ 和 $x_2(n)$，即
$$x(n) = x_1(n) + x_2(n) \tag{3.29}$$
式中：$x_1(n)$ 的频率为 ω_0，$x_2(n)$ 的频率为 $2\omega_0$，初始相位 β 为 0。若要使 $x(n)$ 通过系统后不失真，就必须保证两个频率分量信号 $x_1(n)$ 和 $x_2(n)$ 通过该系统有相同的延时。若该系统是线性相位系统，则由式（3.28）可知，$x_1(n)$ 和 $x_2(n)$ 通过系统的相位滞后 $\phi_1 = k\omega_0$，$\phi_2 = 2k\omega_0$。

若令 $\omega_0 = \pi/4$，$k = 4$，则 $\phi_1 = \pi$，$\phi_2 = 2\pi$，信号 $x_1(n)$ 和 $x_2(n)$ 分别延迟半个周期和 1 个周期，延迟时间是相同的。可见，系统的线性相位特性保证了不同频率分量信号在时域的同步。

当 FIR 系统的单位冲激响应满足奇对称或偶对称时，该系统具有线性相位，即
$$h(n) = \pm h(N-1-n), \quad n = 0, \cdots, N-1 \tag{3.30}$$

（4）全通系统

如果一个 LTI 系统满足
$$|H(e^{j\omega})| = 1, \quad -\pi < \omega < \pi \tag{3.31}$$
则称其是全通系统。最简单的全通系统是 $H(z) = z^k$，它简单地将输入信号时移。

一个更普遍的全通系统形式为
$$H(z) = \frac{a_p^* + a_{p-1}^* z^{-1} + \cdots + z^{-p}}{1 + a_1 z^{-1} + \cdots + a_p z^{-p}} = \frac{z^{-p} A^*[(z^{-1})^*]}{A(z)} \tag{3.32}$$

显然

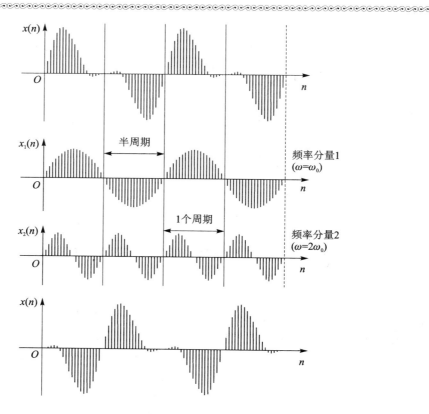

图 3.4 信号的不同频率分量通过线性相位系统的相位关系

$$|H(e^{j\omega})|^2 = H(e^{j\omega})H^*(e^{j\omega}) = \frac{z^{-p}A^*[(z^{-1})^*]}{A(z)} \frac{(z^{-p})^*A[(z^{-1})^*]}{A^*(z)} = 1 \tag{3.33}$$

全通系统的极点和零点互为共轭倒数，即它们关于单位圆共轭对称。

在实际工作中，全通系统的典型用途如下：

① 全通系统不改变幅频响应特性，但可以用来调整系统的相频特性。可以将全通系统和已经设计好的系统级联，在不改变幅频响应的基础上对相频响应进行矫正。例如，IIR 系统的单位冲激响应不具有对称性，所以其不是线性相位系统，我们可以将 IIR 系统级联一个全通系统，矫正 IIR 系统的相频特性，使其尽可能接近线性相位。

② 任何因果、稳定的非最小相位系统均可由一个最小相位系统和一个全通系统级联而成，这就提供了一个将非最小相位系统转化为最小相位系统的思路。

3.3 离散时间系统的结构、分析与实现

信号的产生、传输和处理都离不开系统，离散时间系统的结构、分析与设计是数字信号处理的重要内容。需要指出的是，数字滤波器是系统的一种表现形式，本章讨

论的有关离散时间系统的知识都可应用于数字滤波器的设计与实现。

本节主要讨论离散时间系统的结构、分析和实现,因此,讨论的系统不仅是线性时不变的,而且是因果和物理可实现的。物理可实现的系统具备两个特征:

① 实现的系统结构中只需要有限的存储资源;
② 实现的系统结构中各个计算单元的运算量是有限的。

1. 系统的直接型结构

根据 3.2 节中用来表示系统的常系数线性差分方程表达式(3.9),可以直接得到系统的信号流图和运算结构,如图 3.5 所示。图 3.5 所示的结构分为两部分,第一部分是 $\sum_{r=0}^{M} b(r)x(n-r)$,第二部分是 $\sum_{k=1}^{N} a(k)y(n-k)$,直接和差分方程对应。该结构称为系统实现的直接形式或直接 I 型结构。

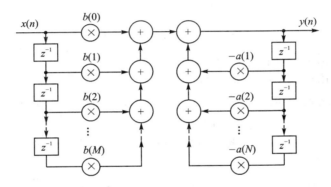

图 3.5 系统直接 I 型结构

把 3.2 节中系统传递函数表达式(3.15)划分为两个子系统级联的形式,即

$$H(z) = H_p(z)H_z(z) \tag{3.34}$$

式中:$H_p(z) = 1/\left[1 + \sum_{k=1}^{N} a(k)z^{-k}\right]$,$H_z(z) = \sum_{r=0}^{M} b(r)z^{-r}$。

若令 $H_p(z)$ 的输出为 $w(n)$,则 $w(n)$ 也是 $H_z(z)$ 的输入,即

$$Y(z) = X(z)H(z) = [X(z)H_p(z)]H_z(z) = W(z)H_z(z) \tag{3.35}$$

因此,两个子系统的差分方程可表示为

$$w(n) = x(n) - \sum_{k=1}^{N} a(k)w(n-k) \tag{3.36}$$

$$y(n) = \sum_{r=0}^{M} b(r)w(n-r) \tag{3.37}$$

由于两个子系统的前 M 个延时单元的输入和输出是完全相同的结构,从而可以合并复用,这样就可得到系统实现的直接 II 型结构或典型结构,如图 3.6 所示。

其实,只要把图 3.5 所示直接 I 型结构中的两部分交换一下,并把对应的延时单元合并,就可得到系统的直接 II 型结构。

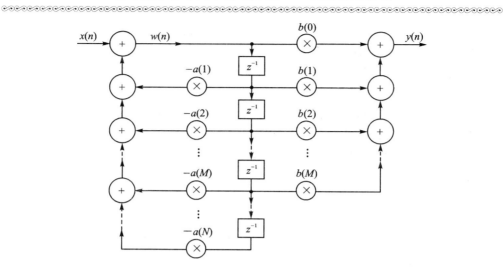

图 3.6　系统直接 II 型结构

将直接 II 型结构进行如下 3 个步骤的变化：
① 将结构中所有信号流向进行反向；
② 把求和节点改为信号分配节点，把信号分配节点改为求和节点；
③ 把输入 $x(n)$ 和输出 $y(n)$ 互换。
可以得到系统的第三种直接型结构，即转置直接 II 型结构，如图 3.7 所示。

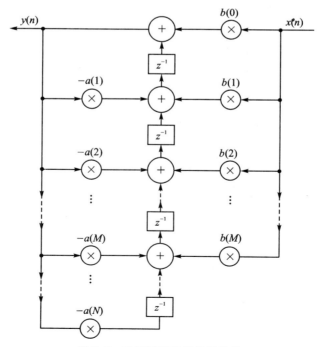

图 3.7　系统转置直接 II 型结构

2. IIR 系统的基本结构

由 3.2 节的讨论可知,在频域中,系统传递函数 $H(z)$ 可以表示成式(3.16)所示的零极点增益形式。如果系统既有零点又有极点,且极点数大于零点数,则 $H(z)$ 能用部分分式的展开形式表示,即

$$H(z) = \sum_{k=1}^{n} \frac{A_k}{1 - p_k z^{-k}} \quad (3.38)$$

对上式进行逆 Z 变换可得相应的系统单位冲激响应

$$h(n) = \sum_{k=1}^{n} A_k (p_k)^n u(n) \quad (3.39)$$

可见,在 $h(n)$ 中,每一个极点 p_k 都提供一个无限持续时间指数项 $A_k (p_k)^n u(n)$。也就是说,系统中任何极点的存在都使系统具有无限持续时间的单位冲激响应,这样的系统称为无限冲激响应(IIR)系统。

如果系统传递函数只有极点,没有零点,则称为全极点(AP)系统;既有零点又有极点,则称为极零点(PZ)系统。显然,IIR 系统包括 AP 系统和 PZ 系统。

IIR 系统的基本结构包括以下 3 种:

(1) 直接形式

根据式(3.9)所示的 IIR 系统差分方程或式(3.15)所示的 IIR 系统传递函数,就可以直接得到系统的直接 Ⅰ 型结构、直接 Ⅱ 型结构和转置直接 Ⅱ 型结构。

(2) 级联形式

将系统的传递函数分解为一阶或二阶子系统传递函数的乘积形式就形成了级联形式,即

$$H(z) = H_1(z) H_2(z) \cdots H_N(z) \quad (3.40)$$

系统输出可以表示为

$$Y(z) = X(z) H_1(z) H_2(z) \cdots H_N(z) \quad (3.41)$$

一般采用直接 Ⅱ 型结构作为子系统 $H_n(z)(n=1,2,3,\cdots,N)$ 的实现结构,然后将各个子系统的直接 Ⅱ 型结构串联即可得到系统级联形式,如图 3.8 所示。这意味着上一个子系统的输出是下一个子系统的输入。

图 3.8 IIR 系统结构级联形式

(3) 并联形式

将系统的传递函数分解为一组子系统传递函数求和的形式就形成了并联形式,即

$$H(z) = H_1(z) + H_2(z) + \cdots + H_N(z) \quad (3.42)$$

系统输出可以表示为

$$Y(z) = X(z)H_1(z) + X(z)H_2(z) + \cdots + X(z)H_N(z) \tag{3.43}$$

可以采用3种直接型结构作为子系统$H_n(z)(n=1,2,3,\cdots,N)$的实现结构,然后将各个子系统的直接型结构并联即可得到系统并联形式,如图3.9所示。并联结构的每个子系统都是独立的,输入都是相同的,不受其他子系统数据和系统量化的影响,所以,并联形式是对量化误差和舍入误差最不敏感的结构形式。

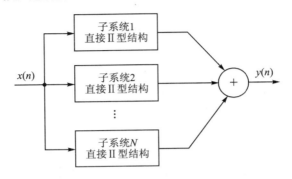

图3.9 IIR系统结构并联形式

3. FIR系统的基本结构

由3.2节的讨论可知,在时域中,系统可以用式(3.9)所示的常系数线性差分方程来表示,如果式中的系数$a(k)$均为零,则有

$$y(n) = \sum_{r=0}^{M} b(r)x(n-r) \tag{3.44}$$

与式(3.10)对比可知

$$h(n) = b(n), \quad 0 \leqslant n \leqslant M \tag{3.45}$$

可见,式(3.44)代表的系统具有有限持续时间的单位冲激响应$h(n)$,称为有限冲激响应(FIR)系统。系统传递函数为

$$H(z) = \sum_{r=0}^{M} b(r)z^{-r} \tag{3.46}$$

显然,FIR系统没有极点,只有零点,因此,FIR系统也称为全零点(AZ)系统。

FIR系统的基本结构也有3种,如下:

(1) 直接形式

FIR系统结构的直接形式可以从式(3.44)或式(3.46)推导出来,对比可知,FIR系统的直接Ⅰ型结构和直接Ⅱ型结构完全相同。此外,将传递函数分解为一阶或二阶子系统传递函数的乘积形式就形成了FIR系统结构的级联形式。

(2) 线性相位结构

FIR系统最重要的特点是可以设计成线性相位结构。可以证明,当FIR系统的单位冲激响应满足奇对称或偶对称时,即$h(n) = \pm h(M-1-n)(n=0,1,\cdots,M-1)$,该系统具有线性相位。无论$h(n)$是奇对称还是偶对称,系统传递函数都可以表示成以下两种结构：

① 当 M 为偶数时

$$H(z) = \sum_{n=0}^{\frac{M}{2}-1} h(n)[z^{-n} + z^{-(M-1-n)}] \quad (3.47)$$

② 当 M 为奇数时

$$H(z) = \sum_{n=0}^{\frac{M-1}{2}-1} h(n)[z^{-n} + z^{-(M-1-n)}] + h\left(\frac{M-1}{2}\right)z^{-\frac{M-1}{2}} \quad (3.48)$$

可见，实现直接形式系统结构只需要 $M/2$（M 为偶数）或 $(M+1)/2$（M 为奇数）次乘法运算，而不是通常所需的 M 次乘法运算。本书只给出当 M 为偶数时 FIR 系统的线性相位结构，如图 3.10 所示；当 M 为奇数时的结构，读者可自己推导。

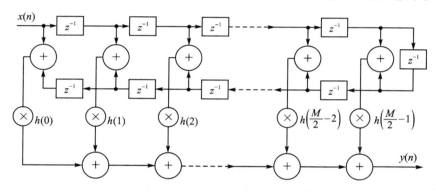

图 3.10 FIR 系统的线性相位结构（M 为偶数）

(3) 频率抽样结构

若一个 FIR 系统的单位冲激响应为 $h(n)$($n=0,1,\cdots,N-1$)，则其系统传递函数为

$$H(z) = \sum_{n=0}^{N-1} h(n)z^{-n} \quad (3.49)$$

计算这个 N 点有限持续时间单位冲激响应 $h(n)$ 的 DFT 系数为

$$\left.\begin{array}{l} h(n) = \dfrac{1}{N}\sum_{n=0}^{N-1} H(k)W_N^{-nk} \\[2mm] H(k) = \sum_{n=0}^{N-1} h(n)W_N^{nk} \end{array}\right\} \quad (3.50)$$

对比式(3.49)和式(3.50)可知，$H(z)$ 和 $H(k)$ 的关系为 $H(k) = H(z)|_{z=W_N^{-k}}$，$H(k)$ 实际上是 $H(z)$ 在单位圆上的 N 个值，即 $H(k)$ 是 $H(e^{j\omega})$ 在频域的抽样。

把 $H(k)$ 代入 $H(z)$ 中，并整理可得

$$H(z) = \left(\frac{1-z^{-N}}{N}\right)\left[\sum_{k=0}^{N-1} \frac{H(k)}{1-W_N^{-k}z^{-1}}\right] \quad (3.51)$$

具有上式结构形式的称为 FIR 系统的频率抽样结构,它由两部分级联组成。第一部分为一阶 FIR 子系统,子系统的零点位于 $z_k=\mathrm{e}^{\mathrm{j}\frac{2\pi}{N}k}$;第二部分由 N 个复一阶 IIR 子系统并联而成,第 k 个复一阶 IIR 子系统的极点也位于 $z_k=\mathrm{e}^{\mathrm{j}\frac{2\pi}{N}k}$,IIR 子系统的极点正好和 FIR 子系统的零点相抵消。FIR 系统的频率抽样结构如图 3.11 所示。

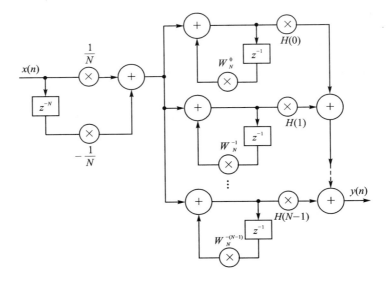

图 3.11　FIR 系统的频率抽样结构

注意,频率抽样 $H(k)$ 可以从 FIR 系统单位冲激响应 $h(n)$ 的离散傅里叶变换得到,如果大部分 $H(k)$ 等于零(如窄带低通或带通滤波器),则 FIR 系统的频率抽样结构所需的乘法次数将比直接形式少,相应的结构复杂度更低,效率更高。

4. 基于 MATLAB 的离散时间系统分析与实现

在 MATLAB 中可以直接调用工具箱函数完成对离散时间系统的描述、分析与实现,避免了复杂的数学计算和编程。一些常用的系统分析和实现工具箱函数总结在表 3.1～表 3.3 中,其详细功能和调用方法可参考 MATLAB 应用工具书。

表 3.1　MATLAB 中常用的系统时域分析与实现函数

函数	功能
conv	实现系统输入和单位冲激响应的卷积,得到系统输出
filter	采用直接 II 型结构求系统线性差分方程的输出
impz	给出系统的单位冲激响应

第 3 章 离散时间系统

表 3.2 MATLAB 中常用的系统频域分析函数

函 数	功 能
freqz	给出系统的频率响应特性,包括幅频特性和相频特性
abs	可以用于从系统频率响应函数中提取幅值
angle	可以用于从系统频率响应函数中提取相位
grpdelay	计算系统的群延迟
zplane	给出系统 Z 平面上的零极点图
roots	可以用于求解系统的极点或零点值
poly	可以使用系统的极点和零点值恢复系统传递函数

表 3.3 MATLAB 中常用的系统结构转换函数

函 数	功 能
residuez	由系统传递函数转换成带余数的部分分式形式;将系统传递函数分解为并联结构
tf2zp	将系统传递函数转换为零极点增益形式
zp2tf	将系统零极点增益形式转换为系统传递函数
zp2sos	将系统零极点增益形式转换为二次分式形式
sos2zp	将系统二次分式形式转换为零极点增益形式
tf2sos	将系统传递函数分解为二阶子系统的级联形式
sos2tf	将系统二阶子系统的级联形式合并为系统传递函数

如上文所述,系统传递函数可以表示为式(3.15)所示的形式,即

$$H(z) = \frac{Y(z)}{X(z)} = \frac{\sum_{r=0}^{M} b(r) z^{-r}}{1 + \sum_{k=1}^{N} a(k) z^{-k}}$$

若有一 LTI 系统,系统传递函数按照上式可表示为

$$H(z) = \frac{Y(z)}{X(z)} = \frac{1 + 2z^{-1} + z^{-3}}{1 - 1.5z^{-1} + 0.5z^{-2}}$$

则该系统参数即为 $a = [1, -1.5, 0.5]$,$b = [1, 2, 0, 1]$。下面以此 LTI 系统为例,介绍上述 3 个表中部分函数的使用方法。

(1) 函数[r, p, k] = residuez (b, a)

将系统的传递函数转换成带余数的部分分式形式,也就是将系统传递函数分解为并联结构,即

$$H(z) = \frac{Y(z)}{X(z)} = \frac{r(1)}{1 - p(1)z^{-1}} + \cdots + \frac{r(n)}{1 - p(n)z^{-1}} + k(1) + k(2)z^{-1} + \cdots$$

对于本例 LTI 系统,函数输出为 $r=[8,-13]$,$p=[1.0000,0.5000]$,$k=[6,2]$,即

$$H(z)=\frac{1+2z^{-1}+z^{-3}}{1-1.5z^{-1}+0.5z^{-2}}=\frac{8}{1-z^{-1}}-\frac{13}{1-0.5z^{-1}}+6+2z^{-1}$$

(2) 函数 [z,p,k]=tf2zp(b,a)

将系统传递函数转换为零极点增益形式,即将传递函数转换为以下形式:

$$H(z)=\frac{Y(z)}{X(z)}=k\frac{[z-z(1)][z-z(2)]\cdots[z-z(m)]}{[z-p(1)][z-p(2)]\cdots[z-p(n)]}$$

使用函数 tf2zp 时,要求必须使 a 和 b 的维数相同,所以对于本例需要先扩展 a 的维数,即 $a=[a,0]$。

对于本例 LTI 系统,函数输出为 $z=[-2.2056+0.0000\mathrm{i},0.1028+0.6655\mathrm{i},0.1028-0.6655\mathrm{i}]$,$p=[0,1.0000,0.5000]$,$k=1$,即

$$H(z)=\frac{1+2z^{-1}+z^{-3}}{1-1.5z^{-1}+0.5z^{-2}}=$$

$$\frac{[z+2.2056][z-(0.1028+0.6655\mathrm{i})][z-(0.1028-0.6655\mathrm{i})]}{z(z-1)(z-0.5)}$$

(3) 函数 zz=roots(b) 和 pp=roots(a)

分别求解系统的零点与极点。对于本例 LTI 系统,函数输出零点结果为 $zz=[-2.2056+0.0000\mathrm{i},0.1028+0.6655\mathrm{i},0.1028-0.6655\mathrm{i}]$,极点结果为 $pp=[0,1.0000,0.5000]$。

(4) 函数 zplane(b,a)

根据系统的传递函数画出系统的零极点图。对于本例 LTI 系统,函数输出结果如图 3.12 所示。一般习惯使用圆圈表示零点,使用叉号表示极点。

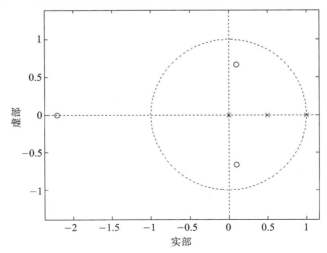

图 3.12 系统零极点图

(5) 函数 y=filter(b,a,x)

求出系统对于输入 x 的响应。若给本例 LTI 系统输入阶跃信号 x=ones(1, 100),则此处函数输出的是本系统的阶跃响应,其结果如图 3.13 所示。

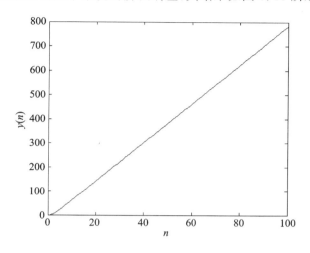

图 3.13 系统的阶跃响应

此外,函数 filter(b,a,x)还有对信号 x 进行数字滤波的功能,滤波器系统参数为 (b,a),此处不再赘述。

(6) 函数[h,w]=freqz(b,a,n)、abs(h)和 angle(h)

函数 freqz 可求出系统的 n 点频率响应特性,这 n 个点均匀分布在上半单位圆 $[0\sim\pi]$ 上,其对应频率记录在参数 w 中,相应的频率响应记录在参数 h 中,n 默认为 512。由函数 freqz 可直接绘制出归一化频率的幅频特性与相频特性曲线。本例 LTI 系统的幅频与相频特性曲线如图 3.14 所示。

也可由函数 abs(h)和 angle(h)得到系统频率响应 h 的幅度值和相位值,由本例 LTI 系统频率响应的幅值序列与相位序列绘制出的系统幅频和相频特性曲线如图 3.15 所示。此处注意,在图 3.14 和图 3.15 中使用了不同的坐标单位。在图 3.14

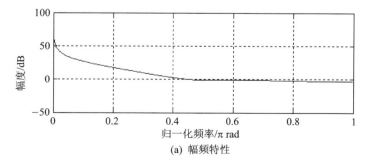

(a) 幅频特性

图 3.14 系统频率响应的幅频特性和相频特性曲线 1

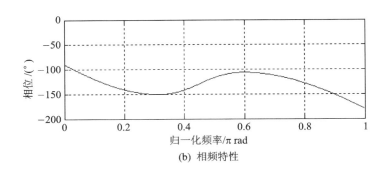

(b) 相频特性

图 3.14 系统频率响应的幅频特性和相频特性曲线 1（续）

中，使用了归一化数字频率、角度相位和对数幅度值，而在图 3.15 中，使用了物理频率、弧度相位和幅度值。

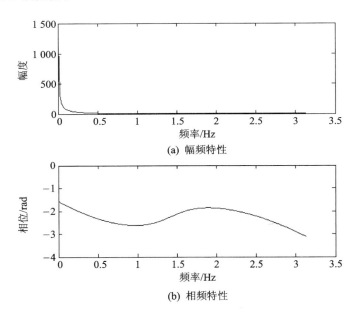

(a) 幅频特性

(b) 相频特性

图 3.15 系统频率响应的幅频特性和相频特性曲线 2

（7）函数 $h = \text{impz}(b, a, n)$

函数 impz 可求出系统的 n 点单位冲激响应。当 $n = 50$ 时，本例 LTI 系统单位冲激响应的结果如图 3.16 所示。

第 3 章 离散时间系统

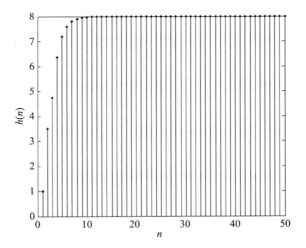

图 3.16 系统的单位冲激响应

第 4 章 数字滤波器设计

4.1 概 述

数字滤波器(Digital Filter,DF)在仪器与传感器的信号检测、处理和估计中起着重要的作用,它是具有一定传输选择特性的数字信号处理装置,可以使有用频率的信号分量通过,抑制无用的信号分量输出。传统的经典数字滤波器可通过对特定频段的信号进行筛选来实现。一般来说,噪声信号往往是高频信号,而经典滤波器正是假定有用信号与噪声信号具有不同的频段,所以利用经典滤波器可以去除噪声。但是,如果有用信号与噪声信号有频谱相互重叠,则经典滤波器就不能实现理想的滤波性能。现代滤波器的作用是从含有噪声的信号中估计出信号的某些特征,一旦信号本身被估计出,那么估计出来的信号与原信号相比就会有更高的信噪比。这类滤波器主要有卡尔曼滤波器、线性预测滤波器以及自适应滤波器等。

在信号的过滤、检测和参数的估计等方面,经典数字滤波器是使用最广泛的一种线性系统。若滤波器的输入、输出都是离散时间信号,那么该滤波器的单位冲激响应$h(n)$也必然是离散的,这种滤波器称为数字滤波器。数字滤波器的作用是利用离散时间系统的特性对输入信号的波形(或频谱)进行加工处理,或者说利用数字方法按预定的要求对信号进行变换。

当用硬件实现一个数字滤波器时,所需的原件是乘法器、延时器和相加器;而用MATLAB软件实现时,它仅需要线性卷积程序就可以实现。众所周知,模拟滤波器(Analog Filter,AF)只能用硬件来实现,其元件有电阻R、电容C、电感L及运算放大器等电路元器件,性能易受温度等环境因素影响。因此,数字滤波器的实现要比模拟滤波器容易得多,并且更容易获得较理想的滤波性能。数字滤波是数字信号分析中最重要的内容之一,与模拟滤波相比,它具有精度和稳定性高,系统函数容易改变,灵活性强,便于大规模集成,以及实现多维滤波等优点。

数字滤波器的作用是对输入信号进行滤波,就如同信号通过系统一样,由第 3 章可知,对于线性时不变系统,其时域系统的零状态输出与输入的关系为

$$y(n) = x(n) * h(n) \tag{4.1}$$

若$y(n)$、$x(n)$的傅里叶变换存在,则输入与输出的频域关系为

$$Y(e^{j\omega}) = X(e^{j\omega}) * H(e^{j\omega}) \tag{4.2}$$

当输入信号$x(n)$通过理想的滤波器$h(n)$后,其输出$y(n)$中不再含有$|\omega|>\omega_c$的成分,仅使$|\omega|<\omega_c$的信号成分通过,其中,ω_c是滤波器的转折频率或称为截止

第 4 章 数字滤波器设计

频率。

按照离散系统的时域特性单位抽样响应 $h(n)$ 分类,数字滤波器可以分为两类:无限冲激(脉冲)响应数字滤波器(Infinite Impulse Response Digital Filter,IIRDF),简称为 IIR 滤波器;有限冲激(脉冲)响应数字滤波器(Finite Impulse Response Digital Filter,FIRDF),简称为 FIR 滤波器。

数字滤波器按照实现的方法和结构形式分为递归型和非递归型两类。其中,IIR 滤波器为递归型数字滤波器。如果当前输出为 $y(n)$,输入为 $x(n)$,则一个 N 阶递归型数字滤波器(IIR 滤波器)的差分方程可表示为

$$y(n) = -\sum_{k=1}^{N} a(k) y(n-k) + \sum_{r=0}^{M} b(r) x(n-r) \tag{4.3}$$

式中:系数 $a(k)$ 至少有一项不为零。$a(k) \neq 0$ 说明必须将输出序列 $y(n)$ 的延时项进行反馈。递归系统的传递函数 $H(z)$ 为

$$H(z) = \frac{\sum_{r=0}^{M} b(r) z^{-r}}{1 + \sum_{k=1}^{N} a(k) z^{-k}} \tag{4.4}$$

递归系统的传递函数 $H(z)$ 在 Z 平面上不仅有零点,而且有极点。

若 FIR 滤波器为非递归型数字滤波器,则当前的输出值 $y(n)$ 仅为当前及以前的输入序列的函数,而与以后的各个输出值无关。因此从结构上看,非递归系统没有反馈环路。

一个 N 阶的非递归型数字滤波器(FIR 滤波器)的差分方程为

$$y(n) = \sum_{r=0}^{M} h(r) x(n-r) = \sum_{r=0}^{M} b(r) x(n-r) \tag{4.5}$$

式中:系数 $b(r)$ 等于单位冲激响应 $h(n)$ 的序列值,其系统传递函数 $H(z)$ 可以表示为以下形式:

$$H(z) = \sum_{r=0}^{M} h(r) z^{-k} = \sum_{r=0}^{M} b(r) z^{-k} \tag{4.6}$$

$H(z)$ 是 z^{-1} 的多项式,因此它的极点只能在 Z 平面的原点上。

这两类滤波器无论是在性能上还是在设计方法上都有着很大的区别。FIR 滤波器可以对给定的频率特性直接进行设计,并且 FIR 滤波器在满足一定条件时,能够保证在逼近平直幅频特性的同时,还能获得严格的线性相位特性,避免相位失真。而 IIR 滤波器目前最通用的方法是利用已经很成熟的模拟滤波器的设计方法来进行设计。在进行 IIR 滤波器设计时,可以保证幅频特性逼近平直幅频特性的要求,但 IIR 滤波器的相位一般是非线性的,不能兼顾保持线性相位特性的要求,因此会产生一定的相位失真。它和 FIR 滤波器相比,优点是在满足相同性能指标要求的前提下,其阶数要明显低于 FIR 滤波器的阶数。

4.2　IIR 滤波器设计

IIR 滤波器的设计和模拟滤波器的设计有着十分紧密的关系。通常在设计 IIR 滤波器时,要先设计出适当的模拟滤波器的传递函数 $H(s)$,再通过一定的频带变换把它转换成为所需的 IIR 滤波器的系统函数 $H(z)$。设计 IIR 滤波器的方法主要有冲激响应不变法与双线性变换法。

1. 基于冲激响应不变法的数字滤波器设计

所谓冲激响应不变法就是使数字滤波器的脉冲响应序列 $h(n)$ 等于模拟滤波器的脉冲响应 $h_a(t)$ 的采样值,即

$$h(t) = h_a(t)|_{t=nT} = h_a(nT) \tag{4.7}$$

式中:T 为采样周期。

因此,数字滤波器的系统函数 $H(z)$ 可由下式求得:

$$H(z) = Z[h(n)] = Z[h_a(nT)] \tag{4.8}$$

如果已经获得满足性能指标的模拟滤波器的传递函数 $H_a(s)$,那么获取对应数字滤波器的传递函数 $H(z)$ 的方法如下:

① 求模拟滤波器的单位冲激响应 $h_a(t)$,即

$$h_a(t) = L^{-1}[H_a(s)] \tag{4.9}$$

② 求模拟滤波器的单位冲激响应 $h_a(t)$ 的采样值,即数字滤波器冲激响应序列 $h(n)$。

③ 对数字滤波器的脉冲响应 $h(n)$ 进行 Z 变换,得到传递函数 $H(z)$。

由上述方法可得到更直接地由模拟滤波器系统函数 $H_a(s)$ 求数字滤波器系统函数 $H(z)$ 的步骤是:

① 利用部分分式展开将模拟滤波器的传递函数展开成

$$H_a(s) = \sum_{k=1}^{N} \frac{R_k}{s - p_k} \tag{4.10}$$

在 MATLAB 中可以调用 residue 函数来实现,其指令为 [R,P,K]=residue(b,a),即可将如下传递函数

$$H_a(s) = \frac{b(s)}{a(s)} = \frac{b(1)s^{nb} + b(2)s^{nb-1} + \cdots + b(nb)s + b(nb+1)}{a(1)s^{na} + a(2)s^{na-1} + \cdots + a(na)s + a(na+1)} \tag{4.11}$$

变换为

$$H_a(s) = \sum_{k=1}^{N} \frac{R_k}{s - p_k} + K(1)s^M + K(2)s^{M-1} + \cdots + K(M+1) \tag{4.12}$$

若指令为 [b,a]=residue(R,P,K),则为上面调用形式的反过程。

② 将模拟极点 p_k 变为数字极点 $e^{p_k T}$,即得到数字系统的传递函数

$$H(z) = \sum_{k=1}^{N} \frac{R_k}{1 - e^{p_k T} z^{-1}} \tag{4.13}$$

在此步骤中,可以调用[b,a]=residue(R,P,K)将其转换为传递函数的形式。

对于上面的步骤,MATLAB 中已经提供冲激响应不变法设计数字滤波器的函数,调用格式为

[bz,az] = impinvar(b,a,Fs)

参数说明:

b 和 a:模拟滤波器分子和分母多项式系数向量。

Fs:采样频率,单位为 Hz,默认为 1 Hz。

bz 和 az:分别为数字滤波器分子和分母多项式系数向量。

前面介绍的 IIR 滤波器设计原理是利用了模拟滤波器中现成的公式、图表和资料等,下面介绍调用 MATLAB 工具箱中的巴特沃斯及切比雪夫模拟滤波器的基本函数。

巴特沃斯型模拟滤波器设计函数,调用格式为

[n,ωn] = buttord(ωp,ωs,Rp,Rs,'s')
[b,a] = butter(n,ωn,'ftype','s')

切比雪夫 I 型模拟滤波器设计函数,调用格式为

[n,ωn] = cheb1ord(ωp,ωs,Rp,Rs,'s')
[b,a] = cheby1(n,Rp,ωn,'ftype','s')

切比雪夫 II 型模拟滤波器设计函数,调用格式为

[n,ωn] = cheb2ord(ωp,ωs,Rp,Rs,'s')
[b,a] = cheby2(n,Rp,ωn,'ftype','s')

参数说明:

n:滤波器最小阶数。

ωn:滤波器截止频率,单位 Hz。

ωp:通带边界频率,单位 Hz。

ωs:阻带边界频率,单位 Hz。

Rp,Rs:分别为所设计滤波器的通带和阻带衰减的分贝数,单位 dB。

s:表示模拟滤波器。

ftype:滤波器的类型,其中:high 为高通滤波器,截止频率为 ωn;stop 为带阻滤波器,截止频率为 ωn=[ω1,ω2](ω1>ω2)。ftype 默认时为低通或带通滤波器。带通滤波器的截止频率 ωn=[ω1,ω2](ω1<ω2)。

b 和 a:分别为滤波器传递函数分子和分母多项式系数向量。

设计好的模拟滤波器具有如下形式的传递函数:

$$H_a(s) = \frac{b(1)s^m + b(2)s^{m-1} + \cdots + b(m+1)}{a(1)s^n + a(2)s^{n-1} + \cdots + a(n+1)} \tag{4.14}$$

下面用一个例子来说明此函数的应用。

例 4.1 利用冲激响应不变法将模拟滤波器 $H_a(s) = \dfrac{4s^2+2s+3}{8s^3+2s^2+s+7}$ 变换为数字滤波器 $H(z)$，采样周期 $T=0.1$ s。

解：利用冲激响应不变法将模拟滤波器变换为数字滤波器的 MATLAB 程序如下：

```
% ************* 冲激响应不变法举例说明 *****************%
b = [4,2,3];
a = [8,2,1,7];                  % 设置模拟滤波器系数
T = 0.1;                        % 设置采样周期
[bz,az] = impinvar(b,a,1/T)
```

结果为：bz = 0.400 0   -0.778 4   0.381 5，
　　　　az = 8.000 0   -23.789 1   23.598 5   -7.802 5。

例 4.2 编制 MATLAB 程序，用冲激响应不变法设计一个巴特沃斯数字滤波器，使其特性逼近下列技术指标：通带截止频率 $F_c = 1 \times 10^3$ Hz，在 F_c 处衰减 $\delta_p = 3$ dB，阻带始点频率 $F_z = 2 \times 10^3$ Hz，在 Ω_z 处衰减 $\delta_z = 15$ dB，设抽样频率为 20 kHz。

解：利用冲激响应不变法设计巴特沃斯数字低通滤波器的 MATLAB 程序如下：

```
% ********** 利用冲激响应不变法设计巴特沃斯数字低通滤波器 ***********%
wp = 1000 * 2 * pi;             % 定义滤波器的性能指标
ws = 3000 * 2 * pi;
Rp = 3; Rs = 15;
Fs = 20000;
Nn = 128;                       % 给出滤波器的序列点数
% 计算滤波器阶数和截止频率
[N,Wn] = buttord(wp,ws,Rp,Rs,'s');
% 设计模拟滤波器原型
[z,p,k] = buttap(N);
[Bap,Aap] = zp2tf(z,p,k);       % 将系统函数的零极点形式变为分子分母多项式形式
[b,a] = lp2lp(Bap,Aap,Wn);      % 低通至低通模拟滤波器的变换
% 利用冲激响应不变法实现模拟滤波器到数字滤波器的变换
[bz,az] = impinvar(b,a,Fs);
freqz(bz,az,Nn,Fs)
```

例 4.2 中滤波器的频率特性曲线图如图 4.1 所示。

在应用冲激响应不变法设计数字滤波器时要注意，冲激响应不变法由 $z = e^{sT}$ 这一基本关系得到数字角频率 ω 和模拟角频率 Ω 满足 $\omega = \Omega T$ 的线性变换关系，T 为采样间隔，这使得 $j\Omega$ 轴上每隔 $2\pi/T$ 便映射到 z 域中的单位圆一周。如果模拟滤波器频率响应是有限带宽，则通过变换得到的数字滤波器的频率响应将非常接近模拟

第 4 章 数字滤波器设计

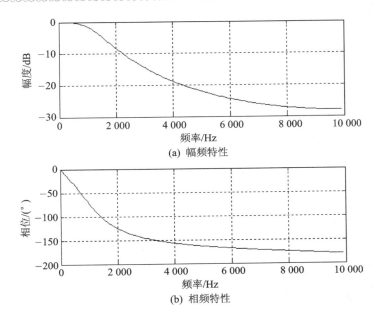

(a) 幅频特性

(b) 相频特性

图 4.1 例 4.2 中滤波器的频率特性曲线图

滤波器的频率响应。由于数字滤波器的频率响应是模拟滤波器频率响应的周期延拓,因此这种方法原则上只适用于有限带宽滤波器。对于高通、带阻等滤波器,由于它们的高频成分不衰减,势必产生严重的混叠失真。对于这一特点,双线性变换法可以进行弥补。

2. 基于双线性变换法的数字滤波器设计

双线性变换法是将 S 平面的整个频率轴映射到 z 域的一个频率周期中,因此,S 平面到 Z 平面的映射是非线性的,其单值双线性映射关系为

$$s = \frac{2}{T} \frac{1-z^{-1}}{1+z^{-1}} \tag{4.15}$$

$$z = \frac{1+\frac{T}{2}s}{1-\frac{T}{2}s} \tag{4.16}$$

式中:T 为采样周期。

若已知模拟滤波器的传递函数 $H_a(s)$,那么将 $H_a(s)$ 代入式(4.15)即可获取对应数字滤波器的传递函数 $H(z)$:

$$H(z) = H_a(s)\bigg|_{s=\frac{2}{T}\frac{1-z^{-1}}{1+z^{-1}}} \tag{4.17}$$

在双线性变换中,模拟角频率和数字角频率存在以下关系:

$$\Omega = \frac{2}{T}\tan\frac{\omega}{2} \tag{4.18}$$

$$\omega = 2\arctan\frac{\Omega T}{2} \tag{4.19}$$

由式(4.18)和式(4.19)可知,模拟角频率 Ω 和数字角频率 ω 之间的关系是非线性的。

在 MATLAB 中,函数 bilinear 采用双线性变换法实现模拟 s 域至数字 z 域的映射,直接用于模拟滤波器变换为数字滤波器。其调用方式为

[zd,pd,kd] = bilinear(z,p,k,Fs)
[bz,az] = bilinear(b,a,Fs)

参数说明:

z,p:分别为模拟滤波器的零点和极点列向量。

k:模拟滤波器的增益。

Fs:采样频率,单位 Hz。

zd,pd,kd:数字滤波器的零极点和增益。

b,a:分别为模拟滤波器传递函数分子和分母多项式系数向量。

模拟滤波器传递函数具有下面的形式:

$$H(s)=\frac{b(s)}{a(s)}=\frac{b(1)s^m+b(2)s^{m-1}+\cdots+b(m)s+b(m+1)}{a(1)s^n+a(2)s^{n-1}+\cdots+a(n)s+a(n+1)} \tag{4.20}$$

$$H(z)=\frac{B(z)}{A(z)}=\frac{bz(1)+bz(2)z^{-1}+\cdots+bz(m+1)z^{-m}}{az(1)+az(2)z^{-1}+\cdots+az(n+1)z^{-n}} \tag{4.21}$$

例 4.3 利用双线性变换法将模拟滤波器 $H_a(s)=\dfrac{4s^2+2s+3}{8s^3+2s^2+s+7}$ 变换为数字滤波器 $H(z)$,采样周期 $T=0.1$ s。

解:利用双线性变换法将模拟滤波器变换为数字滤波器的 MATLAB 程序如下:

```
% ***************** 双线性变换法举例说明 *****************%
b = [4,2,3];
a = [8,2,1,7];                  % 设置模拟滤波器系数
T = 0.1;                        % 设置采样周期
[bz,az] = bilinear(b,a,1/T);    % 利用双线性变换法进行转换
```

结果为:bz = 0.025 3 −0.023 9 −0.025 2 0.024 1,
az = 1.000 0 −2.973 4 2.949 4 −0.975 1。

例 4.4 用双线性变换法设计一个巴特沃斯数字低通滤波器。其性能指标为:通带频率范围为 $0 \leqslant \omega \leqslant 0.3\pi$,波纹小于 3 dB,在 $0.4\pi \leqslant \omega \leqslant \pi$ 的阻带内,幅度衰减 $\delta_z \leqslant 15$ dB,并设采样周期 $T=0.001$ s。

解:利用双线性变换法设计巴特沃斯数字低通滤波器的 MATLAB 程序如下:

% *********** 利用双线性变换法设计巴特沃斯数字低通滤波器 ***********%

第 4 章 数字滤波器设计

```
% 给定滤波器指标
wp = 0.3 * pi;
ws = 0.4 * pi;
Rp = 3;
Rs = 15;
Ts = 0.001;
Nn = 128;
% 数字频率与模拟频率非线性变换
Wp = (2/Ts) * tan(wp/2);
Ws = (2/Ts) * tan(ws/2);
% 计算滤波器阶次和截止频率
[N,Wn] = buttord(Wp,Ws,Rp,Rs,'s');
% 设计模拟原型
[z,p,k] = buttap(N);
[Bap,Aap] = zp2tf(z,p,k);
[b,a] = lp2lp(Bap,Aap,Wn);
% 利用双线性变换法设计数字滤波器
[bz,az] = bilinear(b,a,1/Ts);
freqz(bz,az,Nn,1/Ts)
```

设计的主要结果为：

$N=5$，$Wn=1\,032$，$bz=0.007\,2\quad 0.036\,2\quad 0.072\,5\quad 0.007\,25\quad 0.036\,2\quad 0.007\,2$，$az=1.000\,0\quad -1.943\,4\quad 1.968\,0\quad -1.070\,2\quad 0.316\,6\quad -0.039\,2$。

所设计的数字滤波器的频率特性曲线图如图 4.2 所示。

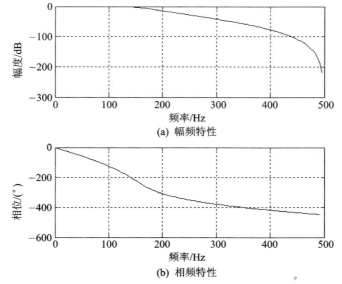

(a) 幅频特性

(b) 相频特性

图 4.2 例 4.4 中巴特沃斯数字滤波器的频率特性曲线图

前面介绍了IIR滤波器的设计原理和基本实现方法,并给出了一些例子以说明如何用MATLAB编程实现这些步骤,从这些步骤可知需要多次调用MATLAB信号处理工具箱中的基本工具函数。实际上,MATLAB信号处理工具箱还提供了采用双线性变换法和频率的预畸变处理的IIR滤波器设计的完全工具函数,可以将模拟滤波器直接离散化为数字滤波器。也就是说,只需要调用这些工具函数即可一次性完成数字滤波器的设计,而不需要多次调用那些基本工具函数来分步实现。

在MATLAB滤波器设计工具箱中,数字滤波器采用归一化频率,取值为0~1,归一化频率1对应的数字角频率为π,对应的真实频率为采样频率的一半。用于IIR滤波器设计的完全设计函数有:

巴特沃斯型数字滤波器设计函数,调用格式为

[n,ωn] = buttord(ωp,ωs,Rp,Rs)
[b,a] = butter(n,ωn,'ftype')
[z,p,k] = butter(n,ωn,'ftype')

切比雪夫Ⅰ型数字滤波器设计函数,调用格式为

[n,ωn] = cheb1ord(ωp,ωs,Rp,Rs)
[b,a] = cheby1(n,Rp,ωn,'ftype')
[z,p,k] = cheby1(n,Rp,ωn,'ftype')

切比雪夫Ⅱ型数字滤波器设计函数,调用格式为

[n,ωn] = cheb2ord(ωp,ωs,Rp,Rs)
[b,a] = cheby2(n,Rp,ωn,'ftype')
[z,p,k] = cheby2(n,Rp,ωn,'ftype')

椭圆数字滤波器设计函数,调用格式为

[n,ωn] = ellipord(ωp,ωs,Rp,Rs)
[b,a] = ellip(n,Rp,Rs,ωn,'ftype')
[z,p,k] = ellip(n,Rp,Rs,ωn,'ftype')

在上面数字滤波器设计函数的调用方式中,相关参数说明如下:

n:滤波器的阶数。

ωn:滤波器的截止频率,取值为0~1。

ω_n需要根据采样频率F_s来定,如滤波器的截止频率为F_c(Hz),抽样频率为F_s,则ω_n的计算公式为

$$\omega_n = \frac{2F_c}{F_s} \tag{4.22}$$

其中,参数ω_p、ω_s等边界频率都要根据此公式进行转换。

第 4 章　数字滤波器设计

R_p、R_s 仍分别为所涉及滤波器的通带波纹和阻带衰减,单位为 dB,a、b 分别为滤波器传递函数分子和分母多项式系数向量,如果需要设计未归一化的滤波器,则应先对传递函数进行归一化,z、p、k 分别为归一化(即 $F_c=1$)的巴特沃斯原型滤波器的零极点和增益。设计好的数字滤波器的传递函数具有如下形式:

$$H(z) = \frac{B(z)}{A(z)} = \frac{b(1)+b(2)z^{-1}+\cdots+b(m+1)z^{-m}}{a(1)+a(2)z^{-1}+\cdots+a(n+1)z^{-n}} \quad (4.23)$$

上述函数采用双线性变换法和频率的预畸变处理将模拟滤波器离散化为数字滤波器,同时保证模拟滤波器和数字滤波器在 ω_n 处具有相同的幅频响应。

设计时应注意真实频率和 MATLAB 归一化数字频率之间的转换,即式(4.22)的应用。利用这些函数可以进行相应的低通、高通、带通、带阻数字滤波器设计。在进行 IIR 滤波器设计前,可以使用 buttord、cheb1ord、cheb2ord、ellipord 函数来确定滤波器的最小阶数与截止频率,其输出的截止频率也是归一化频率(0~1),下面将举例说明。

例 4.5　设计一个巴特沃斯高通数字滤波器,通带边界频率为 400 Hz,阻带边界频率为 250 Hz,通带波纹小于 1 dB,阻带衰减大于 20 dB,采样频率为 1000 Hz,并求其幅频响应与相频响应。

解: 巴特沃斯高通滤波器设计实例的 MATLAB 程序如下:

```
% ***********巴特沃斯高通数字滤波器设计举例************%
Fs = 1000;                       % 采样频率
wp = 400 * 2/Fs;
ws = 250 * 2/Fs;                 % 根据采样频率将滤波器边界频率进行转换
Rp = 1;Rs = 20;                  % 通带波纹和阻带衰减
Nn = 256;                        % 显示滤波器频率特性的数据长度
[N,Wn] = buttord(wp,ws,Rp,Rs);   % 求得数字滤波器的最小阶数和截止频率(归一化)
[b,a] = butter(N,Wn,'high');     % 设计巴特沃斯高通数字滤波器
[H,f] = freqz(b,a,Nn,Fs);        % 求得滤波器的频率特性
```

所设计高通滤波器的频率特性曲线图如图 4.3 所示。

由程序输出可以看出,所设计滤波器在大于 400 Hz 处为通带,其衰减均小于 1 dB;在小于 250 Hz 处为阻带,其衰减大于 20 dB,符合设计要求,但其相频特性是非线性的。

例 4.6　设计一个带阻椭圆数字滤波器,阻带频率从 80 Hz 到 150 Hz,通带波纹小于 1 dB,阻带衰减为 50 dB,两边过渡带宽为 50 Hz,采样频率为 1000 Hz。假设一个信号 $x(t)=\sin(2\pi f_1 t)+1.3\cos(2\pi f_2 t)+0.8\cos(2\pi f_3 t)$,其中,$f_1=30$ Hz,$f_2=150$ Hz,$f_3=300$ Hz。试将原信号与通过滤波器后的输出信号进行比较。

解: 带阻椭圆数字滤波器设计实例的 MATLAB 程序如下:

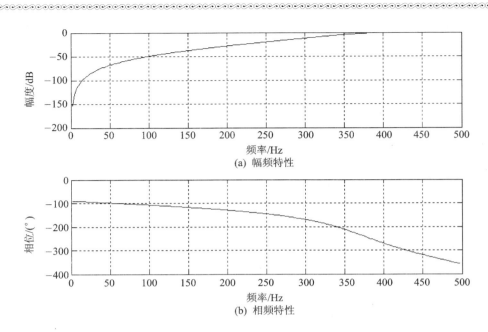

(a) 幅频特性

(b) 相频特性

图 4.3 所设计高通滤波器的频率特性曲线图

```
% ****************带阻椭圆数字滤波器设计举例 *****************%
Fs = 1000;                              % 采样频率
wp = [30 200] * 2/Fs;
ws = [80 150] * 2/Fs;                   % 根据采样频率将滤波器边界频率进行转换
Rp = 1;Rs = 50;                         % 通带波纹和阻带衰减
Nn = 256;                               % 显示滤波器频率特性的数据长度
[N,Wn] = ellipord(wp,ws,Rp,Rs);         % 求得数字滤波器的最小阶数和截止频率(归一化)
[b,a] = ellip(N,Rp,Rs,Wn,'stop');       % 设计带阻椭圆数字滤波器
[H,f] = freqz(b,a,Nn,Fs);               % 求得滤波器的频率特性
f1 = 30; f2 = 150; f3 = 300;            % 输入信号的频率成分
N = 200;   n = 1:N - 1;   t = n/Fs;     % 时间序列
x = sin(2 * pi * f1 * t) + 1.3 * cos(2 * pi * f2 * t) + 0.8 * cos(2 * pi * f3 * t);
                                        % 生成输入信号
y = filtfilt(b,a,x);                    % 输入信号经滤波器后得输出信号
```

所设计滤波器的频率特性曲线图如图 4.4 所示。

输入信号与滤波器输出信号示意图如图 4.5 所示。

由图 4.4 和图 4.5 可以看出,在 80～150 Hz 为阻带,衰减均大于 50 dB,其他频率处均为通带,衰减小于 1 dB,符合滤波器的设计要求。当输入含有 30 Hz、150 Hz、300 Hz 频率成分的信号后,滤波器可以滤除处于阻带内的 150 Hz 的信号,保留 30 Hz 和 300 Hz 频率成分的信号,实现滤波的目的。

第 4 章 数字滤波器设计

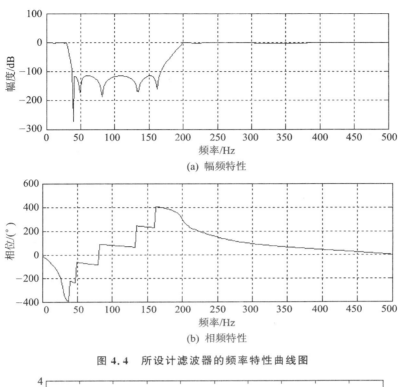

(a) 幅频特性

(b) 相频特性

图 4.4 所设计滤波器的频率特性曲线图

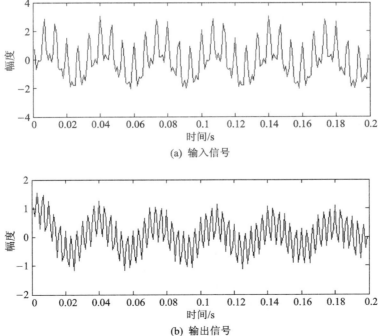

(a) 输入信号

(b) 输出信号

图 4.5 输入信号与滤波器输出信号示意图

双线性变换法克服了冲激响应不变法的频谱混叠问题,其幅值逼近程度好,可适用于高通、带阻等各种类型滤波器的设计;缺点是频率变换是非线性的,导致数字滤波器与模拟滤波器在幅度和频率的对应关系上发生畸变。但一般滤波器的幅频响应具有分段常数的特点,即滤波器允许某一频段信号通过,而不允许另外频段的信号通过的特点,故变换后这一特点仍保留,影响不大。由数字边界频率计算模拟边界频率时,不是按照线性关系进行的,这就是所谓的预畸变,但如果给定预畸变频率为边界频率,经预畸变频率校正则可以保证所要设计的模拟边界频率精确地映射在所要求的数字边界频率上。

4.3 FIR 滤波器设计

IIR 滤波器能够保留模拟滤波器的一些优点,因此其应用广泛,但是这类数字滤波器相位特性差(一般为非线性),也不易控制,如在图像处理系统、雷达接收系统及一些对线性相位特性要求较高的系统中,其就难以达到要求。而能够改善相位特性的方法就是采用有限冲激响应滤波器。有限冲激响应数字滤波器具有以下优良特点:可以在设计任意幅度频率特性滤波器的同时,保证严格的线性相位特性;为稳定系统;允许设计多通带(多阻带)系统。

根据上述内容可知 FIR 滤波器的传递函数为

$$H(z) = \frac{Y(z)}{X(z)} = \sum_{k=0}^{N-1} h_k z^{-k} = \sum_{k=0}^{N-1} b_k z^{-k} \tag{4.24}$$

那么 FIR 滤波器的系统差分方程为

$$y(n) = h(0)x(n) + h(1)x(n-1) + \cdots + h(N-1)x(n-N+1) =$$
$$\sum_{k=0}^{N-1} h(k)x(n-k) = h(n) \otimes x(n) \tag{4.25}$$

因此,FIR 滤波器又称为卷积滤波器,其系统的频率响应表达式为

$$H(e^{j\omega}) = \sum_{k=0}^{N-1} h(n) e^{-jk\omega} \tag{4.26}$$

信号通过数字系统不失真传输的条件为 $|H_d(j\omega)| = K$,$\angle H_d(j\omega) = -\alpha\omega$($K$、$\alpha$ 均为常数),即希望滤波器在通带内具有恒定的幅频特性和线性相位特性,当 FIR 滤波器的系数满足下列中心对称条件时,即

$$h(n) = h(N-1-n) \tag{4.27}$$
$$h(n) = -h(N-1-n) \tag{4.28}$$

滤波器设计在逼近平直频率特性的同时,还能获得严格的线性相位特性。线性相位 FIR 滤波器的相位滞后和群延迟在整个频带上是相等且不变的。对于一个 N 阶的线性相位 FIR 滤波器,群延迟为常数,即滤波后的信号简单地延迟常数个时间步长,这一特性使通带频率内的信号通过滤波器后仍保持原有波形形状而无相位失真。

针对 FIR 滤波器的结构特点,目前主要采用窗函数法、频率抽样法、最优化法等方法设计 FIR 滤波器。

1. 窗函数法设计 FIR 滤波器

窗函数法是设计 FIR 滤波器最简单的方法,它在设计 FIR 滤波器中有很重要的作用,正确地选择窗函数可以提高设计数字滤波器的性能,或者在满足设计要求的情况下,减小 FIR 滤波器的阶次。常用的窗函数有矩形窗、三角窗、汉宁窗、汉明窗、布莱克曼窗、切比雪夫窗、巴特利特窗及凯瑟窗。

在前面章节已经介绍各种窗函数的时域与频域特性,窗函数的主要指标包括主瓣宽度、旁瓣宽度、阻带衰减等。在使用窗函数法进行 FIR 滤波器设计时,窗的主瓣宽度越窄,旁瓣越小,就能获取性能越好的滤波器。窗函数在主瓣、旁瓣特性方面各有特点,可以满足不同的要求,因此,在用窗函数法设计 FIR 滤波器时,要根据给定的滤波器性能指标选择窗口宽度 N 和窗函数 $w(n)$。

各种窗函数的性能比较如表 4.1 所列。

表 4.1　各种窗函数的性能

窗函数	第一旁瓣相对于主瓣衰减/dB	主瓣宽	阻带最小衰减/dB
矩形窗	-13	$4\pi/N$	21
三角窗	-25	$8\pi/N$	25
汉宁窗	-31	$8\pi/N$	44
汉明窗	-41	$8\pi/N$	53
布莱克曼窗	-57	$12\pi/N$	74
切比雪夫窗	可调	可调	可调
凯瑟窗	可调	可调	可调

基于窗函数的 FIR 滤波器设计的主要步骤如下:

① 对滤波器理想幅频特性进行傅里叶逆变换获得理想滤波器的单位冲激响应 $h_d(n)$。一般假定理想低通滤波器的截止频率为 ω_c,其幅频特性满足

$$|H(e^{j\omega})| = \begin{cases} 1, & 0 \leqslant \omega \leqslant \omega_c \\ 0, & \omega_c \leqslant \omega \leqslant \pi \end{cases} \tag{4.29}$$

根据傅里叶逆变换,单位冲激响应为

$$h_d(n) = \frac{1}{2\pi}\int_{-\omega_c}^{\omega_c} e^{j\omega n}d\omega = \frac{\sin[\omega_c(n-\alpha)]}{\pi(n-\alpha)}, \quad n = -\infty, +\infty \tag{4.30}$$

式中:α 为信号延迟。

② 根据表 4.1 中第 4 列阻带最小衰减的值来确定满足阻带衰减的窗函数类型 $w(n)$。滤波器的阶数越高,滤波器的幅频特性越好,但数据处理也越复杂,因此像 IIR 滤波器一样,FIR 滤波器也要确定满足性能指标的滤波器的最小阶数。滤波器的主瓣宽度相当于过渡带宽,因此,使过渡带宽近似于窗函数主瓣宽(表 4.1 中的第 3 列)可求得满足性能指标的窗口长度 N。此时,信号延迟 $\alpha=(N-1)/2$,保证 $h_d(n)$ 中心

对称,为得到要求的线性相位。

③ 根据 $h(n)=h_d(n)*w(n)$ 求实际滤波器的单位冲激响应 $h(n)$。

④ 检验滤波器的性能。

在 MATLAB 工具箱中有专门的基于窗函数法设计 FIR 滤波器的工具函数,其中包括 fir1、fir2 等函数。

① fir1 函数是采用经典窗函数法设计线性相位 FIR 滤波器的函数,且具有标准低通、带通、高通和带阻等类型,函数调用格式为

b = fir1(n,ωn,'ftype',window)

参数说明:

n:FIR 滤波器的阶数,对于高通、带阻滤波器,n 须为偶数;

ωn:滤波器截止频率,采用归一化频率(0~1);对于带通、带阻滤波器,ωn = [ω1,ω2](ω1<ω2);对于多带滤波器,如 ωn = [ω1,ω2,ω3,ω4],频率分段为 0<ω< ω1,ω1<ω<ω2,ω2<ω<ω3,ω3<ω<ω4;

ftype:滤波器的类型,默认时为低通或带通滤波器,high 为高通滤波器,stop 为带阻滤波器,DC-1 为第一频带是带通的多带滤波器,DC-0 为第一频带是阻带的多带滤波器。

FIR 滤波器的传递函数具有下列形式($b(z)=h(z)$):

$$b(z) = b(1) + b(2)z^{-1} + b(3)z^{-2} + \cdots + b(n+1)z^{-n} \tag{4.31}$$

FIR 滤波器具有下列形式:

$$b(z) = b_1 + b_2 z^{-1} + \cdots + b_{n+1} z^{-n} \tag{4.32}$$

② fir2 函数用于设计具有任意形状频率响应的 FIR 滤波器,其调用格式为

b = fir2(n,f,m,npt,window)

参数说明:

n:滤波器的阶数;

f 和 m:分别是滤波器期望幅频响应的频率向量和幅值向量,取值范围为 0~1(归一化频率),m 和 f 具有相同的长度;

window:窗函数,得到列向量,长度必须为 $n+1$,默认时为汉明窗;

npt:对频率响应进行内插的点数,默认时为 512;

b:FIR 滤波器系数向量,长度为 $n+1$。

下面举例说明如何利用窗函数法设计 FIR 滤波器。

例 4.7 用窗函数设计一个线性相位 FIR 低通滤波器,并满足:通带边界的归一化频率 $\omega_p=0.4$,阻带边界的归一化频率 $\omega_s=0.6$。阻带衰减不小于 28 dB,通带波纹不大于 3 dB。假设一个信号 $x=\cos(2\pi f_1 t)+\sin(2\pi f_2 t)$,其中,$f_1=6$ Hz,$f_2=35$ Hz,信号采样频率为 100 Hz。试求滤波器的频率特性,并将原信号与通过滤波器的信号进行比较。

第 4 章 数字滤波器设计

解：由题可知，阻带衰减不小于 28 dB，根据表 4.1 可知汉宁窗的第一旁瓣相对于主瓣衰减为 31 dB，故可以选取汉宁窗，满足滤波要求。在窗函数设计法中，要求设计的频率归一化到 $0\sim\pi$ 区间，奈奎斯特频率对应于 π，因此通带和阻带边界频率为 0.4π 和 0.6π。相应的 MATLAB 程序如下：

```
% * * * * * * * * * * * * * 窗函数法设计 FIR 低通滤波器举例 * * * * * * * * * * * * * * %
wp = 0.4 * pi; ws = 0.6 * pi;      % 滤波器边界频率
wl = ws - wp;                       % 过渡带宽
N = ceil(8 * pi * wl);              % 根据过渡带宽等于表 4.1 中汉宁窗函数主瓣宽来求得滤波器
                                    % 所用窗函数的最小长度
wc = (wp + ws)/2;                   % 截止频率在通带和阻带边界频率的中点
n = 0:N - 1;
alpha = (N - 1)/2;                  % 求滤波器的相位延迟
m = n - alpha + eps;                % eps 为 MATLAB 系统的精度
hd = sin(wc * m)./(pi * m);         % 由式(4.30)求理想滤波器脉冲响应
w = hanning(Nw);                    % 生成汉宁窗
h = hd. * w';                       % 求实际滤波器的单位脉冲响应
[H,f] = freqz(h,1,256,100);         % 采用 100 Hz 的采样频率求出该滤波器的幅频和相频响应
f1 = 6; f2 = 35;                    % 输入信号中的两种频率成分的频率值
t = 0:0.02:5;
x = cos(2 * pi * f1 * t) + sin(2 * pi * f2 * t);   % 滤波器输入信号
y = fftfilt(h,x);                   % 给出滤波器输出信号
```

所设计滤波器的幅频特性与相频特性曲线如图 4.6 所示。

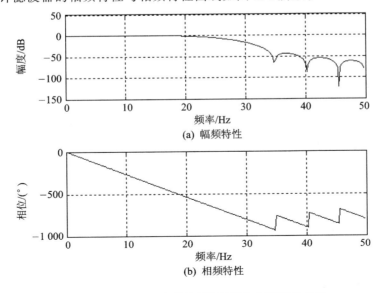

(a) 幅频特性

(b) 相频特性

图 4.6　所设计滤波器的幅频特性与相频特性曲线

输入信号与滤波器输出信号示意图如图 4.7 所示。

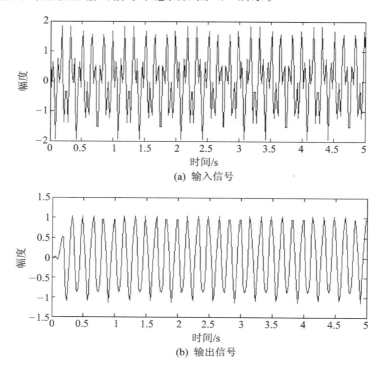

图 4.7 输入信号与滤波器输出信号示意图

由图 4.6 所示滤波器的频率响应特性图可以看出所设计滤波器满足各项要求，而且在其通带内相频特性为一条直线，表明该滤波器为线性相位。由于通带边界归一化频率 $\omega_p=0.4$，阻带边界归一化频率 $\omega_s=0.6$，所以对应于 100 Hz 采样频率的通带边界频率为 $f_p=100/2\times\omega_p=20$ Hz，阻带边界频率为 $f_s=100/2\times\omega_s=30$ Hz。滤波器输入信号中含有 6 Hz 与 35 Hz 频率成分的信号，按照滤波器的性能，6 Hz 频率成分可以通过滤波器，而 35 Hz 频率成分则应该被滤除，图 4.7 所示输入信号与输出信号的示意图验证了这一点，输入信号通过滤波器后，仅剩 6 Hz 频率成分的信号。但是，FIR 滤波器所需要的阶数越高，信号延迟 $(N-1)/2/F_s$ 也就越大，输出信号前面有一段直线就是延迟造成的。

例 4.8 试用 MATLAB 函数确定一个 48 阶 FIR 带通滤波器的频率特性，通带频率为 $0.2\leqslant\omega\leqslant0.5$。

解：相应的 MATLAB 程序如下：

```
% ********** 确定一个 48 阶 FIR 带通滤波器的频率特性举例 **********%
% 应用窗口法设计 FIR 滤波器
% 滤波器设计要求
wn=[0.2 0.5];
```

第 4 章 数字滤波器设计

```
N = 48;
% 使用 fir1 函数计算并求出滤波器特性
b = fir1(2 * N,wn);
freqz(b,1,512)
```

该滤波器的频率响应特性如图 4.8 所示。

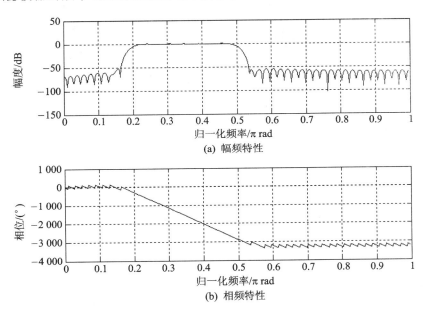

(a) 幅频特性

(b) 相频特性

图 4.8　例 4.8 中 FIR 带通滤波器的频率响应特性

用 fir1 设计的 FIR 滤波器的群延迟为 $n/2$。考虑到 n 阶滤波器系数的个数为 N,即 $n+1$,这类的延迟与前面所讲的 $(N+1)/2$ 的延迟一致,但需要注意的是,这里的滤波器的最小阶数比窗函数的少 1。采用 fir1 函数设计的滤波器特性与例 4.7 直接采用窗函数法一步一步设计的特性一致。

例 4.9　用窗函数设计一个多频带的 FIR 滤波器,滤波器阶数分别为 10 和 100,幅频响应值为:$f=[0\ \ 0.1\ \ 0.2\ \ 0.3\ \ 0.4\ \ 0.5\ \ 0.6\ \ 0.7\ \ 0.8\ \ 0.9\ \ 1.0]$,$m=[0\ \ 0\ \ 1\ \ 1\ \ 0\ \ 0\ \ 1\ \ 1\ \ 1\ \ 0\ \ 0]$,比较理想和实际滤波器的幅频响应。假设一个信号 $x=\sin(2\pi f_1 t)+0.5\cos(2\pi f_2 t)$,其中,$f_1=14\ \text{Hz}$,$f_2=40\ \text{Hz}$,信号采样频率为 200 Hz,试比较原信号与通过滤波器的信号。

```
% **************** 利用 fir2 函数设计数字滤波器举例 ****************%
f = 0:0.2:2;                              % 归一化采样频率
m = [0 0 1 1 0 0 1 1 1 0 0];              % 幅频特性值
Order1 = 10;                              % 滤波器阶数 10
Order2 = 100;                             % 滤波器阶数 100
b1 = fir2(Order1,f,m,hamming(Order1 + 1)); % 设计 10 阶的滤波器
```

```
b2 = fir2(Order1,f,m,hamming(Order1 + 1));   % 设计100阶的滤波器
[h1,w1] = freqz(b1,1,256);                    % 计算10阶滤波器的频率响应
[h2,w2] = freqz(b2,1,256);                    % 计算100阶滤波器的频率响应
f1 = 14;f2 = 40;                              % 输入信号的两种频率成分
t = 1:0.005:2;                                % 时间序列
x = sin(2 * pi * f1 * t) + 0.5 * cos(2 * pi * f2 * t);   % 滤波器输入信号
y = fftfilt(b2,x);                            % 滤波器输出信号
```

程序运行结果如图 4.9 和图 4.10 所示。

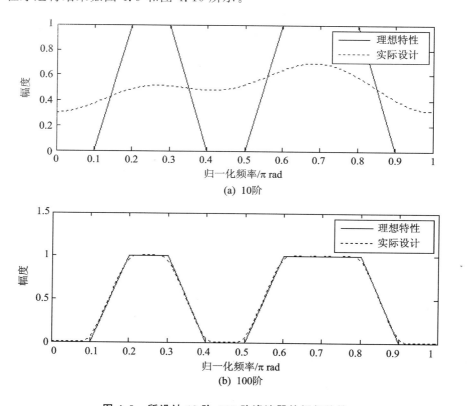

图 4.9 所设计 10 阶、100 阶滤波器的幅频特性

由此例程可以看出,滤波器阶数为 100 时,其幅频特性响应才逼近理想滤波器的幅频响应。滤波器输入信号和输出信号的对比也能够表明所设计滤波器满足性能指标;而且,由图 4.9 可以看出,FIR 滤波器的相位延迟较大。

2. 频率抽样法设计 FIR 滤波器

对于一个理想频响 $H_d(e^{j\omega})$,其对应的单位抽样响应是 $h_d(n)$,频率抽样法是对 $H_d(e^{j\omega})$ 在单位圆作 N 等分间隔抽样得到 N 个频率抽样值 $H(k)$,由 $H(k)$ 经 IDFT 得到 N 点的有限长序列 $h(n)$,则

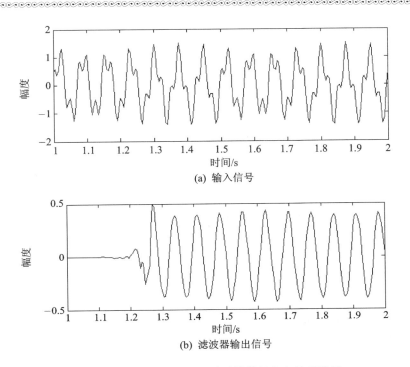

图 4.10 所设计的 100 阶滤波器的输入与输出信号

$$h(n) = \Big[\sum_{r=-\infty}^{\infty} h_d(n+rN)\Big] R_N(n) \tag{4.33}$$

式中：$R_N(n)$ 是 N 点矩形序列。$h(n)$ 是 $h_d(n)$ 的主值序列，因此，由 $h(n)$ 求得的频响 $H(e^{j\omega})$ 逼近 $H_d(e^{j\omega})$，这就是频率抽样法的基本过程。

由频率抽样法设计得到的 $H(e^{j\omega})$ 在每一个抽样点上，严格与理想频响 $H_d(e^{j\omega})$ 一致，在抽样点之间的频响，则是由各抽样点的内插函数延伸叠加形成的。抽样点之间的理想特性变化越平缓，则内插值越接近理想值；相反，抽样点之间的理想特性变化越激烈，则内插值与理想值的误差就越大，因而在不连续点附近将会出现肩峰与起伏。

当需要设计线性相位滤波器时，$h(n)$ 须满足偶对称条件，$H(e^{j\omega}) = H(\omega)e^{j\varphi(\omega)}$ 必然满足下列条件：

$$\varphi(\omega) = -\frac{N-1}{2}\omega \tag{4.34}$$

对 $H_d(e^{j\omega})$ 抽样所得 $H(k)$，对 $H_d(e^{j\omega})$ 的幅频与相频分别进行抽样得到 $H(\omega)$ 和 $\varphi(\omega)$，则 $H(k)$ 可表示为

$$H(k) = H_k(\omega)e^{j\varphi_k(\omega)} \tag{4.35}$$

需要注意的是：上式中的 $H(k)$ 是 $H_d(e^{j\omega})$ 的抽样值，而且

$$\varphi_k(\omega) = \varphi(\omega)\Big|_{\omega=\frac{2\pi}{n}k} = -\frac{N-1}{2}\frac{2\pi}{N}k = -k\pi\left(1-\frac{1}{N}\right) \tag{4.36}$$

根据获得线性相位条件的结果可知：

当 N 为奇数时，$H_k(\omega)$ 应具有偶对称性，有

$$H_k = H(\omega)\Big|_{\omega=\frac{2\pi}{N}k} = H(2\pi-\omega)\Big|_{\omega=\frac{2\pi}{N}k} = H(\omega)\Big|_{\omega=\frac{2\pi}{N}(N-k)} = H_{N-k} \tag{4.37}$$

当 N 为偶数时，$H_k(\omega)$ 应具有奇对称性，有

$$H_k = -H_{N-k} \tag{4.38}$$

即，当 $h(n)$ 为实数且偶对称时，式(4.36)~式(4.38)可归纳为

$$|H_k| = |H_{N-k}|$$
$$\varphi_k = -\varphi_{N-k} \tag{4.39}$$

下面是一个应用频率抽样法设计 FIR 滤波器的例子，供参考。

例 4.10 试用频率抽样法设计一个具有线性相位的 FIR 低通滤波器，其通带和阻带的技术指标要求分别是 $\omega_p = 0.28\pi$，$R_p = 0.20$ dB，$\omega_z = 0.36\pi$，$R_z = 50$ dB。取 $N = 21$。

解：由 $H(k) = H_d(e^{j\frac{2\pi}{N}k}) = H_d(e^{j\frac{2\pi}{21}k})$ $(k=0,1,\cdots,20)$，通带边界频率 ω_p 在抽样点 $k=3$ 附近，下一个抽样点为 $k=4$，是阻带上边界频率 ω_z，阻带与通带间无过渡带，则在通带 $0 \leqslant \omega \leqslant \omega_p$ 内有 4 个抽样点，阻带 $\omega_p \leqslant \omega \leqslant \pi$ 上共有 7 个抽样点，从而有

$$H_k = [1,1,1,1,\underbrace{0,\cdots,0}_{14\uparrow 0},1,1,1]$$

由 $N=21$，其相位可表示为

$$\varphi_k = \begin{cases} -\dfrac{20\pi}{21}k, & 0 \leqslant k \leqslant 10 \\ \dfrac{20\pi}{21}(21-k), & 11 \leqslant k \leqslant 19 \end{cases} \tag{4.40}$$

其 MATLAB 程序如下，相应的单位抽样响应 $h(n)$ 和频响特性 $H(e^{j\omega})$ 如图 4.11 所示。

```
% ************* 频率抽样法设计 FIR 低通滤波器 *************%
N = 21; alpha = (N-1)/2; l = 0:N-1; wl = (2*pi/N)*l;
Hrs = [1,1,1,1,zeros(1,14),1,1,1];              % 理想振幅响应采样
Hdr = [1,1,0,0,1,1]; wdl = [0,0.35,0.35,1.65,1.65,2];  % 理想振幅响应
k1 = 0:floor((N-1)/2); k2 = floor((N-1)/2)+1:N-1;   % k1 和 k2 取整数
angH = [-alpha*(2*pi)/N*k1,alpha*(2*pi)/N*(N-k2)];
% 相位约束条件
H = Hrs.*exp(j*angH);                           % 构成 H(k)
h = real(ifft(H,N));                            % 实际单位脉冲响应
[db,mag,pha,grd,w] = freqz_m(h,1);
[Hr,ww,a,L] = Hr_Type1(h);                      % 实际振幅响应
```

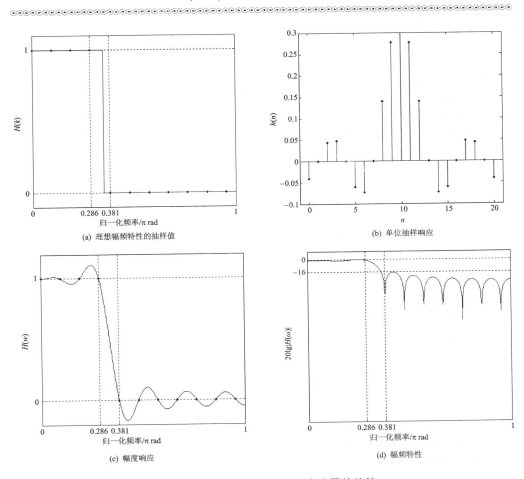

图 4.11 频率抽样法所设计滤波器的特性

上面程序中的 freqz_m 和 Hr_Type1 为扩展函数，不在 MATLAB 所带的工具箱内，需要另行编制，函数 freqz_m 的 MATLAB 程序如下：

```
% ******************** 扩展函数 freqz_m ********************%
function[db,mag,pha,grd,w] = freqz_m(b,a);
% db: 0～π 区间内的相对振幅(dB)
% mag: 0～π 区间内的绝对振幅
% pha: 0～π 区间内的相移
% grd: 0～π 区间内的群延迟
% w: 0～π 区间内的 501 个抽样点频率
% b: 系统函数 H(z)中分子多项式系数（对于 FIR: b = h）
% a: 系统函数 H(z)中分母多项式系数（对于 FIR: a = [1]）
[H,w] = freqz(b,a,1000,'whole');
H = (H(1:1:501))'; w = (w(1:1:501))';
   mag = abs(H);
```

```
    db = 20 * log10((mag + eps)/max(mag));
    pha = angle(H);
grd = grpdelay(b,a,w);
```

当 N 为奇数时,应使用扩展函数 Hr_Type1,其 MATLAB 程序如下:

```
% * * * * * * * * * * * * * * * * 扩展函数 Hr_Type1 * * * * * * * * * * * * * * * * * %
% 计算滤波器的振幅响应 Hr(w),N 为奇数时使用
function[Hr,w,a,L] = Hr_Type2(h);
% Hr:振幅响应
% w:0~π 区间内计算 Hr 的 500 个频率点
% a:低通滤波器的系数
% L:Hr 的阶次
% h:低通滤波器的单位抽样响应
M = length(h);
  L = (M - 1)/2;
  a = [h(L + 1) 2 * h(L: - 1:1)];
  n = [0:1:L];
  w = [0:1:500]' * pi/500;
Hr = cos(w * n) * a';
end
```

当 N 为偶数时,应使用扩展函数 Hr_Type2,其 MATLAB 程序如下:

```
% * * * * * * * * * * * * * * * * 扩展函数 Hr_Type2 * * * * * * * * * * * * * * * * * %
% 计算滤波器的振幅响应 Hr(w),N 为偶数时使用
function[Hr,w,b,L] = Hr_Type2(h);
% Hr:振幅响应
% w:0~π 区间内计算 Hr 的 500 个频率点
% b:低通滤波器的系数
% L:Hr 的阶次
% h:低通滤波器的单位抽样响应
  M = length(h);
  L = M/2;
  b = 2 * [h(L: - 1:1)];
  n = [1:1:L]; n = n - 0.5;
  w = [0:1:500]' * pi/500;
Hr = cos(w * n) * b';
end
```

3. 最优化法设计 FIR 滤波器

除了基于窗函数法的 FIR 滤波器设计方法,MATLAB 信号处理工具箱中还提供了采用不同优化方法设计最优标准多频带 FIR 滤波器的更为通用的函数 firls 和 remez。这里仅介绍以下基本形式的最优滤波器设计。

第 4 章 数字滤波器设计

firls 和 remez 函数的调用格式为

b = firls(n,d,a)
b = remez(n,f,a)

参数说明：

n：滤波器的阶数。

f：滤波器期望频率特性归一化频率向量,范围为 0～1,允许设计多个频率点的幅频特性。

a：滤波器期望频率特性的幅值向量,向量 a 和 f 必须是相同长度,且为偶数。

b：返回的滤波器系数,长度为 n+1,且具有偶对称的关系,即 b(k)＝b(n+2−k)。

若滤波器的阶数为奇数,则在奈奎斯特频率处(对应于归一化频率 1),幅频响应必须为 0;若滤波器的阶数为偶数,则无此限制。

函数 firls 和 remez 可用于设计低通、高通、带通、带阻等一般类型的滤波器,这可由函数中给定的理想幅频响应的频率向量 f 和幅值向量确定。

设计一个带通滤波器,幅频响应向量对应给定格式为

$$f = [a_1 \quad a_2 \quad b_1 \quad b_2 \quad a_3 \quad a_4], \quad a = [0 \quad 0 \quad 1 \quad 1 \quad 0 \quad 0] \quad (4.41)$$

则该理想滤波器的幅频响应定义为：阻带频率为 a_1～a_2,a_3～a_4;通带频率为 b_1～b_2;过渡带频率为 a_2～b_1,b_2～a_3。其中,$a_1=0$,$a_4=1$。

设计一个高通滤波器,幅频响应向量对应给定格式为

$$f = [a_1 \quad a_2 \quad b_1 \quad b_2], \quad a = [0 \quad 0 \quad 1 \quad 1] \quad (4.42)$$

则该理想滤波器的幅频响应定义为：阻带频率为 a_1～a_2,通带频率为 b_1～b_2,过渡带频率为 a_2～b_1。其中,$a_1=0$,$b_2=1$。

设计一个带阻滤波器,幅频响应向量对应给定格式为

$$f = [b_1 \quad b_2 \quad a_1 \quad a_2 \quad b_3 \quad b_4], \quad a = [1 \quad 1 \quad 0 \quad 0 \quad 1 \quad 1] \quad (4.43)$$

则该理想滤波器的幅频响应定义为：阻带频率为 a_1～a_2;通带频率为 b_1～b_2,b_3～b_4;过渡带频率为 b_2～a_1,a_2～b_3。其中,$b_1=0$,$b_4=1$。

此外,这两个函数也可以设计多通带滤波器,下面将举例说明。

例 4.11 用函数 firls 和 remez 设计一个 50 阶多通带滤波器,滤波器理想频率响应对应向量为 f=[0 0.1 0.15 0.25 0.3 0.4 0.45 0.55 0.6 0.7 0.75 0.85 0.9 1],a=[1 1 0 0 1 1 0 0 1 1 0 0 1 1],将设计的滤波器幅频响应和理想滤波器幅频响应进行比较。

解：此例设计一个多通带滤波器,根据设计指标可以看出：其通带频率为 0～0.1,0.3～0.4,0.6～0.7,0.9～1;阻带频率为 0.15～0.25,0.45～0.55,0.75～0.85;其余频率带处为过渡带。相应的 MATLAB 程序如下：

% ＊＊＊＊＊＊＊＊＊＊＊利用 firls 和 remez 函数设计数字滤波器举例 ＊＊＊＊＊＊＊＊＊＊＊%

```
n = 40;                                        % 滤波器阶数
f = [0 0.1 0.15 0.25 0.3 0.4 0.45 0.55 0.6 0.7 0.75 0.85 0.9 1];   % 频率向量
a = [1 1 0 0 1 1 0 0 1 1 0 0 1 1];             % 振幅向量
b1 = firls(n,f,a);                             % 采用 firls 设计滤波器
b2 = remez(n,f,a);                             % 采用 remez 设计滤波器
[h1,w1] = freqz(b1);                           % 计算第一个滤波器的频率响应
[h2,w2] = freqz(b2);                           % 计算第二个滤波器的频率响应
```

所设计滤波器的幅频响应与理想滤波器幅频响应的比较结果如图 4.12 所示。

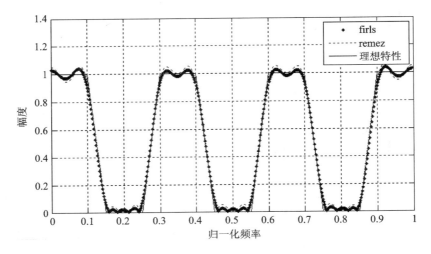

图 4.12 所设计滤波器的幅频响应与理想滤波器幅频响应的比较

由图 4.12 可以看出,firls 所设计的滤波器的通带和阻带具有较小的波纹,但在整个频带内不一致;而 remez 函数设计的滤波器具有较大的通带和阻带波纹,但在整个频带内较为一致。

第5章　实时数字信号处理系统概述

5.1 实时数字信号处理系统的特点

在仪器、仪表和传感器等系统中，典型的实时信号处理系统的组成如图5.1所示，传感器实现物理量的敏感，将物理量转换为电压、电流、电阻、电容和功率等信号；信号变换环节将传感器的输出信号变换为易于电路处理的信号形式，其输出一般为电压形式；信号调理电路完成信号的幅度调整和滤波功能，实现前后级电路在幅值和频率上的匹配；模拟电压信号经过模/数转换后变为数字信号；处理器完成数字信号的各种运算和操作；处理完的数字信号既可以直接输出数字结果，也可以经过数/模转换和信号调理后又恢复为模拟电压信号，并进一步完成向其他物理量和驱动信号的变换。

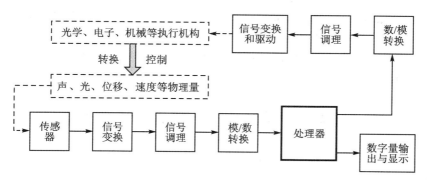

图5.1　典型的实时信号处理系统

随着数字技术和计算机技术的发展，以前应用模拟技术实现的信号处理，现在很多都改用了数字技术，而且采用高性能数字信号处理器能够实现模拟信号处理技术所不能达到的复杂处理和高级处理。采用模拟技术和数字技术实现信号处理的对比如表5.1所列，由表可知数字技术在灵活性、稳定性、精确度和实现算法复杂度等方面明显优于模拟技术。

例如，经典的高通、低通和带通滤波器既可以使用模拟方式实现，又可以采用数字方式实现。用模拟电路实现此类滤波器时，需要使用运算放大器、电阻、电容和电感。滤波器阶数越高，使用的器件越多。当滤波器阶数很高时，对器件参数的准确性要求也很高，对器件分布参数也很敏感，而且电路不稳定，极易受温度和电磁环境的影响。此外，设计过程中调整电路参数非常烦琐，每次调整都需要重新在电路板上焊接器件,甚至重新制作电路板。

表 5.1 信号处理方式比较

比较内容	模拟方式	数字方式
修改设计的灵活性	修改硬件设计、更改硬件参数	更改软件程序
性能稳定性	容易受环境温度、湿度、电磁干扰的影响	基本不受环境因素干扰
精确度	取决于元器件的参数精度	模/数转换和数/模转换的量化误差、处理器的运算位数
规模、集成度	集成度低、电路规模小	集成度高、功能强、电路规模大
可靠性	规模小、工艺成熟、可靠性高	规模大、工艺复杂、可靠性低
实时性	实时处理	由模/数转换的速度、处理器运算速度和存储器存取速度决定
实现的典型算法	模拟加法器、减法器、乘法器、微分器、积分器,以及高通、低通和带通滤波等(很难实现稳定的复杂运算)	几乎能够实现所有的计算和算法(方便实现复杂的数据处理)

用数字电路实现此类滤波器有两种方法:一是在处理器中用软件的方法实现;二是在可编程逻辑器件中使用乘法器、加法器、移位器和寄存器等实现。设计参数调整只需修改软件,并且软件在芯片上运行之前可以进行功能仿真和时序仿真。滤波器性能基本不受外界温度和电磁环境等因素的干扰。但是,滤波器输入信号的带宽会受到模/数转换速度、处理器运算速度和存储器存取速度的限制。

5.2 实时数字信号处理系统的基本组成

仪器和传感器中常用的实时数字信号处理系统一般包括模/数转换功能、数字信号处理功能、数/模转换功能、存储器和时钟系统等,其构成如图 5.2 所示。

1. 模/数转换功能

模/数转换功能可以直接采用模/数转换器(ADC)将模拟量转换为数字量,也可使用电压频率转换器(VFC)将模拟量转换为频率变化的脉冲信号,然后在一定时间内对该脉冲信号计数即可得到数字量。模/数转换和数/模转换是模拟量和数字量之间的桥梁,其转换速度、转换精度、线性度等指标要兼顾系统对模拟量和数字量的要求。在微弱信号检测电路中,ADC 选择的主要考虑因素如下:

(1) 转换速率选择

对输入端的模拟量来说,转换速度要满足采样定理的要求;对输出端的处理器来说,要满足吞吐量和处理速度的要求。

(2) 转换位数选择

ADC 的转换位数决定了其动态范围,选择的转换位数应该能满足系统动态范围

第 5 章 实时数字信号处理系统概述

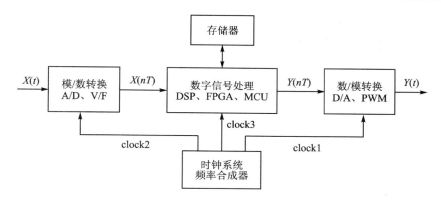

图 5.2 实时数字信号处理系统示意图

的要求。此外,当输入信号的幅值较小和频率较高时,ADC 的有效转换位数比理想转换位数要低,在条件允许的情况下应尽量选择高的转换位数。

(3) 分辨率选择

转换位数和输入信号范围决定了 ADC 的分辨率,转换位数越多,信号输入范围越小,则分辨率越高。选择 ADC 时应尽量选择输入范围小的器件,既可以提高分辨率,又可以减轻前级模拟放大环节的压力,改善系统信噪比。

这里要注意,在仪器和传感器电路中经常会碰到一种情况,即进入 ADC 的有用信号是非常微弱的,常常会被宽带白噪声淹没。此种情况下,均方根值远小于宽带白噪声的有用信号并且不需要 ADC 精细量化,只需要选择 ADC 的最低有效位量化值略小于宽带白噪声均方根值即可,此时,被量化的白噪声中已经包含微小有用信号的信息。当这种包含有用信号的宽带白噪声数字化后,采用数字积分或低通滤波即可滤除噪声并恢复出微弱的有用信号。这样的处理方法就大大减轻了选择 ADC 转换位数和分辨率的压力。

(4) 线性度选择

可以用积分非线性误差来衡量 ADC 的转换线性度。ADC 的线性度指标要满足整条信号通路对线性度的要求。

(5) 接口特性选择

接口特性选择主要包括:串行、并行接口的选择,单通道和多通道的选择,内部和外部基准源的选择,输出数字量电平(如 TTL、CMOS、ECL 和 LVTTL 等)的匹配,以及是否有必要使用光耦或磁耦对数字端和模拟端进行隔离等。

(6) 编码方式选择

常用的编码方式有单极二进制码(unipolar binary)、偏移二进制码(offset binary)和二进制补码(two's complement)等,下面分别介绍。

1) 单极二进制码

若 ADC 输入信号电压在区间 $[0, V_F]$ 内,编码位数为 n,则编码可表示为

$c_n c_{n-1} \cdots c_i \cdots c_2 c_1$，$c_i$ 取值为二进制数 0 或 1

该编码与其所表示的电压关系为

$$V = V_F \sum_{i=1}^{n} \frac{c_i}{2^{n-i+1}} \tag{5.1}$$

当编码的所有位均为 0 时（即 $c_i=0$），可得编码所表示的最小电压为 $V_{\min}=0$；当编码的所有位均为 1 时（即 $c_i=1$），可得编码所表示的最大电压为

$$V_{\max} = V_F\left(1 - \frac{1}{2^n}\right) \tag{5.2}$$

由于编码位数 n 总是有限的，所以编码所表示的最大电压 $V_{\max}$ 总小于输入上限电压 V_F，但编码位数越大，$V_{\max}$ 越接近于 V_F。

例如，对于输入信号电压范围为 [0 V, 5 V] 的 ADC，若采用编码位数为 12 位的单极二进制码，则最小码值为 0000 0000 0000，其对应表示的最小电压 $V_{\min}$ 为 0 V；最大码值为 1111 1111 1111，其对应表示的最大电压为

$$V_{\max} = 5 \times \left(1 - \frac{1}{2^{12}}\right) = 4.998\,779\,296\,875 \text{ V}$$

2）偏移二进制码

若 ADC 输入信号电压在区间 $[-V_F, V_F]$ 内，编码位数为 n，编码表示如下：

$c_n c_{n-1} \cdots c_i \cdots c_2 c_1$，$c_i$ 取值为二进制数 0 或 1

则偏移二进制编码与其所表示的电压关系如下：

$$V = V_F\left(\sum_{i=1}^{n} \frac{c_i}{2^{n-i}} - 1\right) \tag{5.3}$$

显然，当编码的所有位均为 0 时（即 $c_i=0$），可得编码所表示的最小电压为 $V_{\min}=-V_F$；当编码的所有位均为 1 时（即 $c_i=1$），可得编码所表示的最大电压为

$$V_{\max} = V_F\left(1 - \frac{1}{2^{n-1}}\right) \tag{5.4}$$

例如，对于输入信号电压范围为 [−5 V, 5 V] 的 ADC，若采用编码位数为 12 位的偏移二进制码，则最小码值为 0000 0000 0000，其对应表示的最小电压 $V_{\min}$ 为 −5 V；最大码值为 1111 1111 1111，其对应表示的最大电压为

$$V_{\max} = 5 \times \left(1 - \frac{1}{2^{11}}\right) = 4.997\,558\,593\,75 \text{ V}$$

这里需要注意的是，当编码为 1000 0000 0000 时，可得中位电压 $V_{\mathrm{mid}}=0$ V。

3）二进制补码

若 ADC 输入信号电压在区间 $[-V_F, V_F]$ 内，编码位数为 n，编码表示如下：

$c_n c_{n-1} \cdots c_i \cdots c_2 c_1$，$c_i$ 取值为二进制数 0 或 1

则二进制补码与其所表示的电压关系如下：

$$V = V_F\left(\sum_{i=1}^{n-1} \frac{c_i}{2^{n-i}} - c_n\right) \tag{5.5}$$

例如，对于输入信号电压范围为[−5 V, 5 V]的 ADC，若采用编码位数为 12 位的二进制补码，则最小码值为 1000 0000 0000，其对应表示的最小电压 $V_{\min} = -V_F = -5$ V；最大码值为 0111 1111 1111，其对应表示的最大电压为

$$V_{\max} = V_F\left(1 - \frac{1}{2^{n-1}}\right) = 5 \times \left(1 - \frac{1}{2^{11}}\right) = 4.997\,558\,593\,75 \text{ V}$$

当编码为 0000 0000 0000 时，可得中位电压 $V_{\mathrm{mid}} = 0$ V。

4）码制转换

在处理器中，由于数据多以二进制补码形式进行存储和处理，因此，当 ADC 输出为单极二进制码或偏移二进制码时，需要将其转换成二进制补码。

单极二进制码转换到二进制补码有两种方法：一是右移一位舍弃最低位，最高位补符号位 0；二是在高位端进行符号位扩展，所有扩展位均补 0。具体如下：

$$c_n\ c_{n-1}\ \cdots\ c_i\ \cdots\ c_2\ c_1 \rightarrow 0\ c_n\ c_{n-1}\ \cdots\ c_i\ \cdots\ c_2$$

$$c_n\ c_{n-1}\ \cdots\ c_i\ \cdots\ c_2\ c_1 \rightarrow 0\ \cdots\ 0\ c_n\ c_{n-1}\ \cdots\ c_i\ \cdots\ c_2\ c_1$$

例如，对于 12 位单极二进制码 1000 1000 1001，将其转换成二进制补码并保持位数不变，可得 0100 0100 0100；若将其转换成二进制补码并扩展位数至 16 位，可得 0000 1000 1000 1001。

偏移二进制码转换到二进制补码只需要将最高位翻转即可，如下：

$$c_n\ c_{n-1}\ \cdots\ c_i\ \cdots\ c_2\ c_1 \rightarrow \bar{c}_n\ c_{n-1}\ \cdots\ c_i\ \cdots\ c_2\ c_1$$

例如，将 12 位偏移二进制码的最小码值 0000 0000 0000 转换为二进制补码，可得 1000 0000 0000；将 12 位偏移二进制码的最大码值 1111 1111 1111 转换为二进制补码，可得 0111 1111 1111；将 12 位偏移二进制码的中间码值 1000 0000 0000 转换为二进制补码，可得 0000 0000 0000。

2. 数/模转换功能

数/模转换功能可以直接应用数/模转换器（DAC）将数字量变换为模拟量，也可应用脉宽调制器（PWM）将数字量转换为频率固定、占空比变化的脉冲信号，然后对脉冲信号进行低通滤波就可得到模拟信号。

与 ADC 的参数选择类似，选择 DAC 时也要考虑转换位数、建立时间、分辨率、线性度、编码方式和接口特性等指标和因素。此外，在微弱信号检测电路中，还要特别考虑 DAC 的基准源设计和毛刺脉冲（glitch impulse）的影响。对于转换位数较高的 DAC，必须精细地设计基准源电路，使其噪声低于期望的量化噪声基底；毛刺脉冲在半量程转换时最大，其对微弱信号的影响不可忽略，利用采样保持技术可以有效地抑制脉冲干扰。

3. 存储器

半导体存储器是数字信号处理系统中存放数据和指令的器件。存储器一般包括 4 个基本功能模块：存储矩阵、地址锁存和译码、片选和读写控制、数据缓冲。其中：存储矩阵由多个存储单元组成，每个存储单元都对应一个地址编码；地址译码电路的

输入连接到处理器的地址总线,把处理器输出的地址码转换成地址选择信号,以选中该地址码对应的存储单元进行操作;读写控制和地址译码电路配合,完成信息的读出和写入。半导体存储器的基本结构如图 5.3 所示。

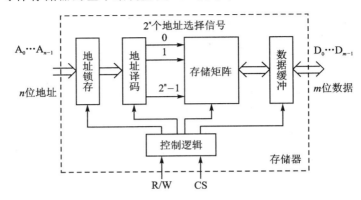

图 5.3　半导体存储器的基本结构

在实时数字信号处理系统中,常用的半导体存储器有两类:随机存储器(Random Access Memory,RAM)和只读存储器(Read Only Memory,ROM)。

RAM 中的存储单元是可以被处理器进行读操作或写操作的,但是,RAM 中存储的内容只有在上电的情况下才能保持,一旦断电,RAM 中的数据就会丢失。RAM 按存储原理可分为静态随机存储器(SRAM)和动态随机存储器(DRAM)两类,按结构还可分为双端口 RAM、多端口 RAM 和 FIFO 存储器等。

由于 RAM 为易失性存储器,所以其在实时数字信号处理系统中的主要用途如下:

① 存放正在执行中的程序、暂时性的数据和运算的中间结果;

② 作为高速缓冲存储器,存放输入或输出的缓冲数据;

③ 作为堆栈存储区,主要用于中断服务程序中保护中断现场信息以及与外部存储器交换信息。

ROM 在工作过程中只能读出存储单元的内容,而不能写入,且断电后存储的内容也不会丢失。由于 ROM 为非易失存储器,所以其常用来存放系统软件、应用程序和某些固定参数等不随时间改变的代码或数据。在实时数字信号处理系统中常用的 ROM 有 4 种:一次性可编程只读存储器(PROM)、紫外线可擦除只读存储器(EPROM)、电可擦除只读存储器(E^2PROM)和 Flash 存储器。

在实时数字信号处理系统中,往往包含多种不同类型和容量的存储芯片,以满足对容量、速度、功耗、可靠性和价格等因素的综合需求。因此,设计时必须考虑存储空间的组织,合理安排存储芯片的地址范围,保证处理器能正确寻址和访问存储器。存储容量是指存储器所能容纳的二进制信息总量,对于字编址的处理器,存储器容量可以表示成"字数×字长",例如"512K×16 bit"。

存储器的地址译码是存储空间组织的关键。地址译码过程包括两步:一是使用

片选信号(CS)选中某个存储芯片;二是选中芯片内的指定单元,实现片内寻址。地址译码电路的设计步骤如下:
① 确定存储器在整个寻址空间中的位置;
② 根据所选用存储芯片的容量进行地址分配;
③ 根据地址分配确定译码电路。

有时会出现单片存储器芯片不能满足应用对存储容量的需求的情况,这就需要使用多片存储器芯片进行组合以扩展存储容量。多片存储器组合的方式有字扩展和位扩展两种。

存储器的位扩展是指把多片数据位较少的存储器组合成数据位更多的存储器,也即存储器中每个字的位数进行扩展。这里是将数据位进行扩展,而不扩展地址位。由 8 块 8K×1 bit 存储器芯片扩展成 8K×8 bit 存储器的结构示意图如图 5.4 所示。

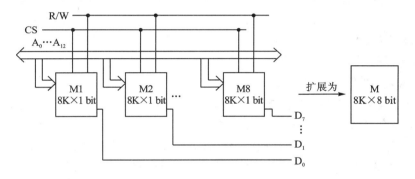

图 5.4　8K×1 bit 存储器位扩展示意图

存储器的字扩展是指用多片相同数据位宽的存储器组合成存储容量更大的存储器,也即存储器的字数进行扩展。这里地址位进行扩展,而数据位不扩展。由 8 块 8K×8 bit 存储器芯片扩展成 64K×8 bit 存储器的结构示意图如图 5.5 所示。

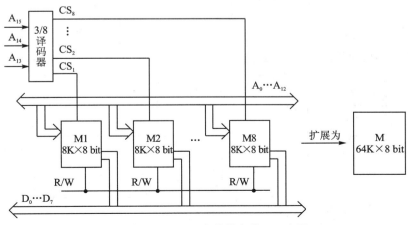

图 5.5　8K×8 bit 存储器字扩展示意图

4. 时钟系统

时钟系统用以产生系统所需要的具有特定频率和相位的时钟信号。最简单的时钟系统就是晶体振荡器,产生单一频率时钟。但有些系统要求多个频率的时钟信号,这些时钟信号的频率有可能是非整数关系且相位关系也不相同,这就需要设计复杂的时钟产生系统。常用的时钟信号产生方法有:

- 直接利用可编程分频器对晶体振荡器输出进行分频;
- 采用单环或多环锁相环(PLL)中的锁相环除 N 分频器(NPPL)进行频率合成;
- 采用锁相环小数分频器(FNPPL)进行频率合成;
- 直接数字频率合成(DDS)。

此外,在一些处理器中还集成了数字时钟管理器(DCM),用以产生复杂的时钟信号。在设计时钟系统时主要考虑的因素有频率准确度、频率稳定度、环境温度引起的频率和相位漂移等,使用相关检测技术和锁相放大技术的精密仪器与传感器对频率及相位的稳定度要求尤其严格。

5. 数字信号处理功能

早期的实时数字信号处理系统是由分立器件实现的,属于硬件数字电路设计,只能完成简单的处理。随着单片机(又称微控制器 MCU)、数字信号处理器(DSP)和专用数字信号处理器、嵌入式微处理器(MPU)、复杂可编程逻辑器件(CPLD)和现场可编程门阵列(FPGA)的出现,实时数字信号处理系统逐步向着可编程、易修改、高性能、系统化的方向发展,其设计也由单纯的硬件设计转向软硬件协同设计。实时数字信号处理系统的发展趋势如图 5.6 所示。

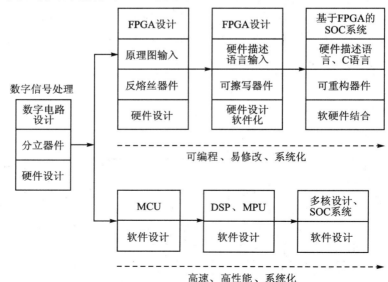

图 5.6 实时数字信号处理系统的发展趋势

上述处理器都可以完成特定的数字信号处理功能,它们各有优势。单片机具有结构简单、价格低廉、低功耗和高可靠的特点。片上外设丰富,一般会集成 RAM、EPROM、看门狗、PWM、ADC 和 DAC 等。因此,单片机特别适合以简单调度和计算为主要任务的小型控制系统。单片机的主要生产商有 ATMEL、Microchip 等。

嵌入式微处理器是由通用 CPU 演化来的,但相比通用 CPU,功能进行了精简和优化,只保留了和嵌入式应用关联紧密的硬件功能,但在环境适应性、可靠性和实时性等方面进行了增强,以更好地适应嵌入式应用的特殊需求。MPU 具有较强的事务管理和调度功能,可以运行操作系统、界面和应用程序,适用于较复杂的控制系统。典型的嵌入式微处理器有 ARM、PowerPC 和 MIPS 等。

数字信号处理器就是为应对大量而复杂的实时运算产生的,其具有适合于数据计算和处理的特殊体系结构和指令集,具有强大的数据处理能力和极高的指令运行速度,最擅长实时的数据处理和复杂运算,其在高性能实时数字信号处理系统中广泛使用。DSP 的主要生产商有德州仪器公司(TI)和模拟器件公司(ADI)等。

复杂可编程逻辑器件的基本结构为与/或逻辑阵列,适合用于生成组合逻辑和计算单元;现场可编程门阵列的基本结构是由查找表组成的门阵列,适合于完成时序逻辑功能。这两类器件都可以通过编程设计成具有特定功能的数字器件。由于可以通过编程来生成定制运算单元和各种数字电路,所以可编程器件擅长高速并行运算和精确时序控制。FPGA/CPLD 的主要品牌有 Xilinx、Altera 和 Actel 等。各种处理器功能和性能的对比如表 5.2 所列。

表 5.2 在实时数字信号处理系统中典型处理器功能和性能的对比

比较内容\处理器	单片机	数字信号处理器	可编程逻辑器件	专用数字信号处理器
灵活性	设计更改灵活	设计更改灵活	设计更改不灵活	不能更改
处理速度	慢	较快	快	最快
功能	简单	丰富	较丰富	单一功能
价格	低廉	较低	较低	较高
适用场合或用途	简单计算、控制、调度	复杂的计算、控制、调度	高速处理、并行处理、时序控制、接口控制	专门用途

目前这些处理器都占有稳定的市场份额,但在体系结构、局部功能和某些应用领域也存在交叉和竞争。例如,在某些 MCU 和 MPU 中也采用了 DSP 中普遍使用的哈佛结构和流水线操作,以提高数据处理能力;某些高端的 FPGA 集可编程逻辑资源、处理器(软核、硬核)、存储器、总线资源、时钟控制器、模/数转换器、系统监测等于一体,实现了片上系统(SOC)的概念。在较复杂的实时数字信号处理系统中,各种处理芯片经常是相互配合、取长补短来使用的,如 DSP 和 FPGA 搭配,FPGA 和 MCU 或 ARM 搭配,ARM 或 MCU 和专用数字信号处理芯片搭配等。

本书后续章节将重点介绍 DSP 和 FPGA 的软件和硬件结构,并在此基础上讨论实时数字信号处理系统的设计和实现技术。

5.3 实时数字信号处理系统的数字表示法

DSP 分为定点芯片和浮点芯片,定点芯片只支持定点数运算,浮点芯片支持浮点数运算;FPGA 一般只作定点运算,若要进行浮点运算必须设计"定点/浮点"转换机构。因此,设计实时数字信号处理系统前,必须先掌握浮点数和定点数的表示法。

1. 数字的浮点表示法

(1) 浮点数的格式

浮点数 x 可以表示为指数和尾数的形式,即 $x=m\times 2^e$,其中,e 为指数,m 为尾数。尾数通常用归一化数表示,分为符号 s 和分数 f 两部分,在二进制表示中,符号用最高位表示。

例如,IEEE 单精度浮点数格式如图 5.7 所示,总长度为 32 位。其中:s 是符号位,$s=0$ 表示正数,$s=1$ 表示负数;e 是指数,用无符号数表示,共 8 位,取值范围为 $0\sim 255$;f 属于尾数,共 23 位,已经归一化为分数。

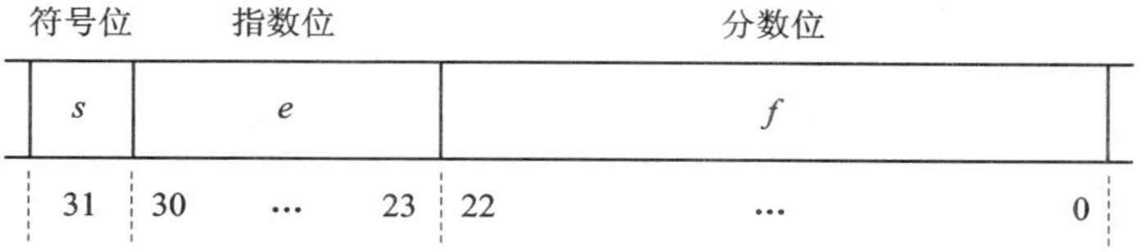

符号位	指数位	分数位
s	e	f
31	30 ... 23	22 ... 0

图 5.7 IEEE 单精度浮点数格式

IEEE 单精度浮点数 x 用指数 e、符号 s 和分数 f 表示,可分为如表 5.3 所列的 5 种情况。

表 5.3 IEEE 单精度浮点数表示方法

编号	指数和分数取值范围	浮点数 x 的表示法
1	$0<e<255$	$x=(-1)^s 2^{e-127}(1.f)$ $s=0$ 或 $s=1$ (此处 e 和 f 均用十进制表示)
2	$e=0$ 且 $f\neq 0$	x 为一个非归一化的数:$x=(-1)^s 2^{-126}(0.f)$ $s=0$ 或 $s=1$ (此处 f 用十进制表示)
3	$e=0$ 且 $f=0$	$x=0$
4	$e=255$ 且 $f\neq 0$	x 为一个无效的数
5	$e=255$ 且 $f=0$	x 为无穷大

以上第1~3种情况经常出现,第1种情况举例如下:
$$x = /1\ /1000\ 0000\ /110\ 0000\ 0000\ 0000\ 0000\ 0000/$$
$$\quad\quad\ \ s\quad\quad\ \ e\quad\quad\quad\quad\quad\quad f$$

$s=1$ 表示为负数,e 的十进制数值为 128,f 的十进制数值为 0.75;

x 的二进制数值为 $11.110\ 0000\ 0000\ 0000\ 0000\ 0000 \times 2^{128-127} = 111.100\cdots$;

x 的十进制数值为 $-1.75 \times 2 = -3.5$。

从第1种情况可以看出,由于小数点左边的1或0是隐含的,因此实际上 IEEE 单精度格式浮点数的尾数精度为 24 位。

根据表示尾数和指数的位数不同可以分为不同精度的浮点数格式,如 IEEE 单精度浮点格式和 IEEE 双精度浮点格式;同一种精度的浮点数,由于尾数、符号、指数的位置不同表示的浮点数格式也不同,如 IEEE 单精度浮点格式和 TMS320 芯片单精度浮点格式。

(2) 基本的浮点运算

1) 浮点乘法

设两个浮点数 x_1 和 x_2 分别表示为 $x_1 = m_1 \times 2^{e_1}$,$x_2 = m_2 \times 2^{e_2}$。其中,m_1、m_2 为尾数,e_1、e_2 为指数。x_1 和 x_2 相乘包括以下几个过程:

① 尾数相乘,即 $m_1 \times m_2$;

② 指数相加,即 $2^{e_1+e_2}$;

③ 对乘积进行归一化处理和特殊情况处理,使浮点数满足表 5.3 所列的 5 种情况。

2) 浮点加减法

浮点加减法操作可总结为"指数统一,尾数相加减"。下面仍以上述两个浮点数 x_1 和 x_2 为例介绍具体的操作过程。

先对指数小的数按指数大的数进行归整,设 $e_1 > e_2$,则需对 x_2 进行如下归整:

$$x_2 = m_2 \times 2^{-(e_1-e_2)} \times 2^{e_1} \tag{5.6}$$

然后进行如下计算:

$$\text{sum} = [m_1 \pm m_2 \times 2^{-(e_1-e_2)}] \times 2^{e_1} \tag{5.7}$$

浮点 DSP 提供专门的乘、加指令,但一般不提供除法指令,因此,实现浮点除法必须用子程序来实现。实现浮点除法的详细方法本书不做详述,请读者查阅其他参考书。

2. 数字的定点表示法

(1) 定点数的格式

在定点 DSP 和 FPGA 中,采用定点数进行数值运算,其操作数一般采用整型数来表示。整型数的最大表示范围取决于 DSP 芯片和 FPGA 中设定的字长,一般有 16 位、24 位、32 位等。显然,字长越长所能表示的数的取值范围越大、精度越高。

在 DSP 芯片和 FPGA 中的定点数以二进制的补码形式表示,最高位为符号位,

0 表示正数，1 表示负数，二进制正负数通过"取反加 1"来相互转换。例如：

二进制数 0000 0000 0000 1101 对应的十进制数为 13；

二进制数 1111 1111 1111 0011 对应的十进制数为 −13。

(2) 定点数的定标

对于定点 DSP 和 FPGA 硬件本身而言，并不能识别或处理小数，参与运算的数就是整型数（即二进制补码数）。但在很多情况下，运算过程中需要使用小数，这就需要程序员人为地设定一个数的小数点处于二进制数的哪一位，也即对定点数进行定标，"定点数"的名称也是由此而来。例如：

① 二进制数 0000 1100，如果小数点设在第 1 位后面（用 Q0 表示），即 0000 1100.，则表示的数为 12；

② 二进制数 0000 1100，如果小数点设在第 3 位前面（用 Q3 表示），即 0000 1.100，则表示的数为 1.5。

注意：上述两个数对 DSP 或 FPGA 本身来说没有区别，处理方法也是相同的，只是人为地把它规定为 12 或 1.5。

不同的定点位置所表示的数的取值范围不同、精度也不同，它们是相互矛盾的。在实际的定点算法中，必须综合考虑取值范围和精度。例如：

① 16 位字长、定标 Q0 的定点数的取值范围是 −32 768～32 767，精度为 1；

② 16 位字长、定标 Q15 的定点数的取值范围是 −1～0.999 969 5，精度为 $1/2^{15}=1/32\ 768$。

(3) 浮点数到定点数的转换

因为在计算机上进行数据计算和算法仿真时，都使用的是浮点数，所以要想将算法移植到定点 DSP 或 FPGA 上，需要进行两个转换：浮点/定点转换、十进制/二进制转换。

浮点数到定点数的转换公式为

$$x_q = \text{int}[x_f \times 2^Q] \tag{5.8}$$

式中：int[·] 表示取整，Q 为定标位置。例如将浮点数 −1.25 转换成一个定标为 Q14 的 16 位定点数如下：

$$x_q = \text{int}[-1.25 \times 2^{14}] = \text{int}[-20\ 480] = -20\ 480$$

二进制表示为 10.11 0000 0000 0000。

(4) 基本的定点运算

1) 定点乘法

① 小数乘小数、整数乘整数。

如果参与运算的数全部是小数或全部是整数，则可以大大简化以乘法和累加计算为主的数字信号处理算法的运算过程。因为，小数乘小数得小数，整数乘整数得整数，同时进行加减法运算时也不用重新统一定标。这两种情况比较简单且应用广泛，下面举例说明。

第 5 章 实时数字信号处理系统概述

两个 16 位的数相乘,乘积为 32 位,若其均为小数,即定标 Q15,则乘积的小数点位置为 Q15＋Q15＝Q30,即小数点在第 30 位前。注意,乘积的最高两位均为符号位。

$$0.5 \times 0.5 = 0.25 \qquad \begin{array}{r} 0.100000000000000 \quad ;16\ \text{bit, Q15} \\ \times\ 0.100000000000000 \quad ;16\ \text{bit, Q15} \\ \hline 00.010000000000000\cdots \quad ;32\ \text{bit, Q30} \end{array}$$

一般相乘后得到的 32 位满精度不必全保留,只要保留 16 位单精度即可,一般取次高位(符号位)及其以下 15 位,即 0.010 0000 0000 0000。

两个数全为整数的情况如下:

$$-2 \times 6 = -12 \qquad \begin{array}{r} 1111111111111110. \quad ;16\ \text{bit, Q0} \\ \times\ 0000000000000110. \quad ;16\ \text{bit, Q0} \\ \hline 111\cdots1111111110100. \quad ;32\ \text{bit, Q0} \end{array}$$

② 整数和小数混合乘法。

如果既要符合取值范围要求又要保证必要的精度,就要将数定标在 Q0 与 Q15 之间,即一个数既包含整数又有小数。例如,将数值 1.625 定标为 Q15 不满足动态范围,而定标为 Q0 则不满足精度,其最佳定标是 Q14。定标 Q14 的表示范围是 $-2 \sim 1.999\,939\,0$,精度可达到 $1/2^{14}=1/16\,384$。

若乘数的整数位和小数位分别是 I_1 位和 F_1 位,被乘数的整数位和小数位分别是 I_2 位和 F_2 位,则乘积包含 I_1+I_2 位整数、F_1+F_2 位小数。例如:

$$1.25 \times (-1.5) = -1.875 \qquad \begin{array}{r} 01.01000000000000 \quad ;Q14 \\ \times\ 10.10000000000000 \quad ;Q14 \\ \hline 1111.0010000000000000\cdots \quad ;Q28 \end{array}$$

小数点的位置为 Q14＋Q14＝Q28,即小数点在第 28 位前,最高两位为符号位,次高两位为整数位。

2) 定点加法

进行定点数加法运算要注意以下两点:

① 两个操作数必须使用相同的小数定标,即相同的 Q 点;

② 对结果进行足够的位扩展,以防止溢出。

解决溢出的最好方法就是深入理解运算的物理过程,并注意选择数的表达方式。例如,计算飞行器运动速度或加速度时,如果事先估计到飞行器的极限运动速度和所能承受的最大加速度,则可以避免溢出,同时还能有效地提高运算精度。

3) 定点除法

在定点 DSP 和 FPGA 中一般没有除法指令和硬件运算单元,必须编制子程序来实现除法。除法运算可分解为一系列的减法和移位,如图 5.8 所示。除数从左向右移

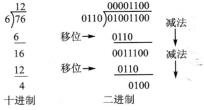

图 5.8 除法运算过程

位,或被除数从右向左移位,并比较除数与被除数、除数与减法的结果,根据比较结果确定商的每一位的值和余数。

在定点 DSP 和 FPGA 中实现除法的算法有很多选择,本书不做详细介绍,请读者查阅其他参考书。

4) 截尾和舍入

当需要缩短定点数字长时,对于大多数硬件实现,最简单的方法就是直接去除不需要的位。如果去除的是最低位,则该操作称为截尾。截尾操作是最方便的,它不需要任何附加的硬件和操作,但是,截尾操作会给操作数或信号引入一个直流偏置,该偏置的取值为最大截尾误差值的一半。

例如,将一个定标 Q4 的 12 位定点数进行截尾操作,使其变为一个定标 Q0 的 8 位定点数。若定标 Q4 的 12 位定点数为 0000 1001.**1111**(十进制取值 9.937 5),则截尾后生成的定标 Q0 的 8 位定点数为 0000 1001.(十进制取值 9),此情况下产生最大截尾误差 $-0.937\,5$;若定标 Q4 的 12 位定点数为 0000 0101.**0000**(十进制取值 5),则截尾后生成的定标 Q0 的 8 位定点数为 0000 0101.(十进制取值 5),此情况下产生最小截尾误差 0。

可见,针对定标 Q4 的 12 位定点数进行 4 位截尾操作所产生的截尾误差取值在 $0 \sim -0.937\,5$ 之间,且是均匀分布的随机变量,其均值(也即附加直流偏置)为 $-0.937\,5/2$。出现这个问题是因为截尾总是减小每个数据的值,这个附加的直流偏置会影响一些算法的计算结果,有些场合可以使用一个简单的高通滤波器去除其影响。

还有一个缩短字长的方法是舍入。在硬件中常用的实现方法是,将原数据与其截短后的最低有效位的一半累加,然后再进行截尾操作。舍入处理可以等效为"四舍五入",相比截尾处理引入的均值误差要小得多,但在硬件实现过程中要使用附加的加法和进位操作。

例如,将一个定标 Q4 的 12 位定点数 0000 1001.**1000**(十进制取值 9.5)进行舍入操作,使其变为一个定标 Q0 的 8 位定点数,可以表示如下:

① 累加最低有效位的一半:0000 1001.1000+0000 0000.**1000**=0000 1010.**0000**;

② 对累加结果进行截尾:0000 1010.。

舍入后的结果为 0000 1010.(十进制取值 10),舍入误差为 0.5,此时得到的是正的最大舍入误差。

将一个定标 Q4 的 12 位定点数 0000 1001.**0111**(十进制取值 9.437 5)进行舍入操作,使其变为一个定标 Q0 的 8 位定点数,可以表示如下:

① 累加最低有效位的一半:0000 1001.**0111**+0000 0000.**1000**=0000 1001.**1111**;

② 对累加结果进行截尾:0000 1001.。

舍入后的结果为 0000 1001.(十进制取值 9),舍入误差为 $-0.437\,5$,此时得到的是负的最大舍入误差。可见,针对定标 Q4 的 12 位定点数进行 4 位舍入操作所产生的

第 5 章 实时数字信号处理系统概述

截尾误差取值在 0.5～−0.437 5 之间，且是均匀分布的随机变量，其均值为 0.062 5/2。

随着数据量化精度的提高、截短字长的增加，上述例子中的小数截尾误差均值趋近于−0.5，小数舍入误差均值趋于 0。在 MATLAB 工具软件中，调用函数 floor( ) 可实现对数据小数部分的截尾操作，调用函数 round( ) 可实现对数据小数部分的舍入操作。对一组随机噪声数据进行舍入处理和截尾处理的结果如图 5.9 所示，原始数据、舍入处理数据和截尾处理数据的均值分别为−0.000 4、−0.007 3、−0.496 8，方差分别为 1.691 5、1.761 2、1.790 6。从均值和方差的计算结果可见，截尾操作和舍入操作均会给数据引入随机误差，截尾操作还会引入一个显著的直流偏置。

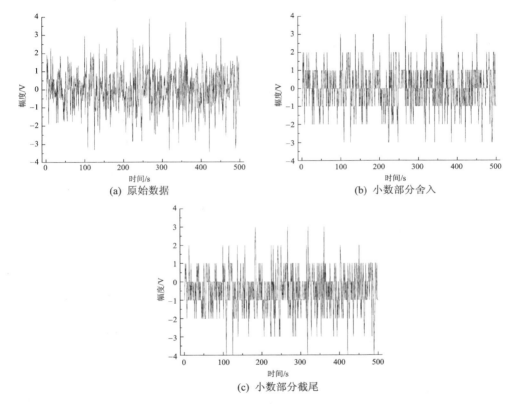

图 5.9 数据进行舍入和截尾处理举例

(5) 有限字长效应

在数字系统运算过程中，截尾或舍入操作将会给系统带来误差。对于 FIR 系统，有限字长带来的影响只是引起系统幅频和相频响应曲线失真和偏移，从而导致系统精度下降；而对于 IIR 系统，系数和数据字长的缩短则有可能引起系统极点移到单位圆外，从而导致系统工作不稳定。关于量化和截短误差理论的讨论要采用统计的方法，且内容相当复杂和烦琐，读者可以参考相关专业书籍，本书将通过举例和具体数值分析来简明扼要地介绍定点运算的有限字长效应。

1) FIR 系统运算的有限字长效应

在实时数字信号处理中，最经常遇到的就是乘-累加结构的计算。此处，采用定点数表示法来计算一个乘-累加组成的 FIR 系统 $y(n)=h(0)x(n)+h(1)x(n-1)+h(2)x(n-2)$，并观察定点运算给计算结果带来的有限字长效应。

在 FIR 系统表达式中，令 $n=2$ 时的系数和数据为

$$\begin{cases} [h(0) \quad h(1) \quad h(2)] = \begin{bmatrix} \dfrac{1}{3} & \dfrac{2}{3} & \dfrac{5}{6} \end{bmatrix} \\ [x(2) \quad x(1) \quad x(0)] = \begin{bmatrix} \dfrac{5}{9} & \dfrac{3}{7} & \dfrac{2}{9} \end{bmatrix} \end{cases}$$

则可计算 $y(n)$ 的理想值为

$$y(2) = h(0)x(2) + h(1)x(1) + h(2)x(0) = \frac{5}{27} + \frac{6}{21} + \frac{10}{54} = 0.6560846561\cdots$$

将系数和数据量化后并采用截尾操作进行截短，表示成 8 位二进制补码定点数（定标 Q7），可得

$$\begin{cases} [h(0) \quad h(1) \quad h(2)] = [0.0101010 \quad 0.1010101 \quad 0.1101010] \\ [x(2) \quad x(1) \quad x(0)] = [0.1000111 \quad 0.0110110 \quad 0.0011100] \end{cases} \quad 截尾$$

采用截尾操作的计算过程如下：

$$h(0)x(2) = \begin{array}{r} 0.0101010 \\ \times \quad 0.1000111 \\ \hline 00.00101110100110 \end{array} = 0.0010111 \quad 截尾$$

$$h(1)x(1) = \begin{array}{r} 0.1010101 \\ \times \quad 0.0110110 \\ \hline 00.01000111101110 \end{array} = 0.0100011 \quad 截尾$$

$$h(2)x(0) = \begin{array}{r} 0.1101010 \\ \times \quad 0.0011100 \\ \hline 00.00101110011000 \end{array} = 0.0010111 \quad 截尾$$

$$y(2) = 0.0010111 + 0.0100011 + 0.0010111 = 0.1010001$$

将系数和数据量化后采用舍入操作进行截短，表示成 8 位二进制补码定点数（定标 Q7），可得

$$\begin{cases} [h(0) \quad h(1) \quad h(2)] = [0.0101011 \quad 0.1010101 \quad 0.1101011] \\ [x(2) \quad x(1) \quad x(0)] = [0.1000111 \quad 0.0110111 \quad 0.0011100] \end{cases} \quad 舍入$$

采用舍入操作的计算过程如下：

$$h(0)x(2) = \begin{array}{r} 0.0101011 \\ \times \quad 0.1000111 \\ \hline 00.00101111101101 \end{array} = 0.0011000 \quad 舍入$$

第 5 章　实时数字信号处理系统概述

$$h(1)x(1) = \times \begin{array}{r} 0.1010101 \\ 0.0110111 \\ \hline 00.01001001000011 \end{array} = 0.0100101 \quad \text{舍入}$$

$$h(2)x(0) = \times \begin{array}{r} 0.1101011 \\ 0.0011100 \\ \hline 00.00101110110100 \end{array} = 0.0010111 \quad \text{舍入}$$

$$y(2) = 0.0011000 + 0.0100101 + 0.0010111 = 0.1010100$$

进一步将数据截尾截短,表示成 4 位二进制补码定点数(定标 Q3),计算过程中也采用截尾操作,可得

$$y(2) = h(0)x(2) + h(1)x(1) + h(2)x(0) = 0.001 + 0.001 + 0.000 = 0.010$$

进一步将数据舍入截短,表示成 4 位二进制补码定点数(定标 Q3),计算过程中也采用舍入操作,可得

$$y(2) = h(0)x(2) + h(1)x(1) + h(2)x(0) = 0.010 + 0.010 + 0.010 = 0.110$$

将上述计算结果列于表 5.4 中,对比可知,保留字长越长计算精度越高,采用截尾操作进行截短带来的误差大于舍入操作。

表 5.4　不同字长和截短操作带来的计算误差对比

比较内容	理想情况	截尾操作 保留 8 位	舍入操作 保留 8 位	截尾操作 保留 4 位	舍入操作 保留 4 位
$y(2)$ 计算结果	0.656 084 65…	0.632 812 5	0.656 25	0.25	0.75
计算相对误差	—	3.5%	0.025%	61.9%	14.3%

该 FIR 系统的传递函数可表示为

$$H(z) = \frac{Y(z)}{X(z)} = h(0)z^0 + h(1)z^{-1} + h(2)z^{-2} = \frac{1}{3} + \frac{2}{3}z^{-1} + \frac{5}{6}z^{-2}$$

传递函数系数 $h(n)$ 的量化和截短会对系统性能造成影响。利用 3.3 节介绍的 MATLAB 函数 $[h,w]$ = freqz(b,a,n) 和 abs(h) 计算系统幅频响应,系数分别采用舍入操作和截尾操作截短为 8 位和 4 位,计算结果如图 5.10 所示。从图 5.10 中可以看出,舍入操作会导致系统零点偏移,明显减小幅频响应曲线阻带衰减;而截尾操作不仅会引起系统零点偏移,还会使幅频响应曲线的幅值整体偏移。增加系数字长可以有效地减小幅频响应曲线失真和偏移,对于本例,当保留 8 位字长时,系数截短对系统幅频响应特性造成的影响已经不明显。

2) IIR 系统运算的有限字长效应

对于 IIR 系统,有限字长带来的影响不只是系统幅频和相频响应发生失真和偏移,还有可能引起系统不稳定,下面举例进行说明。

系数量化有可能导致 IIR 系统极点从单位圆内移到单位圆外,从而引起系统工作不稳定。例如,一个四阶 IIR 系统的传递函数为

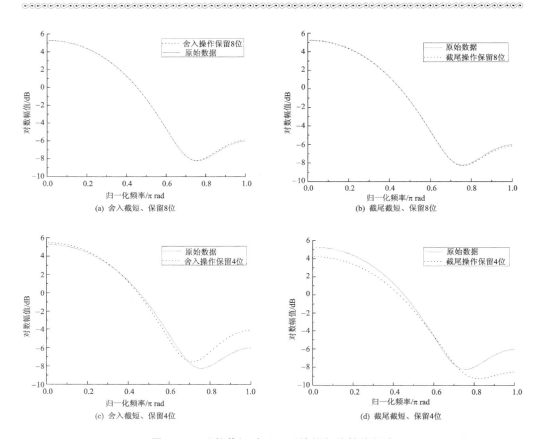

图 5.10 系数截短对 FIR 系统幅频特性的影响

$$H(z) = \frac{Y(z)}{X(z)} = \frac{1}{\frac{6}{7} + \frac{11}{7}z^{-1} + \frac{11}{7}z^{-2} + \frac{4}{6}z^{-3} + \frac{1}{7}z^{-4}}$$

对此系统传递函数的系数进行量化并采用舍入操作截短,表示成 4 位二进制补码定点数(定标 Q3),系数截短后的系统传递函数近似为

$$H(z) = \frac{1}{0.875 + 1.625z^{-1} + 1.625z^{-2} + 0.625z^{-3} + 0.125z^{-4}}$$

系数未做量化的系统极点分布如图 5.11(a)所示,系统两对极点分别为 $(-0.6101\pm0.7265i)$、$(-0.3066\pm0.302i)$,均在单位圆内,此时系统稳定;系数量化和截短后的系统极点分布如图 5.11(b)所示,一对极点$(-0.2564\pm0.2704i)$在单位圆内,另一对极点$(-0.6722\pm0.7597i)$在单位圆外,该情况下系统已经不稳定。可见,系数采用截短操作后,系统极点的位置变化明显,甚至某些极点位置已经移到单位圆外,影响了系统稳定性。

采取增加字长的方法可以提高系数量化精度,保障系统稳定性。此外,更改系统结构也可有效地减小系数量化和截短的影响。根据第 3 章介绍的 IIR 系统基本结

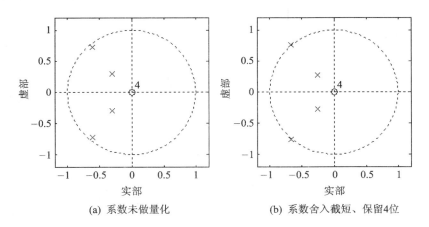

(a) 系数未做量化　　　　(b) 系数舍入截短、保留4位

图 5.11　系数截短对 IIR 系统极点的影响

构,可以将该四阶系统的传递函数分解为两个二阶子系统传递函数的乘积形式,系统级联实现方式如下:

$$H(z) = 1.1667 \times \frac{1}{1+0.6131z^{-1}+0.1852z^{-2}} \times \frac{1}{1+1.2202z^{-1}+0.9z^{-2}}$$

对上述两个二阶子系统传递函数的系数进行量化并舍入截短,表示成 4 位二进制补码定点数(定标 Q3),系数截短后的系统级联实现近似为

$$H(z) = 1.125 \times \frac{1}{1+0.625z^{-1}+0.125z^{-2}} \times \frac{1}{1+1.250z^{-1}+0.875z^{-2}}$$

系数未做量化的级联系统极点分布如图 5.12(a)所示,系统两对极点分别为 $(-0.3066\pm0.3020\mathrm{i})$、$(-0.6101\pm0.7265\mathrm{i})$,均在单位圆内;系数量化和截短后的级联系统极点分布如图 5.12(b)所示,两对极点 $(-0.3125\pm0.1654\mathrm{i})$、$(-0.6250\pm0.6960\mathrm{i})$ 也均在单位圆内。可见,将系统结构改为级联形式可以有效地消除系数量

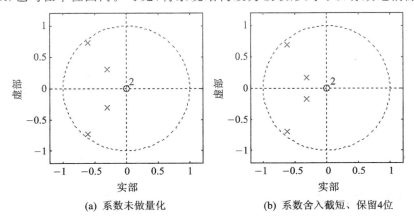

(a) 系数未做量化　　　　(b) 系数舍入截短、保留4位

图 5.12　级联型 IIR 系统系数截短对极点的影响

化和截短的影响,增强系统稳定性。考虑到有限字长效应,系统采用级联结构比直接型结构更加优越。

舍入振荡极限环是一种乘法运算舍入误差造成的 IIR 系统不稳定现象。其表现是,当系数与数据乘积的舍入误差足够大时,系统在零输入的情况下输出并不衰减到零,而是发生振荡或衰减到某一不为零的常数。极限环的影响通常都是很小幅度的,往往只会导致输出数据最低位的变化。

设有一个一阶 IIR 系统,其差分方程为

$$y(n) = -\frac{7}{8}y(n-1) + x(n)$$

定义的 IIR 系统有唯一的单位圆内极点 $-\frac{7}{8}$,其是一个稳定的系统。若令输入为 $x(n) = \frac{5}{16}\delta(n)$,$\delta(n)$ 为单位冲激序列,在理想情况下,系数与数据的乘积精度足够高,则系统输出 $y(n)$ 将逐渐衰减到零。

若将系统系数与数据的乘积进行舍入截短,表示成 6 位二进制补码定点数(定标 Q5),则系统输出将是

$$y(n) = \frac{5}{16}, -\frac{9}{32}, \frac{1}{4}, -\frac{7}{32}, \frac{3}{16}, -\frac{5}{32}, \frac{1}{8}, -\frac{1}{8}, \frac{1}{8}, -\frac{1}{8}, \frac{1}{8}, -\frac{1}{8}, \cdots$$

可见,当输入衰减到零后,系统输出并未衰减到零,而是保持在 $-\frac{1}{8}$ 和 $\frac{1}{8}$ 两个定值间振荡。极限环振荡结果如图 5.13(a)所示,图中三角符号表示乘积截短前的输出,圆圈符号表示乘积舍入截短后的输出。

量化精度的提升可以减弱极限环振荡的幅度。仍对该一阶系统中的乘积进行舍入截短,但保留 8 位二进制补码定点数(定标 Q7),则极限环振荡结果如图 5.13(b)所示,与图 5.13(a)相比,振荡幅度明显下降。

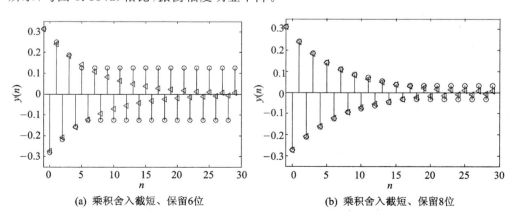

(a) 乘积舍入截短、保留6位　　　　(b) 乘积舍入截短、保留8位

图 5.13　不同量化字长时的极限环振荡形式 1

当改变系统差分方程系数时,会改变极限环振荡的形式。例如,若系统差分方程为

$$y(n) = \frac{7}{8}y(n-1) + x(n)$$

则系数和数据的乘积舍入截短为 6 位二进制补码定点数(定标 Q5)和 8 位二进制补码定点数(定标 Q7)时的极限环振荡结果如图 5.14 所示,图中三角符号表示乘积截短前的输出,圆圈符号表示乘积舍入截短后的输出。该情况下,系统输出衰减到一个不为零的常数。

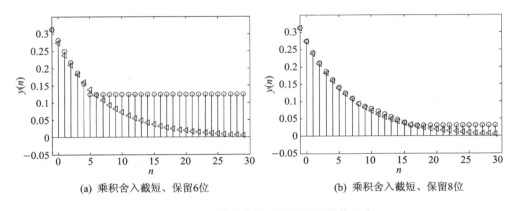

(a) 乘积舍入截短、保留6位　　　(b) 乘积舍入截短、保留8位

图 5.14　不同量化字长时的极限环振荡形式 2

将系数和数据的乘积由舍入截短改为截尾截短也可缓解极限环振荡的影响。针对前述两个一阶 IIR 系统,乘积均采用截尾截短,表示成 6 位二进制补码定点数(定标 Q5),系统的输出结果如图 5.15 所示,图中三角符号表示乘积截短前的输出,圆圈符号表示乘积截尾截短后的输出。可见,当乘积使用截尾截短时,可以明显抑制极限环振荡,但系统输出结果将变得不精确。

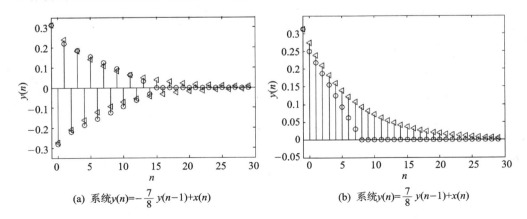

(a) 系统 $y(n) = -\frac{7}{8}y(n-1) + x(n)$　　　(b) 系统 $y(n) = \frac{7}{8}y(n-1) + x(n)$

图 5.15　乘积截尾截短对极限环振荡的抑制

下面从 IIR 系统稳定性的角度对系数和数据乘积进行舍入截短引起的极限环振荡现象进行解释。

例如，对于前述 IIR 系统 $y(n) = \frac{7}{8} y(n-1) + x(n)$，理想情况下有唯一的单位圆内极点 $\frac{7}{8}$，其是一个稳定的系统。当 $n \geq 1$ 时，由于对系数和数据乘积的舍入截短，使得

$$舍入截短\left[\frac{7}{8} y(n-1)\right] = y(n-1), \quad n \geq 1$$

将上式代入原系统表达式可得乘积舍入截短后的等效系统表达式为

$$y(n) = y(n-1) + x(n), \quad n \geq 1$$

此时，IIR 系统的极点变为 1，处于单位圆上，系统稳定性被破坏，从而形成振荡。

上述举例展示了数字系统计算过程中对不同字长和不同截短操作的敏感性，也对数字系统设计时字长的选择给出了一些指导意见。对于复杂的数字系统或算法，建议直接进行系统或算法的仿真，以评估有限字长效应的影响，并选择合适的字长。

第6章 实时数字信号处理系统的软件和硬件结构

6.1 实时数字信号处理系统的通用软件结构

本节将介绍和讨论与实时数字信号处理关系密切的通用软件结构,包括软件数据结构、软件流程控制结构、函数和子程序结构。

1. 软件数据结构

数据结构指相互关联的一批数据元素的集合,它反映了数据的组织形式。数据结构包括数据的逻辑结构、存储结构以及在各种结构上的操作3个方面的内容。数据逻辑结构是指数据元素之间的抽象关系;数据存储结构又称物理结构,是指数据及其相互关系在存储空间中的存储形式;通过算法可实现数据的逻辑结构和物理结构的操作和处理,常用的运算有插入、删除、提取、检索和修改排序等。表是实时数字信号处理算法程序中常用的一种线性结构的数据结构,它由一系列同类型元素组成,数据元素是一对一的关系,这些元素在表中是有序的或有规律的;表结构有且仅有一个开始点和一个结束点,并且所有结点最多只有一个前驱和一个直接后继。根据对表内容进行插入、删除和提取等操作方式的不同,可以将表分为4种基本形式。

(1) 堆栈

在该类型表中,所有数据是按照先后顺序有序存放在连续的存储单元中,对表中所有元素的插入、删除和提取等操作只能在表的一个端口进行,最先输入的元素要最后才能进行提取操作。因此,堆栈也称先进后出(FILO)表或后进先出(LIFO)表。表的一端被称为栈顶(top),另一端被称为栈底(bottom)。设栈 $S=[D(1), D(2), D(3), \cdots, D(i), \cdots, D(n)]$,其中,$D(1)$为栈底元素,$D(n)$为栈顶元素,栈 S 的容量为 n,如图 6.1 所示。

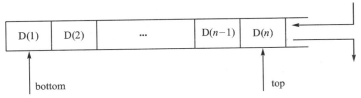

图 6.1 堆栈结构示意图

堆栈的基本运算包括 4 种：
- 置空栈运算。创建一个空的堆栈。
- 判断栈空运算。如果堆栈为空，则返回"true"，否则返回"false"。
- 进栈运算。向堆栈中添加元素。
- 出栈运算。删除栈顶元素，并将它输出。

堆栈的工作原理如图 6.2 所示。图 6.2(a)给出了一个具有 4 个元素的顺序堆栈，利用地址连续的存储单元依次存放自栈底到栈顶的元素，指针 top 指示栈顶元素在栈存储单元中的位置。如果在该堆栈插入一个元素 E，这个元素将被放到元素 D 的顶部，指针 top 增 1，得到的结果见图 6.2(b)；如果对图 6.2(b)中的堆栈执行 3 次删除操作，指针 top 减 3，将得到图 6.2(c)所示的堆栈。

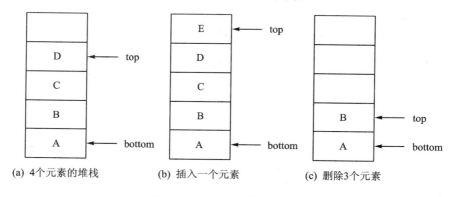

图 6.2 进栈和出栈操作过程

(2) 队 列

在该类型表中，所有数据是按照先后顺序有序存放在连续的存储单元中，对表中所有的元素操作都是在两个端口进行的。其中，所有插入操作都在表的一端进行，而删除和提取操作都在另一端进行。队列就像是排队一样，不允许插队，后来的只能排在队尾，先进入队列的元素先出队列，因此，队列也称先进先出(FIFO)表。允许插入的一端称为队尾(rear)，允许删除的一端称为队头(front)。若入队的次序为 $[D(1), D(2), \cdots, D(i), \cdots, D(n)]$，则 $D(1)$ 是队头元素，$D(n)$ 是队尾元素，显然，出队的顺序也只能是 $[D(1), D(2), \cdots, D(i), \cdots, D(n)]$。图 6.3 所示是先进先出队列的示意图。

图 6.3 先进先出队列示意图

队列的基本运算有以下 4 种：
- 设置队列为空运算。队列的初始状态处理运算。
- 判断队列是否为空运算。如果是空队列，则返回"true"，否则返回"false"。
- 进队列运算。插入元素到队列中，简称为入队列。
- 出队列运算。删除队列的头元素，简称为出队列。

队列的顺序存储结构称为顺序队列，可以用一维数组表示。与顺序堆栈相似，顺序队列除了用一组地址连续的存储单元依次存放从队头到队尾的元素之外，因为队列的队头和队尾的位置是变化的，所以需要设置两个指针 front 和 rear，用 front 指向队头元素，称为头指针，rear 指向队尾元素，称为尾指针。在队列初始化时，一般令 front＝rear＝－1，即队列为空。每当插入新的队尾元素时，尾指针 rear 加 1；每当删除队头元素时，头指针 front 加 1。在非空队列中，头指针 front 总是指向当前队列头元素的前一个位置，而尾指针 rear 指向队尾元素的位置，按照这一思想建立的队列操作如图 6.4 所示。

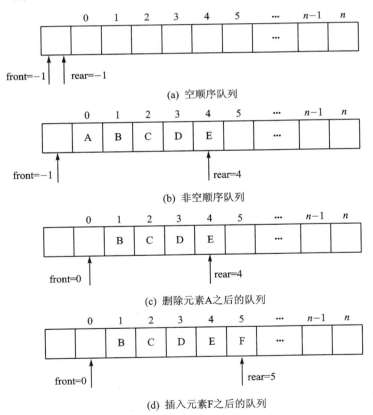

图 6.4 顺序存储结构队列的出队和入队操作

(3) 双端队列

在该类型表中,所有数据同样是按照先后顺序有序存放在连续的存储单元中。与上文所述的队列相比,双端队列对表中所有元素的操作都可以在两个端口进行,并且所有操作都可以在表的任何一端进行。双端队列结构如图 6.5 所示。

图 6.5 双端队列结构示意图

(4) 链　表

链表是动态进行数据存储分配的一种数据表结构。它是基于指针的方法,表中的每一个元素(也称"节点")既包含数据,也包含指向下一个元素的指针。对于双向链表,每个元素既包含指向前一个元素的指针,也包含指向后一个元素的指针。因为要存储指针地址,所以链表要消耗更多的存储空间,但不必事先设定连续的存储空间。单向链表和双向链表结构分别如图 6.6 和图 6.7 所示。

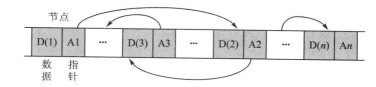

图 6.6 单向链表结构示意图

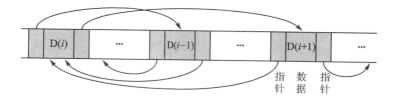

图 6.7 双向链表结构示意图

在上述 4 种数据表结构中,堆栈、队列和双端队列都需要提前设定连续的存储空间,将数据按照先后顺序存放,而链表则不必事先设定连续的存储空间,它根据需要开辟存储单元。因为要存储指针地址,所以链表要消耗更多的存储空间。

(5) 数据的关联结构

一种数据的不同元素之间通过某种函数或变换联系起来,或一种数据的元素和另一种数据的元素通过某种函数或变换联系起来,则称其为关联数据结构。如图 6.8 所示的关联结构,将数据 A 通过某个函数转换为存储地址,从而与该存储地址存储的数据 B 关联起来。

2. 软件流程控制结构

在 20 世纪 60 年代中期，Bohra 和 Jacopini 提出任何程序都可以通过"顺序结构"、"选择结构"和"循环结构"这 3 种基本软件控制流程的组合来实现，下面分别介绍。

(1) 顺序结构

顺序结构是最简单的一种基本软件结构，软件中的指令和功能是依次执行的，如图 6.9 所示。程序在执行完代码模块 1 后，必然接着执行代码模块 2，以此类推。

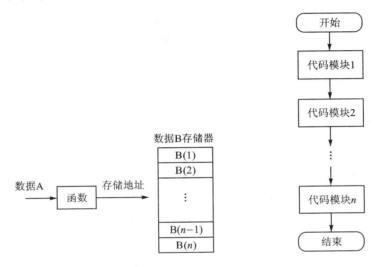

图 6.8　两种数据的典型关联结构　　　图 6.9　顺序结构

(2) 选择结构

选择结构又称条件分支结构，在一些程序语言中用 if-else 语句实现，如图 6.10 所示。如果一个特定条件得到满足，则执行代码模块 1，否则执行另一个代码模块 2，两个分支模块不能都执行，只能二选一执行。

(3) 循环结构

循环结构也称重复结构，是指在程序中反复执行某一部分的操作。在一些程序语言中可以用 do-while 语句和 for 语句来实现。有两类基本的循环结构：当型循环结构和直到型循环结构。

当型循环结构如图 6.11 所示。它的功能是：测一个条件是否满足，如果满足，则执行代码模块 1，然后再次测试条件是否满足，如果满足，则再次执行同一个代码段，如此反复执行条件判断和代码模块 1，直到判断条件不满足，退出这一段代码的执行，转而执行代码模块 2。

直到型循环结构如图 6.12 所示，首先执行代码模块 1，然后测一个条件是否成立，如果条件不成立，则再次执行同一个代码段，如此反复执行代码模块 1 和条件判断,直到判断条件成立,退出这一段代码的执行,转而执行代码模块2。

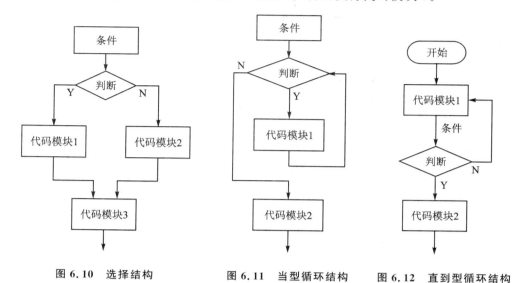

图 6.10 选择结构　　　　图 6.11 当型循环结构　　　　图 6.12 直到型循环结构

这 3 种结构的软件控制流程有以下共同特点:
- 结构只有一个入口和一个出口;
- 结构内部的每一个代码模块都在从入口到出口的某条路径上,都有机会被执行;
- 结构内部没有无限循环或死循环。

3. 函数和子程序

函数和子程序是一个由多条语句聚合而成,在功能上相对独立的语法单位,具有高度可重复性。在实时数字信号处理系统中,函数和子程序既可以完成某种数学运算,也可以实现一些控制操作和管理工作,支持更复杂的应用需求。一旦定义好一个函数,就可以在需要的地方使用它。函数的使用称为"调用",函数的使用者称为"主函数",被调用的函数称为"被调函数"。

使用函数和子程序的方式可以缩短开发时间,降低程序代码的冗余程度,使程序维护相对简单,同时还可减少程序存储空间。但调用函数时会使软件非顺序运行,而是在不同部分之间跳转,这将会耗费一定的时间。因为程序跳转之前必须保存机器的当前状态,而当子程序结束时,所有寄存器存储的内容又必须从存储器中读出,重新装入各个寄存器,使系统恢复到子程序调用前的状态。从这一点看,对实时性要求极高的数字信号处理系统是不建议使用函数和子程序结构的。

例如,在可控制 LED 灯闪烁的 DSP 汇编语言程序中,每个周期灯亮和灯灭的延时可以用函数调用方式实现。如图 6.13 所示,每到延时操作时就调用延时函数,延时结束时再从函数返回到主程序。

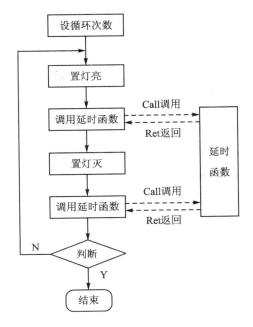

图 6.13 函数和子程序使用举例

6.2 硬件描述语言中的典型软件结构

1. 硬件描述语言与通用计算机语言的主要区别

硬件描述语言是一种用来描述和建模复杂数字逻辑系统的电子系统设计语言，其可以采用自顶向下的数字电路设计方法，从系统级、算法级、寄存器传输级、逻辑门级和开关电路级 5 个抽象层次进行描述设计，如表 6.1 所列。

表 6.1 利用硬件描述语言描述数字电路的层次

描述 层次	行为域描述	结构域描述	物理域描述
系统级	系统性能描述	部件及其逻辑连接方式	电路板、电路模块、芯片
算法级	算法描述	硬件模块数据结构	芯片、模块及其物理连接
寄存器传输级	状态表和寄存器传输描述	算术运算单元、多路选择器、寄存器和存储器总线	芯片、模块和宏单元
逻辑门级	布尔逻辑表达式描述	触发器、锁存器和门电路	数字电路标准单元布图
开关电路级	微分方程描述	晶体管、阻容元件等	晶体管布图

硬件描述语言很多语法规范在形式上与 C 语言、汇编语言等计算机语言类似，但实际上它们在设计思路和理念、具体编程方法以及综合和编译过程中有着很多本

质上的区别，主要有如下 3 条：
- 计算机语言一般是在由处理单元和存储单元构建的冯·诺依曼结构和哈佛结构处理器（如 MCU、DSP 等）中运行的；硬件描述语言最终综合的结果是具体的数字电路。
- 计算机语言编程一般以任务为核心，按照任务串行的方式顺序执行；硬件描述语言更擅长设计任务并发或数据并行的数字电路系统。
- 计算机语言编程主要关注执行顺序、逻辑关系和计算结果等功能描述的正确性；硬件描述语言除了功能描述外还要保证信号和数据严格的时序关系。

下面以 Verilog HDL 语言为例介绍硬件描述语言的典型可综合结构及其所映射的实际数字系统的特征。

2. 典型的变量数据类型

(1) 连线(wire)型

wire 型数据对应结构实体（如逻辑门电路）之间的物理连线，其本身不能存储值，只有当连线被连续驱动（一般使用逻辑门单元或连续赋值语句 assign）时才会有一个值，否则该变量默认为高阻态。wire 型数据的典型格式如下：

wire[n-1:0]   line_a,line_b;   //定义了两个 n 位的 wire 型变量 line_a 和 line_b

(2) 寄存器(reg)型

reg 型数据对应集成电路中数据存储单元的概念，对 reg 型数据进行赋值就相当于更新触发器的存储单元值。在使用行为描述语句表达逻辑关系的 always 块内，被赋值的每一个变量都必须定义成 reg 型数据。reg 型数据的典型格式如下：

reg[n-1:0]   reg_a,reg_b,reg_c; //定义了 3 个 n 位的 reg 型变量 reg_a、reg_b 和 reg_c

3. 行为描述的关键结构

(1) 持续赋值语句(并行结构)

使用组合逻辑运算符的最简单行为结构是持续赋值语句，之所以称为持续，是因为仿真器不断地检测赋值语句右边是否有值发生变化，一旦变化，就重新计算左边的值。持续赋值语句的语法结构如下：

assign   net_name = expression

例如：

assign out = in_1&&in_2;   //定义了两个输入 in_1 和 in_2 的逻辑与

作为简写，verilog 允许在变量声明时即对其进行持续赋值，例如：

wire   out = in_1&&in_2;

这个语法对应的硬件模型是，一个与门电路持续驱动一条连线。

这里要注意以下 3 个要点：

第 6 章　实时数字信号处理系统的软件和硬件结构

- 持续赋值 assign 反映出组合逻辑电路的输出能及时反映输入的变化,从而描述电路不断刷新最新逻辑结果的动作;
- 在一个模块中所有的持续赋值 assign 语句都是并行执行的,持续赋值语句与 always 过程块也是并行执行的;
- 采用持续赋值结构可以保证模块被综合成纯组合逻辑电路,而不是时序逻辑电路。

(2) always 块语句(过程结构)

持续赋值方式的表达能力有限,大多数可综合的电路行为描述使用的是过程结构,这种结构使人联想起以 C 语言为代表的计算机语言,所以比较容易掌握,但过程描述方式是以消耗寄存器为代价的。可综合的过程语句必须在 always 块内部, always 块的语法结构如下:

```
always@(敏感量 or 敏感量 or 敏感量…)     //敏感量列表,表示电路刷新或触发条件
    begin
        过程块内部语句                  //描述具体的电路功能和结构
    end
```

电路刷新条件有电平触发和边沿触发两种:

① 电平触发:例如@(a or b),即当 a 和 b 中任意一个值发生变化时,块就被触发刷新;这里要特别注意,在电平触发模式下,always 块内的赋值语句将被综合成组合逻辑电路(而不是时序逻辑电路),寄存器 reg 型变量也被综合成连线。

② 边沿触发:例如@(posedge clk or negedge rst),posedge/negedge 表示上升沿/下降沿触发,通常至少有一个敏感量是时钟信号;注意,边沿触发一般被用来表达时序逻辑电路。

若这里要注意以下 6 个要点:

- always 块内的赋值语句不止一条,则必须使用关键字 begin 和 end 来引导;
- 在 always 块内的多条赋值语句是顺序执行的,即只有前面的语句执行完才执行后面的语句,所以 always 块又称作"过程块"和"顺序块";
- 多个 always 块之间以及过程块与持续赋值语句 assign 之间是没有先后顺序的,它们同时执行;
- always 块是被循环执行的,即只要敏感量状态发生变化,always 块就重复执行一遍,这就与硬件电路上电后一直运行而不是运行一次就结束相对应;
- 在 always 块内的过程赋值语句中,表达式左边的信号必须是寄存器 reg 类型;
- always 块既可以映射成时序逻辑,也可以描述组合逻辑。

(3) 阻塞型和非阻塞型赋值

在 verilog HDL 语言中,信号赋值有阻塞型(blocking)和非阻塞型(non-blocking)两种方式,但不允许在一个 always 块中混合使用这两种赋值方式。

阻塞赋值方式用符号"="来表示,例如:

```
begin
    b = a;      //阻塞赋值,顺序执行
    c = b;
end
```

在上述块语句中,所有阻塞赋值是顺序执行的,"b＝a"被执行完才继续执行"c＝b"。所以,b 和 c 都被赋予 a 的初值。

非阻塞赋值方式用符号"＜＝"来表示,例如:

```
begin
    b<= a;      //非阻塞赋值,并行执行
    c<= b;
end
```

在以上块语句中,所有非阻塞赋值都是并行执行的,"b<＝a"和"c<＝b"同时执行。因此,块结束后 b 被赋予 a 的初值,而 c 被赋予 b 的初值。

为了避免逻辑电路的竞争和冒险现象,应该遵循以下两个建议:
- 在电平触发的 always 块中推荐使用阻塞赋值,该过程块将被综合成组合逻辑电路结构;
- 在边沿触发的 always 块中应使用非阻塞赋值,使该块被综合成时序逻辑电路结构。

(4) 多分支选择语句

在包括 Verilog HDL 在内的很多计算机语言中,条件分支结构可以使用 if-else 语句来实现,而多条件分支结构可以用 if-elseif…语句来实现。Verilog HDL 语言还提供了专门的多分支选择(case)语句用来描述多条件分支结构,对于 3 个以上的分支选择,为了清晰起见,推荐选择 case 语句来替代 if-elseif…语句。case 语句的一般形式如下:

```
case(表达式)              //表达式一般为一个 N 位的数值
    分支表达式 1:语句;    //分支项 1,分支表达式为一个 N 位的数值
    分支表达式 2:语句;    //分支项 2
        ⋮
    default: 语句;        //默认项,用来表示分支项未覆盖的情况
endcase
```

case 语句逐位检测表达式的值与另外一系列分支表达式的值是否匹配,并执行与表达式有相同值的分支项。可见,case 语句的行为类似于多路选择器,其常用于处理器的指令译码。

4. 组合逻辑和时序逻辑的描述

下面以多路选择器为例,介绍常用的两种组合逻辑描述方法和一种时序逻辑描

述方法。

使用持续赋值实现组合逻辑电路，如图 6.14 所示。

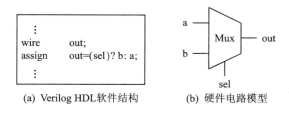

图 6.14　使用持续赋值实现二选一功能的组合逻辑

使用 always 块和阻塞赋值实现组合逻辑电路，如图 6.15 所示。

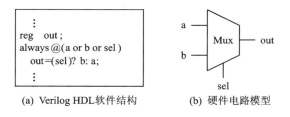

图 6.15　使用 always 块和阻塞赋值实现二选一功能的组合逻辑

多数情况下推荐使用 always 块和非阻塞赋值实现时序逻辑电路，如图 6.16 所示。

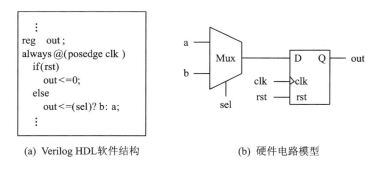

图 6.16　使用 always 块和非阻塞赋值实现二选一功能的时序逻辑

5. 可综合风格的同步有限状态机

如果设计的数字系统比较复杂，具有多个工作状态，并要在这些状态之间进行转换，这时就可以考虑使用有限状态机来描述其功能。有限状态机是由寄存器组和组合逻辑构成的硬件时序电路，其具有如下特点：

- 在时钟的控制下，状态机可产生复杂的控制逻辑，是数字系统的控制核心；
- 状态机既可以记住目前所处的状态，又可以根据输入条件转向另一个状态；
- 状态机究竟转向哪一个状态不但取决于当前状态，有时还取决于输入值；

- 在进入不同状态的时刻,输出控制信号开启或关闭系统的开关阵列,从组合逻辑网络产生输出和下一个状态。

最常用的描述有限状态机的方法是用 always 语句和 case 语句,因为 case 语句表达清晰明了,可以方便地从当前状态分支转向下一个状态。因此,常建议采用 case 语句来建立状态机的模型。

典型有限状态机如图 6.17 所示,包括 3 个部分:状态寄存器、产生下一状态的组合逻辑、产生输出的组合逻辑。对于设计复杂的多输出状态机,建议分别描述这 3 部分;如果设计简单,也可在一个 always 块中同时描述这 3 部分。

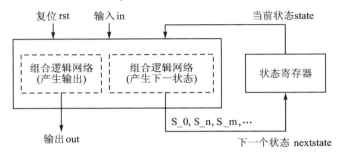

图 6.17 典型有限状态机示意图

如果有限状态机的输出只依赖于状态而不依赖于输入,则称为 Moore 型状态机;如果状态机的输出不仅依赖于状态而且依赖于输入,则称为 Mealy 型状态机。

6.3 实时数字信号处理器的一般硬件结构

在典型的实时数字信号处理算法中,如线性卷积和相关、FIR 和 IIR 滤波器、随机信号线性模型、最优线性滤波和自适应滤波器等,最常见的运算就是对数据进行乘-累加运算。在单片机等通用处理器中也可以完成乘-累加运算,但在数字信号处理器和现场可编程逻辑器件中往往设计专用的乘-累加运算单元(MAC)来加快大量、重复的乘-累加运算。数字信号处理器的一般硬件结构如图 6.18 所示。

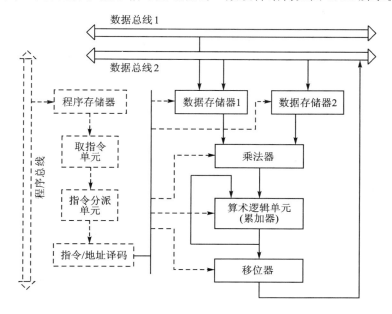

图 6.18　数字信号处理器一般硬件结构示意图

与通用处理器相比,数字信号处理器有如下特点:

1. 哈佛结构

传统的冯·诺依曼结构将指令、数据和地址都存储在同一存储器中,统一编址,依靠指令计数器提供的地址来区分是指令、数据,还是地址,取指令和取数据都访问同一存储器,数据吞吐量小。

如图 6.18 所示,数字信号处理器采用的哈佛结构是一种并行结构体系,其将程序和数据分别存储在独立的程序存储器和数据存储器中,每个存储器独立编址,独立访问。此外,对应的数据存储器和程序存储器配置了独立的数据总线和程序总线,这样就使数据吞吐量提高了一倍。

2. 流水线操作

在并行哈佛结构的基础上,数字信号处理器还采用了流水线操作,使处理器可以同时并行处理多个操作,以减少指令执行时间。例如,乘-累加运算过程需要对程序存储器、数据存储器、乘法器、累加器和移位寄存器进行操作,典型操作过程如下:

① 从程序存储器中取指令;
② 从数据存储器中取两个操作数据 $C(n)$、$X(n)$;
③ 将两个操作数据执行乘法操作 $C(n) \times X(n)$;
④ 乘法器输出与累加器上次输出的结果相加 $Y(n) = C(n) \times X(n) + Y(n-1)$;

⑤ 数据移位并输出最终结果。

可见,数字信号处理器执行完成 1 次乘-累加指令需要 5 个硬件单元进行 5 次操作,每个操作需要 1 个时钟周期完成。如果顺序执行 5 个硬件操作完成 1 次乘-累加指令,则乘-累加指令的执行周期为 5 个时钟,如图 6.19(a)所示。如果采用 5 级流水线操作的方式,如图 6.19(b)所示,5 个硬件单元的操作在同一时钟周期都在执行,则每个时钟周期都会完成 1 次乘-累加指令。

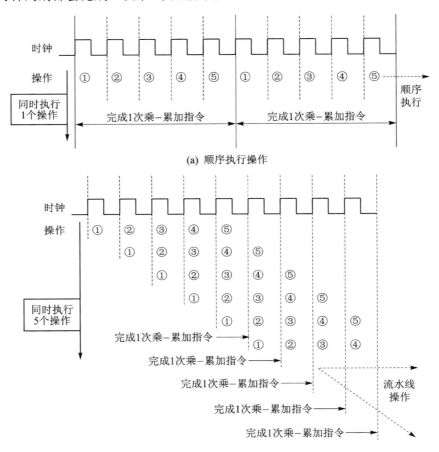

图 6.19 乘-累加指令操作示意图

3. 专用硬件乘法器

在通用处理器中,乘法运算是在通用算数逻辑单元中,通过重复的移位-求和运算来实现的,这必将消耗大量时钟周期。在数字信号处理器中增加了专用的并行硬件乘法器,可以在一个时钟周期内完成乘法运算,大大加快了运算速度,这也是数字信号处理器的重要特征之一。

4. 多处理单元

数字信号处理器内部一般都包含多个处理单元,如硬件乘法器(MUL)、累加器(ACC)、算术逻辑单元(ALU)和移位器(SHIF)等,这些处理单元在各种总线和控制器的配合下可以并行工作和协同工作,这就为高速数字信号处理和实时控制提供了完备的硬件基础。

5. 特殊指令和快速执行周期

为了快速完成大量重复的乘-累加运算,数字信号处理器还提供了一些特殊指令。例如,在TMS320系列数字信号处理器中,只需2条特殊指令RPTK和MACD就可完成多次重复的乘-累加运算。完成128次乘-累加运算的程序如下:

```
RPTK    128             ;重复执行下一条指令128次
MACD                    ;完成1次乘-累加运算
```

与通用处理器相比,由于采用了哈佛结构、流水线操作、专用硬件乘法器和特殊指令等软硬件结构,所以大大缩短了数字信号处理器的指令周期。

6.4 FPGA的基本硬件结构

FPGA内部一般都包含有大量的可编程逻辑门,这种逻辑门阵列构架使FPGA具有设计灵活、易于修改、多功能性、擅长处理并行算法等优点。有些FPGA还集成了硬件乘法器、RAM和嵌入式处理器内核等资源,以便更高性能地执行复杂的实时数字信号处理算法。

下面将简单介绍FPGA中的基本资源和典型模块。

1. 可编程逻辑模块

在FPGA中基本的可编程逻辑模块示意图如图6.20所示,通常包括查找表(LUT)、触发器、复用器和进位逻辑。单个逻辑模块的功能是有限的,只能实现一些触发器、组合逻辑和时序逻辑功能,以及低精度的简单算术和逻辑运算。但将众多的逻辑模块连接起来,则器件的算术功能和存储能力就会得到极大的提升,同时也可组合成功能多样的逻辑电路。

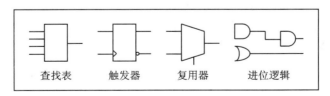

图6.20 FPGA中的基本可编程逻辑模块

LUT是构成FPGA中组合逻辑的基本结构,本质上就是SRAM。用LUT实现某逻辑函数时,SRAM的地址线就是LUT的输入,也即逻辑函数的输入;SRAM的存储单元用于存放表内容,也即逻辑函数值。图 6.21 给出了用 LUT 实现三输入逻辑函数的方法。

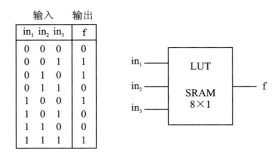

图 6.21　用 LUT 实现三输入逻辑函数

触发器是逻辑模块中的重要资源,其在实时数字信号处理中主要用于数据的延迟/存储。例如,一个 n 阶的 FIR 滤波器需要对输入数据进行 $n-1$ 个周期的延迟/存储。此外,触发器还可用于将串行数据转换为并行数据。图 6.22 和图 6.23 分别给出了用触发器实现数据延迟/存储和串/并转换的示意图。

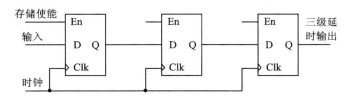

图 6.22　触发器用于数据的延迟/存储

2. 加法器

加法器是实时数字信号处理中最重要的运算单元之一,在 FPGA 中可以使用 LUT 来实现。利用 LUT 实现 1 位加法器如图 6.24 所示,A_1、A_2 为求和输入数据,C_{in} 为上一级的进位输入,C_{out} 为本级的进位输出,S 为求和输出。建立求和操作和进位操作的真值表,并把其映射到两个三输入 LUT 中,以分别计算求和输出和进位输出。有些 FPGA 中还包括专用进位逻辑,用来减少进位计算的延迟,从而提高加法器性能。

3. 乘法器

在 FPGA 中用可编程逻辑资源实现的乘法器称为分布式乘法器。分布式乘法器的

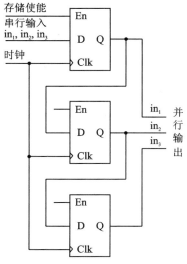

图 6.23　触发器用于数据的串/并转换

第 6 章 实时数字信号处理系统的软件和硬件结构

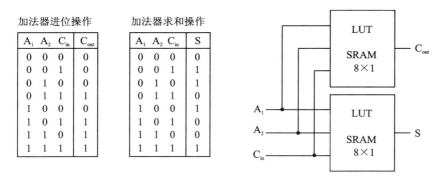

图 6.24 利用 LUT 实现加法器示意图

实现有很多种方法,例如移位相加乘法器、加法器阵列乘法器和查找表等。其中:移位相加是最基本的乘法器设计思路,实现简单,占用资源少,但是运算速度较慢;加法器阵列采用了多个加法器并行实现移位相加,通过增加资源和复杂度换取速度;用查找表实现的乘法器运算速度快,但需要占用大量的存储空间存放乘积结果,适用于小型乘法器。

用移位相加实现 8 位乘法器的原理如图 6.25 所示。先判断乘数的最低位是否为 1,如果是 1,则把被乘数相加,然后被乘数向高位移动 1 位,乘数向低位移动 1 位;如果乘数的最低位为 0,则被乘数不相加,但被乘数仍然向高位移动 1 位,乘数向低位移动 1 位。如此循环,直到乘数的所有 8 位均判断完毕,运算结束。

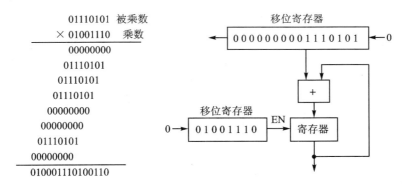

图 6.25 移位相加乘法器的实现

在有些 FPGA 中还提供了嵌入的硬核乘法器资源。相比用逻辑资源实现的分布式乘法器,硬核乘法器的运行速度更快,而且与嵌入式 RAM 相关联可以更方便地存取数据,还可与加法器组合实现乘-累加单元(MAC),这些特点都将为在 FPGA 中实现高性能数字信号处理算法提供保障。

4. RAM 资源

在 FPGA 中使用 LUT 可以方便地构成分布式 RAM。例如,一个三输入的

LUT 可存储 8 位数据,其可被用作 8×1 的分布式 RAM;同理,两个三输入的 LUT 就可构成一个 8×1 的双端口 RAM 或一个 16×1 的单端口 RAM,如图 6.26 所示。

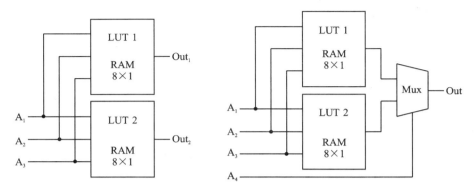

(a) 两个三输入LUT构成8×1双端口RAM   (b) 两个三输入LUT构成16×1单端口RAM

图 6.26 用 LUT 组成分布式 RAM 示意图

在有些 FPGA 中还嵌入了专用 RAM 模块,这些专用 RAM 可以是单端口或双端口的。此外,其既可以在 FPGA 配置时被写入固定数据,例如存放 FIR 滤波器的系数;也可以在 FPGA 运行时进行实时读写操作,例如存放运算的中间过程数据。这些特点使得专用 RAM 在实时数字信号处理算法实现中起到关键作用。

6.5 实时数字信号处理系统中的多处理器结构

多处理器基本结构包括串行、并行、树形和阵列(网格)等互连结构。其中,串行和并行结构是按照要处理的串行或并行算法的数据流向来连接处理器的,它们是最基本的拓扑结构,在连接的节点间有时还需插入存储单元,串行连接的典型应用是流水线处理系统,并行连接很明显就是并行处理系统。更为复杂的多处理器结构还有树形结构和阵列结构等。下面分别介绍。

1. 串行结构

典型多处理器串行结构如图 6.27 所示。该结构适用于单数据、多指令/任务系统,也就是所有的数据依次通过多个处理器,每个处理器都要对所有数据进行处理,且每个处理器执行不同的任务。多处理器串行结构是数据串行的,当其被用作流水线操作时,该系统也可看作是指令/任务并行的。

2. 并行结构

典型多处理器并行结构如图 6.28 所示。该结构适用于多数据、多(单)指令/任务系统,也就是不同的数据进入不同的处理器同时进行处理,每个处理器处理的数据

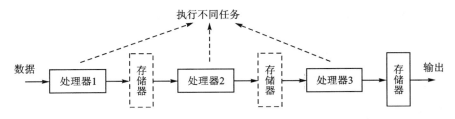

图 6.27　多处理器的串行结构

不同,但执行的任务可以相同也可以不同。多处理器并行结构是数据并行的。

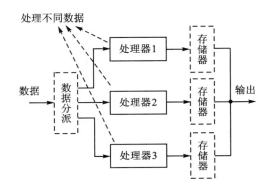

图 6.28　多处理器的并行结构

3. 串并混合结构

多处理器串并混合结构的形式有很多,图 6.29 给出了其中两种典型结构。多处理器串并混合结构一般用于多数据、多指令/任务系统,其局部既可以是数据并行的,也可是指令/任务并行的。

4. 树形结构

树形结构是一种分层结构,通常使用开关部件(有选择、判断功能)来构建。树形结构很适合用来实现多层分类算法,结构中上层的处理器完成判定输入是属于哪个大类的处理,然后将判定结果传输给下层的专门处理器做进一步的分类处理。一个三层的多处理器树形结构如图 6.30 所示,其基本处理器单元为一个二输入、四输出的开关处理器,该基本单元具有数据处理、分类选择和向下传递的功能。

5. 阵列结构

多处理器阵列结构在大规模并行处理系统中有着非常重要的应用。本小节举一个脉动阵列(systolic array)的例子来说明多处理器阵列(网格)结构。"systolic"一词的本意是指心脏或脉搏跳动,脉动阵列的命名就是表明数据按照准确而规律的时钟节拍在处理器之间流动,就像血液按照脉搏跳动的节拍在血管中流动一样。

在冯·诺依曼机中,每进行一次计算都要从主计算机内部存储器读出数据,数据经过处理器处理后,结果还要返回存储器。因此,处理器的计算能力、主计算机对数

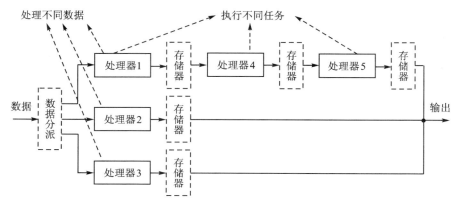

(a) 多处理器串并混合结构1

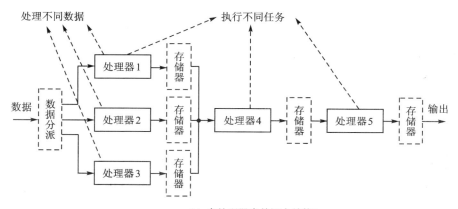

(b) 多处理器串并混合结构2

图 6.29 多处理器的串并混合结构

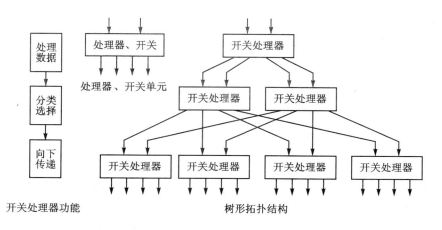

图 6.30 多处理器树形结构及其基本单元功能示意图

据和运算的调度与控制、存储器与处理器之间的通信带宽会成为瓶颈,总体处理能力不高。

在脉动阵列中,处理器的数量大大增加,处理器所计算出的结果数据直接送往别的处理器,而不用主计算机进行调度、存储,只有最终结果数据靠主计算机控制返回存储器。这样,在一个较大的运算过程中,数据可以通过尽量多的处理器,进行流水线式的处理,从而大大减少主计算机对算法调度的时间和对中间结果数据存储的时间。此外,由于增加了多个处理器,这些处理器是流水线式的同时工作,即把整体算法拆分为多个串行部分,分配到多个处理器中,这也大大缩短了处理器的处理时间。冯·诺依曼机和脉动阵列基本工作原理的对比如图 6.31 所示。

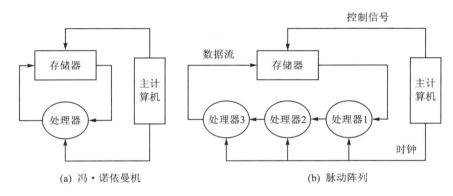

图 6.31　冯·诺依曼机和脉动阵列基本工作原理的对比

脉动阵列无严格定义,一般具有如下特点:
● 按一维或二维阵列配置多个处理器,这些处理器具有简单而相同的功能;
● 处理器之间的数据流和控制流是规则的、局部的,而非全局;
● 各个处理器的控制通过全局时钟同步地进行;
● 脉动阵列一般采用流水线处理和并行处理相结合的方式。

下面介绍一个矩阵积和运算的脉动阵列。对于 $n \times n$ 的矩阵 A、B、C,矩阵积和运算可定义为 $C \leftarrow C + AB$。设 3 个矩阵的元素分别为 a_{ij}、b_{ij}、c_{ij},则用一个处理器实现矩阵积和运算的算法结构为

```
for(i = 1;i<n+1;i++)
    for(j = 1;j<n+1;j++)
        for(k = 1;k<n+1;k++)
            c_ij = c_ij + a_ik b_kj
```

对于 $n=2$ 的情况,矩阵展开式为

$$\begin{bmatrix} a_{11} & a_{12} \\ a_{21} & a_{22} \end{bmatrix} \begin{bmatrix} b_{11} & b_{12} \\ b_{21} & b_{22} \end{bmatrix} + \begin{bmatrix} c_{11} & c_{12} \\ c_{21} & c_{22} \end{bmatrix} = \begin{bmatrix} a_{11}b_{11} + a_{12}b_{21} + c_{11} & a_{11}b_{12} + a_{12}b_{22} + c_{12} \\ a_{21}b_{11} + a_{22}b_{21} + c_{21} & a_{21}b_{12} + a_{22}b_{22} + c_{22} \end{bmatrix}$$

可以看到,基本运算包括加法和乘法。如果用一个乘加处理单元完成所有运算,

则需要进行 $8(n^3)$ 次乘加及相应的存取操作。

图 6.32 所示为矩阵积和运算的脉动阵列结构示意图,对其分析如下:

① 基本处理单元功能。

由于基本运算为乘法和加法,所以很容易想到阵列的基本处理单元的运算功能为乘加。为了运算的流水线操作,还需要有移位寄存器的功能。

② 阵列结构。

由于有 3 种运算变量 a_{ij}、b_{ij} 和 c_{ij},有加法和乘法两种运算操作,而且两种运算操作要同时流水进行,所以必须将两种运算在两个方向上同时运行。本例采用二维阵列,垂直方向为加法运算流水线,水平方向为乘法运算流水线。

③ 运算效率。

一次运算全部完成要 5 个流水线时钟,c_{22} 是最后一个运算元素。

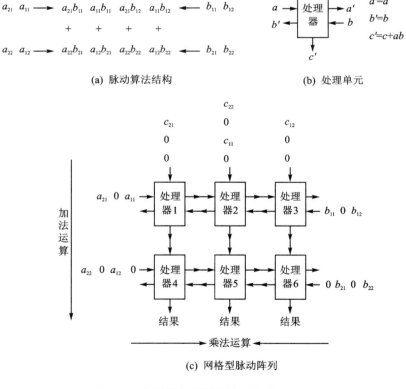

图 6.32 矩阵积和运算的脉动阵列

6.6 数字信号处理器系统的控制

在实时数字信号处理系统中,必须采用有效的控制方法对多个处理器进行合理的数据分配和任务调度,使多处理器协同工作,共同完成复杂的信号处理和控制任务。处理器系统的控制涉及控制方法、处理器间的通信和同步等内容。

1. 处理器系统的控制方法

处理器系统既可以以任务为中心进行控制和调度,也可以围绕数据来控制和调度。根据处理器和任务之间的关系,控制处理器系统主要有以下方法:
- 单个处理器运行多个任务;
- 多个处理器运行多个任务;
- 多个处理器运行单个任务的不同部分。

其中:"单个处理器运行多个任务"是任务串行的,其控制最简单;"多处理器运行多个任务"是任务并行的,如果每个处理器处理的数据相同,或每个处理器处理的数据之间没有相互关联,则该控制也较简单;"多个处理器运行单个任务的不同部分"是最复杂的控制,需要重新拆分任务和分配数据,并且多个处理器运行的任务和处理的数据之间都有联系。

如图 6.33 所示,在以任务为核心的处理器系统控制中,对实时数字信号处理算法按任务和运算顺序进行分解,既采用控制流技术进行算法分解。一般采用顺序控制,由程序或控制器规定每个时刻该执行的操作,此类控制适合软件和程序实现。

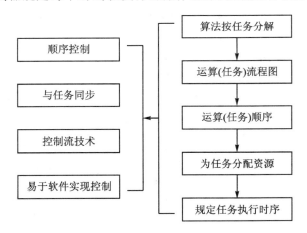

图 6.33 以任务为核心的处理器系统控制

控制流技术根据运算(任务)在算法流程中的顺序位置,为算法的每一个运算(任务)分配一个特定的时隙,可以使多个运算(任务)分时占用处理器资源,实现处理器硬件资源的时分复用。在图 6.34 所示的控制流结构中,所有任务按流程分时调用同一个处理器,当其运算需要使用数据或存储数据时,就从共享存储器中读取数据或向共享存储器写数据。

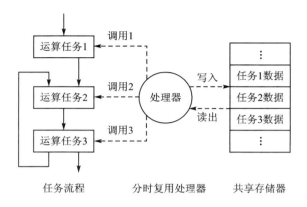

图 6.34 控制流结构示意——不同的任务共享硬件资源

控制流的优点:①硬件使用效率高;②设计和软件编程灵活;③由于共享处理器和存储器,所以占用硬件资源少。

控制流的缺点:①采用时分复用降低了运行速度;②算法分配和排序复杂;③处理器间通过存储器传递数据以及处理器向存储器频繁读写中间结果引入的系统开销较大。

根据处理器和数据之间的关系,控制处理器系统主要有以下方法:
- 单(多)个处理器按先后顺序处理同一数据;
- 多个处理器分别处理不同数据。

其中,"单(多)个处理器按先后顺序处理同一数据"是数据串行的,"多个处理器分别处理不同数据"是数据并行的。

在以数据为核心的处理器系统控制(见图 6.35)中,对实时数字信号处理算法按数据和数据流向进行分解,即采用数据流技术进行算法分解。通常采用数据控制,根

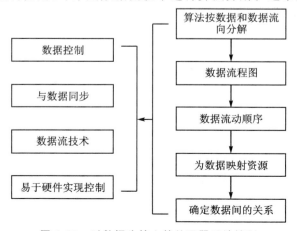

图 6.35 以数据为核心的处理器系统控制

据数据的相互关系以及使用资源是否空闲决定在某一时刻执行哪个操作。

数据流技术将算法的数据流程结构直接映射到硬件上，数据流程图中的每次运算和操作都单独被分配一个处理器来执行，每个处理器根据需要可以配置独立的存储器。数据流结构如图6.36所示。在数据流结构中可以不使用程序或专用控制器来调度整个系统的运行，处理器只需在存储器的配合下，根据数据准备状态和处理器空闲状态来判断是否执行操作。因此，数据流结构是非常利于并行操作的。

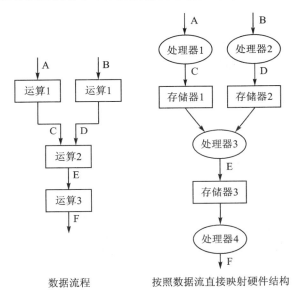

数据流程　　　　　按照数据流直接映射硬件结构

图6.36　数据流结构示意——数据顺序传递给多个处理器

数据流的优点：①运行速度快；②由传递存储数据和程序控制引入的系统开销低；③算法分配简单。

数据流的缺点：①硬件使用效率低；②设计灵活性差；③占用资源多。

2. 处理器间的通信

多处理器结构必将面临多处理器间通信的问题，处理器间通信有两种基本方法：一是通过共享存储器来实现通信；二是采用处理器间直接收发消息的方法。

共享存储器的通信方式如图6.37所示，所有的处理器都可以访问共享存储器，处理器和存储器通过一个数据控制系统连接，该系统来协调各个处理器对共享存储器的访问。在以任务为核心的控制流处理器系统结构中，处理器间的通信多选用共享存储器的方式。

处理器间直接收发消息的通信方式如图6.38所示，每个处理器都带有一个专用的存储器，用来存储局部数据，全局数据则通过一个数据控制系统直接在处理器间传送。在以数据为核心的数据流处理器系统结构中，处理器间的通信多选用直接收发消息的方式。

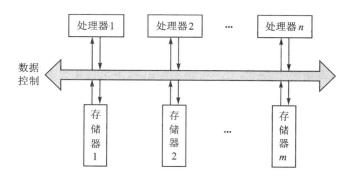

图 6.37 共享存储器的通信方式

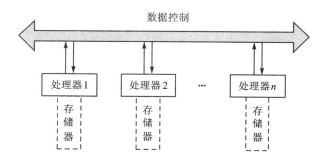

图 6.38 处理器间直接收发消息的通信方式

3. 处理器间的同步

数据流和控制流技术都面临着处理器间同步的问题。数据流技术中,各个处理器处理数据的时间不一致,就有可能导致输入处理器的全部数据不在同一时刻到达。而在控制流技术中,如果在处理器间增添了并行任务,要求输入输出数据同时到达,也需要实现处理器间的同步。

下面来讨论两个处理器间同步的 3 种方法,并以此为例说明多处理器间同步的方法。在图 6.39 中展示了两种用缓冲器实现处理器间同步的方法。

方法 1

为了实现同步,当一个处理器完成任务时,系统可以挂起完成任务的处理器,推迟其启动下一个任务的时间。

方法 2

如果处理器是串接的,则可以使用 FIFO 缓冲器来解决多个处理器之间数据 I/O 速度不一致的问题。如图 6.39(a) 所示,FIFO 是在双端口存储器中开辟出的一段空间,可以对突发的大量数据进行缓存。由于缓冲存储器的引入,处理器 2 从缓冲中读取数据的速度可以和处理器 1 向缓冲写入数据的速度不一致。

方法 3

也可以用一个双缓冲器来实现同步。如图 6.39(b) 所示,处理器 1 向缓冲器一面写入结果,处理器 2 从另一面读取缓冲器中的数据。当缓冲器的一面装满了数据而另一面为空时,处理器 2 将开始从装满数据的一面读取数据,而处理器 1 将开始往空的缓冲区写入数据。此时的缓冲器可以用单口 RAM。数据缓冲的最大时间由写满一个 RAM 的时间决定。

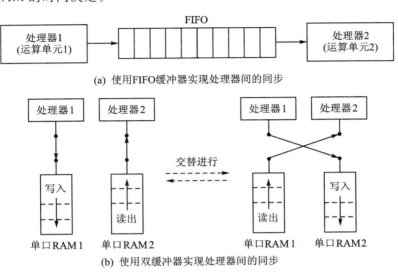

图 6.39 使用缓冲器实现处理器间的同步

第 7 章 实时数字信号处理系统的折衷设计

7.1 折衷设计方法

折衷设计实际上就是根据不同的系统资源和结构来权衡系统各项功能和指标，以形成一个最优的设计方案，使其满足和兼顾关键功能和指标要求。折衷设计贯穿整个系统设计过程，是一个反复迭代、不断选择的过程，其不仅可以用于系统级设计，而且可用于子系统设计，以及局部运算、控制和通信的设计。折衷设计需要评估和权衡系统各项指标要求和约束条件，如精度、动态范围、速度、体积、重量、功耗和可靠性等。通过挑选系统软硬件资源和结构来调整系统设计方案，最终使设计方案满足功能和性能需求。在仪器和传感器常用的实时数字信号处理系统中，典型的折衷列举如下：

- 模拟和数字折衷；
- 硬件和软件折衷；
- 软件的时间和空间（速度和资源）折衷；
- 硬件的时间和空间（速度和资源）折衷；
- 可靠性和资源折衷；
- 小型化和系统功能、性能折衷；
- 成本和系统功能、性能折衷。

实时数字信号处理系统折衷设计方法如图 7.1 所示，主要步骤包括：

① 对项目进行需求分析，从而得到系统的设计目标，设计目标一般分解为系统主要的实现功能和技术指标要求。

② 对所有功能和指标要求按照在系统中的重要性进行排序，挑选出最关键的几项功能和指标，这些功能和指标往往是必须要满足的或不易实现的。

③ 对关键功能和指标进行评估，通过选择不同的系统资源和结构，看能否满足所有关键指标和功能的要求。

④ 如果通过合理配置系统资源和结构能够满足系统所有关键指标和功能要求，则系统折衷设计结束；否则，对有冲突的指标和功能进行权衡，反馈调整设计目标，重新选择系统资源和结构。

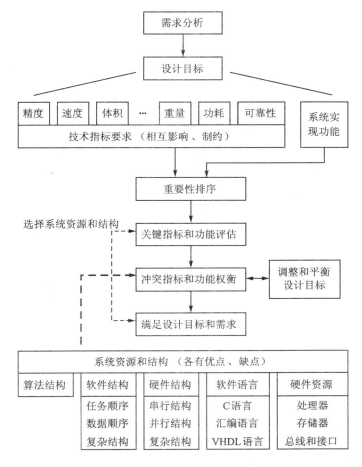

图 7.1 系统折衷设计方法和步骤

7.2 软件和硬件折衷

实时数字信号处理系统中的某些算法和功能既可以用软件控制处理器、存储器等硬件资源实现,也可以不经过软件而直接映射到硬件处理。这就需要权衡软硬件实现的利弊和特点,在软件和硬件之间进行选择。在系统级设计和子系统设计时都会碰到软件和硬件折衷的问题,该问题一直持续到系统硬件方案确定为止。

软硬件折衷的一些基本原则和方法有:

① 优选通过改变算法和调整软件结构来提高计算效率,缩短运算时间,而不是通过修改和增加硬件资源。

首先,考虑通过修改算法来提高系统性能。算法开发处于实时数字信号处理系统设计的顶层,算法的优劣直接影响整个系统的性能和软硬件的复杂度,更改算法是改善和提高系统性能的最有效和简洁的手段。此外,修改算法在时间和资源上的成本消耗也是最小的。

其次,考虑修改软件结构来提高系统性能。因为软件具有开发快、设计灵活、容易修改、易于移植和成本低廉的优点。

最后,考虑修改硬件来提高系统性能。因为相比软件,硬件的开发周期长、修改困难、无法移植、成本昂贵。

② 将算法按任务执行顺序分解为算法流程图,复杂的算法流程更适合用软件实现,因为,软件擅长流程控制和任务调度;将算法按数据的流动方向和不同数据的相互关系分解为数据流程图,清晰、简单的数据流程更便于硬件实现。

③ 如果系统功能简单且对运算时间要求宽松,则尽量使用执行速度相对较低的软件和简单的硬件系统来完成任务。

④ 无论软件设计还是硬件设计都要留有足够的设计余量,即足够的改进和升级空间,包括运算速度、运算和存储资源、接口和总线资源等。

⑤ 如果对整个系统的软硬件折衷无从下手,则可先从局部着手,例如:
- 局部算法性能评估:找出瓶颈算法,即计算量大、数据交换量大、要求处理时间短的算法。
- 软件性能评估:最优化的瓶颈算法能否用软件实现且留有余量。
- 硬件性能评估:使用已有的硬件技术进行扩展能否满足瓶颈算法的要求,否则开发新硬件。

⑥ 软硬件多重折衷,其示意图如图 7.2 所示。

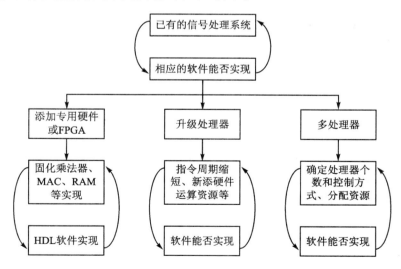

图 7.2 软硬件多重折衷示意图

首先考虑在已有的信号处理系统或已掌握的处理器上能否用软件实现目标算法,如果不能实现,则考虑在此基础上升级信号处理系统硬件。这里有 3 种方法:

第 7 章 实时数字信号处理系统的折衷设计

- 添加 FPGA：将部分软件运算移植到 FPGA 上。但是，FPGA 本身也存在"软"硬件折衷，占用逻辑资源用 HDL 实现全部算法，或用更高性能的硬核乘法器、MAC、RAM 等实现部分算法。
- 升级处理器：使用高性能的处理器，其指令周期更短、指令更丰富、硬件运算资源更丰富。升级处理器时进行软硬件折衷，以便选择最合适的高性能处理器。
- 多处理器：确定处理器的数量，分配每个处理器的运算任务。

比较以上 3 种升级信号处理系统的方法及其软硬件折衷的方案，在这三者之间也要进行折衷选择。

下面以 FIR 滤波器为例来介绍算法的软件实现和硬件实现。由第 1 章可知，FIR 滤波器的差分方程为

$$y(n) = \sum_{k=0}^{N-1} h(k)x(n-k) \tag{7.1}$$

进行 Z 变换后，可得滤波器的传递函数为

$$H(z) = \frac{Y(z)}{X(z)} = \sum_{k=0}^{N-1} h(k)z^{-k} \tag{7.2}$$

根据第 3 章图 3.5 所示的系统直接 I 型结构，可得 N 阶 FIR 滤波器直接型结构，如图 7.3 所示。$x(n)$ 为滤波器输入，也即待滤波数据；$y(n)$ 为滤波器输出，也即滤波结果；$h(n)$ 为滤波器系数，为固定值；z^{-1} 为时移因子，表示产生单位延时，在电路中一般用移位寄存器来实现。

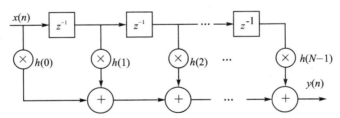

图 7.3 FIR 滤波器直接型结构图

从 FIR 滤波器的差分方程和直接型算法结构图可知，FIR 滤波器的计算和操作应该包括以下内容：

- 存储滤波器的固定系数；
- 存储输入的滤波数据；
- 输入滤波数据的更新和移动；
- 滤波数据和系数相乘，乘积求和；
- 存储或输出滤波结果。

(1) FIR 滤波器的 DSP 软件实现

FIR 滤波器的 DSP 软件实现采用典型的以任务为核心的控制流结构，程序流程

图如图 7.4 所示,该图给出了算法中各项任务之间的关系和执行顺序。

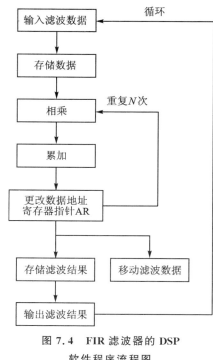

图 7.4 FIR 滤波器的 DSP 软件程序流程图

数据存储组织形式如图 7.5 所示,开辟两个连续存储空间,分别存储系数和输入滤波数据。其中,系数是不变的,而在每完成一次程序循环,即产生一个滤波结果后,输入滤波数据就要进行一次更新。输入滤波数据更新时,所有数据同步向上移动一步,移入一个新数据 $x(n+1)$,移除一个最旧的数据 $x(n-N+1)$。设置系数和滤波数据地址指针 AR0 和 AR1,每进行完一次系数和滤波数据的乘加运算,两个指针都加 1,并以此方式循环寻址。

DSP 芯片中有专用的 MAC 指令,其功能一般包括:存储器地址控制、数据移动、数据乘、乘积累加等。可以用 MAC 指令周期来衡量 DSP 处理速度,如果 MAC 指令周期为 $T=10$ ns,FIR 滤波器的阶数为 $N=20$,则执行一个采样点的 FIR 滤波至少用时为 $T\times N=200$ ns,这也就意味着输入数据的采样率必须小于 5 MHz。

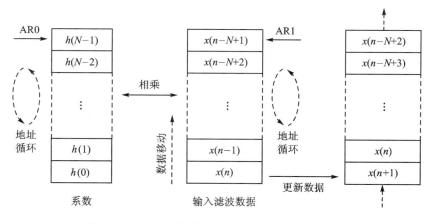

图 7.5 FIR 滤波器的 DSP 软件数据存储组织形式

(2) FIR 滤波器的 FPGA 硬件实现

由于在 FPGA 中有大量的运算资源,所以可以将图 7.3 所示的 FIR 滤波器的数据流程结构直接映射到硬件上,数据流程图中的每次运算和操作都被单独分配一个处理单元来执行。因此,FIR 滤波器的 FPGA 硬件实现可以采用典型的以数据为核心的数据流结构。

图 7.6 所示是一个 12 阶 FIR 滤波器直接型结构的 FPGA 全并行实现结构，12 个移位寄存器单元用于存放滤波数据，12 个固定系数乘法器和 11 个加法器完成乘-累加运算，也可将系数存放在寄存器或片上 RAM 中，滤波器输出结果存储在结果寄存器中。因为乘法器和加法器是组合逻辑电路，所以在一个时钟周期即可计算出一个滤波值。在该并行结构中，处理速度的瓶颈和逻辑资源的瓶颈均是乘法器，因为实现乘法器占用的 FPGA 片上逻辑资源最多，实现乘法器时布局、布线造成的时延也最大。目前，有些 FPGA 内部配置了硬件乘法器（也称硬核乘法器），增加了乘法器资源，相比使用逻辑资源实现的软核乘法器，处理速度也大大提高了。

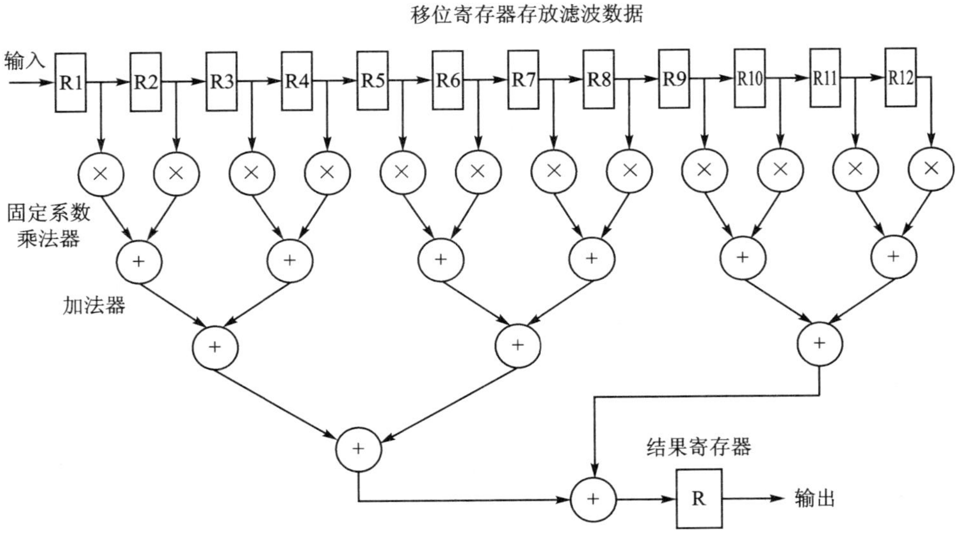

图 7.6　FIR 滤波器直接型结构的 FPGA 全并行实现结构

7.3　软件的时间和空间折衷

时间和空间折衷（又称"时空折衷"）就是在系统运行速度和占用资源这一矛盾之间找到平衡点，使与速度和资源相关的指标都满足设计要求。时空折衷是实时数字信号处理系统设计过程中最重要的步骤之一，其贯穿了包括系统级、子系统级和底层设计的全过程，即便在简单系统中也要考虑时空折衷的问题。

软件的时间和空间折衷是指在软件所占据的系统资源和软件运行速度之间进行选择，这里的"系统资源"主要指软件程序的存储空间和软件运行时输入数据、输出数据和中间过程数据占用的存储空间和总线资源。

软件时空折衷的一些基本原则和方法有：

1. 修改算法和优化算法流程

优先通过修改算法和优化算法流程来提高程序运行速度,而不是占用更多资源。

2. 采用合理和规范的编程技术

采用合理和规范的编程技术,将算法流程高效、简洁地转换为程序流程,提高指令运行效率,在保证程序运行速度满足要求的前提下,尽可能减少资源占用。

3. 高级程序设计语言和底层程序设计语言的合理选择

以 C 语言为代表的高级程序设计语言是独立于系统硬件的,其不能直接对具体硬件资源进行操作,必须经过面向特定硬件环境的编译器编译才能在硬件系统中运行。高级程序设计语言编程具有如下优缺点:

- 易于从算法流程到指令流程的转化,编程简单、开发时间短;
- 易于在不同硬件系统之间移植;
- 维护和修改容易;
- 便于模块化设计,利于复杂系统和多处理器系统开发;
- 效率低、运行速度慢;
- 占用的程序存储资源多;
- 无法精确控制信号的时序。

底层程序设计语言包括汇编语言、机器语言和硬件描述语言,这些语言都能直接控制硬件资源,编制的程序与硬件结构是一致的,更趋近于系统硬件实现的特点。底层程序设计语言编程的特点与高级语言正好相反,此处不再赘述。

程序设计语言选择的基本原则是:

- 在能满足数字信号处理系统实时性的前提下,尽量选择高级程序设计语言编程;
- 对最耗时的瓶颈算法和功能局部采用底层语言编程,再嵌入到高级语言程序中;
- 最后才考虑全部使用底层程序设计语言编程。

4. 调用子程序

子程序的使用也是软件时空折衷的例子。程序往往需要在不同的地方多次执行同样的一组操作。解决这个问题的一个办法是,每当程序需要执行这组操作时,就跳转到存放在不同位置的相应的子程序去执行。因为每当程序使用这个操作时,子程序就提供所需的代码,从而节省了存储空间。当要改变调用操作的功能时,只需要改变相应的子程序即可。

然而,调用子程序会引入额外的系统开销,必须设置一个指针,以保证子程序执行完后,主程序能从中断点继续往下执行。此外,必须向子程序输入一些参数,这可以通过从主程序所占的存储空间复制到子程序的工作空间来实现,也可以通过传递输入参数地址的方法来实现。

与使用子程序的方法相反,嵌入式编程方法直接将子程序的主要部分嵌入主程序中,这样能加速程序的执行。虽然没有了调用子程序带来的开销,但是却占用了更多的存储空间,因为每当程序要使用子程序的功能时,都必须在主程序中嵌入子程序的主要代码。

调用子程序与嵌入式程序的时空折衷如图 7.7 所示。

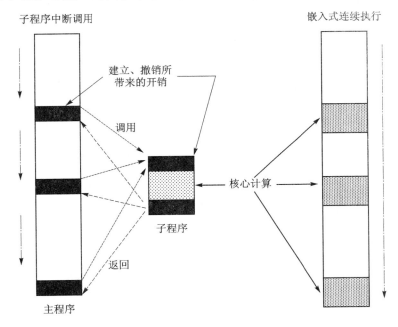

图 7.7 调用子程序与嵌入式程序的时空折衷

下面举例说明高级程序设计语言和底层程序设计语言的混合使用以及子程序调用。

在 MCU、DSP 和 ARM 等处理器中,均可使用 C 语言和专用汇编语言进行编程。C 语言具有编程简单、可读性高、便于维护和移植性好等优点,但是,C 语言执行效率较低,在某些情况下不能满足产品实时性的要求,而且无法直接操作处理器的某些硬件或以精准的时序控制处理器的硬件。汇编语言不仅具有编程代码效率高和实时运行效率高的优点,而且可以充分、高效和精准地利用数字信号处理器的硬件资源,如乘-累加单元、单指令重复、块重复和块移动等;但是,使用汇编语言编程要求开发者熟悉数字信号处理器硬件架构及其专用汇编指令集,开发周期长,过程复杂,而且程序的兼容性差,修改、升级和移植较为困难。在有些场合,可以同时使用 C 语言和汇编语言进行混合编程,这样就可以对两者的优点和缺点进行折衷。

本例针对 TMS320C55xx 系列 DSP 芯片展示 C 语言和汇编语言的混合编程以及子程序调用。向量相乘是实时数字信号处理的基本计算要素之一,其在信号变换、滤波和建模等算法中会频繁出现,因此,可以将向量相乘这个通用计算要素写入子程序,主程序算法需要计算向量相乘时调用该子程序即可。此外,向量相乘包含大量乘-累加计算,任务耗时且计算量大,所以,考虑将子程序用汇编语言编写,以提高计算速度和效率。

若两个 n 维向量定义为

$$\begin{cases} \boldsymbol{f} = [f_0, f_1, \cdots, f_{n-2}, f_{n-1}] \\ \boldsymbol{g} = [g_0, g_1, \cdots, g_{n-2}, g_{n-1}] \end{cases}$$

则这两个向量的乘法可表示如下

$$s = \boldsymbol{f}\boldsymbol{g}^{\mathrm{T}} = \sum_{i=0}^{n-1} f_i \times g_i$$

用汇编语言编写向量相乘的子程序如下所示,要进行 n 次乘法和 $n-1$ 次加法,或者进行 n 次乘-累加运算,子程序输入信息包括两个向量的存储首地址以及向量维数 n,返回信息为向量相乘结果。

```
----------------------- 汇编语言子程序实现向量相乘 -----------------------
        .global_macs
    _macs       ;int macs(int*,int*,int);
                ;将两个向量的地址及维数传入子程序,返回的16位数值存在t0寄存器中
        sub     #1,t0               ;t0 寄存器中的值减 1
        mov     t0,mmap(csr)        ;t0 中的值 n-1 传递给 csr
        mov     #0,ac0              ;ac0 寄存器清零
        rpt     csr                 ;下一条语句重复 csr+1 次
        mac     *ar0+,*ar1+,ac0     ;采用间接寻址方式,每重复一次,地址自动加 1
                                    ;完成所有对应数的乘-累加运算
        mov     ac0,t0              ;ac0 中的值传递给 t0
        ret                         ;返回 C 语言主程序
    .end
```

利用混合编程和子程序调用的方法在 DSP 中完成对表达式 $\boldsymbol{y} = 2\boldsymbol{a}\boldsymbol{a}^{\mathrm{T}} + 5\boldsymbol{a}\boldsymbol{b}^{\mathrm{T}} + \boldsymbol{c}\boldsymbol{d}^{\mathrm{T}}$ 的计算,式中的 $\boldsymbol{a}$、$\boldsymbol{b}$、$\boldsymbol{c}$ 和 $\boldsymbol{d}$ 均为行向量。表达式整体结构在主程序中采用 C 语言编程实现,如下所示。该表达式中出现 3 次向量乘法,通过调用 3 次汇编语言编写的向量相乘子程序来完成。向量 $\boldsymbol{a}$、$\boldsymbol{b}$、$\boldsymbol{c}$ 和 $\boldsymbol{d}$ 定义如下:

$$\begin{cases} \boldsymbol{a} = [52, 1874, 65, 771] \\ \boldsymbol{b} = [1330, 1652, 129, 32] \\ \boldsymbol{c} = [32, 1025, 97, 1328] \\ \boldsymbol{d} = [71, 800, 576, 83] \end{cases}$$

```
----------------------------- C 语言主程序 -----------------------------
extern int macs(int*,int*,int);          //C 语言中的汇编语言函数原型声明
int a[4] = {0x34,0x752,0x41,0x303};      //定义全局变量并初始化
int b[4] = {0x532,0x674,0x81,0x20};      //将数据以 4 位十六进制数的形式存入变量中
int c[4] = {0x20,0x401,0x61,0x530};
```

```
int d[4] = {0x47,0x320,0x240,0x53};
int n = 4;                    //定义向量维数
int s1,s2,s3;                 //定义变量,存放子程序返回的向量相乘结果
void main()
{
    int y;
    s1 = macs(a,a,n);         //调用子程序;ar0 = a[0],ar1 = a[0],t0 = n,返回值存在 t0 中
    s2 = macs(a,b,n);         //调用子程序;ar0 = a[0],ar1 = b[0],t0 = n,返回值存在 t0 中
    s3 = macs(c,d,n);         //调用子程序;ar0 = c[0],ar1 = d[0],t0 = n,返回值存在 t0 中
    y = 2 * s1 + 5 * s2 + s3;
    while(1);
}
```

5. 计算与查表的选择

对于某些算法和计算,既可以通过软件程序直接运算得到结果,也可以用查表的方法来产生结果。计算与查表的选择也是软件时间折衷的方法,对运算速度要求苛刻的场合,可以考虑查表法;对于存储资源少的系统,一般考虑直接计算,有时也可将计算和查表结合起来使用。

查表就是将某些运算量大的信息预先计算出来,放在存储器中,并将计算的输入数据与存放计算结果的存储地址建立联系,需要时直接就可以通过输入数据查询到计算结果。查表法以占用较多的程序存储空间为代价,来提高程序的执行速度,从而节约时间。

一个查表的极端例子是,将一个处理模块的所有输入看成是地址信息,并据此访问存储器,直接将相应存储单元的内容作为处理模块的处理结果输出。这样的查表操作通常比对输入进行算术逻辑运算要快很多,但是,有时要占用的存储空间也是惊人的。例如,对于一个有 10 个 16 位字长输入和一个输出的处理模块而言,就需要使用 $(2^{16})^{10} = 2^{160}$ 个存储单元存放输出结果。图 7.8 所示为单个 4 位字长输入、单个输出的查表模块示意图。

在实时数字信号处理系统中,对于三角函数、指数函数和对数函数等超越函数,通常是通过计算其 Taylor 级数展开式来得到运算结果的,软件程序必须重复地使用大量加、减、乘和移位等运算指令,才能使计算结果达到所需要的精度。另外一种有效的方法就是查表,尤其对于周期函数和输入范围有限的函数,更适合使用查表法。

下面以对数 $y = \log_2 x$ 的定点运算求解为例,介绍查表法的基本步骤和方法。

步骤一:确定输入范围和输出精度

输入范围和输出精度决定了表存储规模的大小。输入范围越大,输出精度越高,则表的规模越大,表占用的存储资源越多。

对于周期函数,查表的输入范围一般选为一个完整周期输出对应的输入值,例如对于正弦和余弦函数,查表的输入范围就可选定为 $0 \sim 2\pi$ 或 $-\pi \sim \pi$。对于非周期函

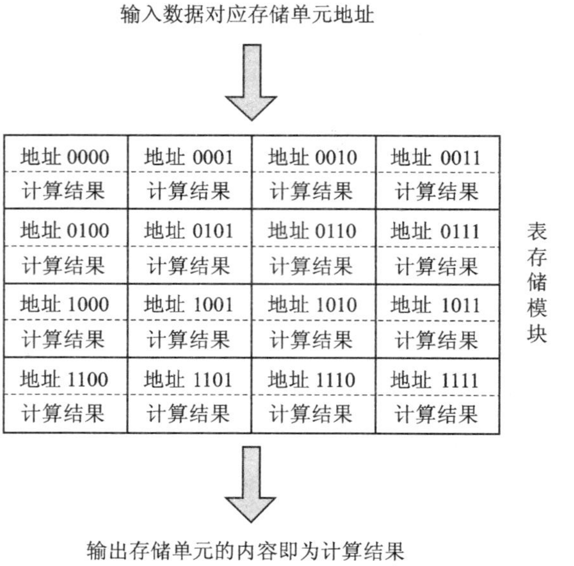

输入数据对应存储单元地址

地址 0000	地址 0001	地址 0010	地址 0011
计算结果	计算结果	计算结果	计算结果
地址 0100	地址 0101	地址 0110	地址 0111
计算结果	计算结果	计算结果	计算结果
地址 1000	地址 1001	地址 1010	地址 1011
计算结果	计算结果	计算结果	计算结果
地址 1100	地址 1101	地址 1110	地址 1111
计算结果	计算结果	计算结果	计算结果

表存储模块

输出存储单元的内容即为计算结果

图 7.8 单个 4 位字长输入、单个输出查表模块示意图

数,就要根据需求确定一个有限的、尽可能小的输入范围,本例选择对数输入值范围为 0.5~1。

确定输入范围后,还需根据输出精度对输入值进行分段采样,分段采样越多精度越高,但占用的存储资源也越多。因此,查表的输出精度应该在满足要求的基础上尽可能低。在存储资源短缺的情况下,如果查表的输出精度达不到要求,还可采用查表和计算相结合的方法提高输出精度。本例将输入值范围均匀划分为 10 段,每段的起始点作为采样点。

步骤二:制表

由于输入 x 在 0.5~1 之间,输出 y 在 -1~0 之间,因此,x 和 y 均可用小数点在 15 位和 16 位之间的 16 位定点数表示。由于把 x 均匀划分为 10 段,每段起始点作为该段采样点,所以可用 C 语言或 MATLAB 语言计算出每一段起始点的对数值,该对数值就代表整段的对数值。例如,第 1 段的 16 位定点对数值为

$$y_0^0(\text{Q15}) = \text{int}[\log_2 0.5 \times 32\,768] = -32\,768$$

式中,Q15 表示定点数的小数点定在 15 位和 16 位之间,int 表示数据取整。

同样,第 2 段的 16 位定点对数值为

$$y_0^1(\text{Q15}) = \text{int}[\log_2 0.55 \times 32\,768] = -28\,262$$

依次类推,10 段输入值对应的对数值如表 7.1 所列。在给每段输入值和相应的对数值分配表地址后,就完成了制表工作,制表步骤如图 7.9 所示。

表 7.1 对数值查找表

表地址	输入值分段	采样点 x_0	定点对数值 y_0
0	0.50~0.55	0.50	-32 768
1	0.55~0.60	0.55	-28 262
2	0.60~0.65	0.60	-24 149
3	0.65~0.70	0.65	-20 365
4	0.70~0.75	0.70	-16 862
5	0.75~0.80	0.75	-13 600
6	0.80~0.85	0.80	-10 549
7	0.85~0.90	0.85	-7 683
8	0.90~0.95	0.90	-4 981
9	0.95~1.00	0.95	-2 425

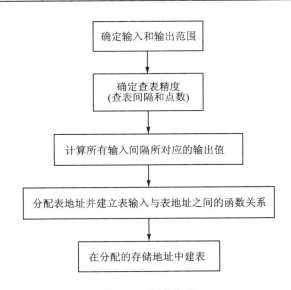

图 7.9 制表步骤

步骤三：查表

查表实际上就是根据输入值确定表地址，在输入值与表地址之间建立一个函数关系。在本例中，因为表地址为 0~9，所以输入值 x 与表地址 index 之间的对应关系为

$$\text{index} = \text{int}[(x - 0.5) \times 20]$$

查表时，先根据输入值 x(用 Q15 的定点数表示)计算表的地址，计算方法为

$$\text{index} = [(x - 16\,384) \times 20] \gg 15$$

式中："16 384"为 0.5 的 Q15 定点表示，"20"为 20 的 Q0 定点表示，"≫15"代表二进制定点数右移 15 位。

例如,已知输入为 $x=0.82$,则其 Q15 定点表示为 $x=\text{int}[0.82\times 32\,768]=26\,869$,故 $[(x-16\,384)\times 20]=209\,700$,将其变换为二进制数为 11 0011 0011 0010 0100,右移 15 位后得 110,即 index=6,因此 $y=-10\,549$。

如上所述,查表法比较适用于周期函数或自变量的动态范围不是太大的情况。对于实现更复杂或者更高精度、更大范围的处理而言,直接使用查表法可能造成存储资源不足的问题,这就需要将查表和计算混合使用,在空间和时间之间进行折衷。

下面仍以求以 2 为底的对数 $y=\log_2 x$ 为例,说明利用混合查表法是如何提高单独查表法的精度的。

混合法是在查表法的基础上辅助简单计算的方法来提高当输入值离采样点较远时的查表精度,此处的计算选择折线近似法。如图 7.10 所示,x_0 为每段输入的起始值(即采样点),y_0 为每段输入起始值对应的输出起始值,k_0 为每段折线的斜率,制作 3 个表分别存放 x_0、y_0 和 k_0。

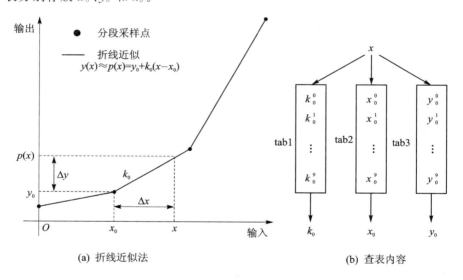

(a) 折线近似法 (b) 查表内容

图 7.10 混合查表法示意图

按照上文步骤三的方法用输入值 x 经过查表得到 x_0、y_0 和 k_0,然后按折线近似法计算出输入值 x 对应的输出值 y 的估计值 p,计算过程如下:

$$\left.\begin{aligned}\Delta x &= x - x_0 \\ \Delta y &= \Delta x \times k_0 \\ y(x) &\approx p(x) = y_0 + \Delta y\end{aligned}\right\} \tag{7.3}$$

可见,在增加较少存储空间存储每段折线斜率的前提下,通过增加两次加法、一次乘法计算就可以大大提高查表精度,但需要更多的计算时间。

如果需要在上述混合查表法的基础上再进一步提高精度,则有以下两种方法:

① 提高查表精度。

每段之间的计算仍然选择折线近似法，但是对输入值进行更加细密地分段采样，在查找表中预存更多的采样值 x_0、采样值对应的输出值 y_0 以及每段折线的斜率 k_0。采用该方法提高精度不会改变计算复杂度，所以计算时间不会增加，但需要占用更多的存储资源来存放表内容。

例如，将输入值范围从均匀划分为 10 段增加为 20 段，则表存储内容增加一倍。该情况下，混合查表法示意图可重新表示为图 7.11 所示。

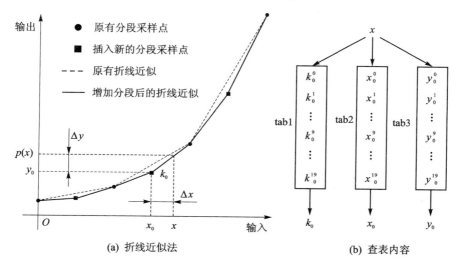

图 7.11 查表精度提高后的混合查表法示意图

② 提高计算精度。

如果保持分段及其采样点不变，则可使用更加复杂的计算方法来提高精度。将上述基于查表的折线近似计算法推广到更一般的情况，就是用插值法来估计复杂函数。下面以常用的 Newton 插值法为例进行介绍。

如果被估计的复杂函数为 $y=f(x)$，插值节点为 $(x_0, x_1, x_2, \cdots, x_{n-1})$，则使用 Newton 插值法对复杂函数进行估计的 n 次插值多项式可表示为

$$p_n(x) = c_0 + c_1(x-x_0) + c_2(x-x_0)(x-x_1) + \cdots + c_n(x-x_0)(x-x_1)\cdots(x-x_{n-1}) \tag{7.4}$$

式中：系数可用差商表示为

$$\left.\begin{aligned} c_0 &= f(x_0) \\ c_1 &= \frac{f(x_1)-f(x_0)}{x_1-x_0} \\ c_2 &= \frac{f(x_2)-f(x_0)-c_1(x_2-x_0)}{(x_2-x_0)(x_2-x_1)} \\ &\vdots \end{aligned}\right\} \tag{7.5}$$

在实际应用中，低次 Newton 插值应用更为普遍，一次和二次 Newton 插值多项

式表达式分别为

$$p_0(x) = c_0 + c_1(x - x_0)$$
$$p_1(x) = c_0 + c_1(x - x_0) + c_2(x - x_0)(x - x_1)$$

以上一次 Newton 插值多项式经过整理得

$$p_0(x) = c_0 + c_1(x - x_0) = f(x_0) + \frac{f(x_1) - f(x_0)}{x_1 - x_0}(x - x_0)$$

可见，一次 Newton 插值多项式就是上文提到的折线近似法。对该多项式进一步整理可得

$$f(x) \approx p_0(x) = a_0 + a_1 x \tag{7.6}$$

式中：$a_0 = f(x_0) - \frac{f(x_1) - f(x_0)}{x_1 - x_0} x_0, a_1 = \frac{f(x_1) - f(x_0)}{x_1 - x_0}$，这两个系数可事先根据插值节点离线计算出来，并不需要实时在线计算。

对比式(7.6)和式(7.3)可知，如果采用式(7.6)计算，只需要进行一次加法和一次乘法，且查找表中只需存储预先计算出的两组数据$(a_0^0, a_0^1, a_0^2, \cdots)$和$(a_1^0, a_1^1, a_1^2, \cdots)$即可，既减少了计算量，又节省了表存储空间。

以上二次 Newton 插值多项式经过整理得

$$\begin{aligned} f(x) \approx p_1(x) &= c_0 + c_1(x - x_0) + c_2(x - x_0)(x - x_1) = \\ &(c_0 - c_1 x_0 + c_2 x_0 x_1) + (c_1 - c_2 x_0 - c_2 x_1)x + c_2 x^2 = \\ &a_0 + a_1 x + a_2 x^2 \end{aligned} \tag{7.7}$$

式中：$a_0 = c_0 - c_1 x_0 + c_2 x_0 x_1, a_1 = c_1 - c_2 x_0 - c_2 x_1, a_2 = c_2$，这 3 个系数也可事先根据插值节点离线计算出来，并不需要实时在线计算。

相比折线近似法计算，使用二次 Newton 插值多项式计算可以提高计算精度。如果还以混合查表法估计对数函数 $f(x) = \log_2 x$ 为例，且保持输入值范围仍然被均匀划分为 10 段，如表 7.1 所示，则可分为 5 个插值区间[0.50～0.55～0.60]、[0.60～0.65～0.70]、[0.70～0.75～0.80]、[0.80～0.85～0.90]和[0.90～0.95～1.00]，每个插值区间包括 3 个采样点$[x_0 \sim x_1 \sim x_2]$。利用每个插值区间的采样点值 x_0、x_1 和 x_2 及其对应的函数值 $f(x_0)$、$f(x_1)$ 和 $f(x_2)$ 就可以计算出一组插值多项式系数 a_0、a_1 和 a_2。事先将 5 个插值区间对应的 5 组插值多项式系数全部计算出来，并存储到查找表中，该情况下，混合查表法示意图可重新表示为图 7.12 所示。

设输入值分别为 $x = 0.63$ 和 $x = 0.67$。显然，如果使用一次 Newton 插值，那么这两个输入值分别落入插值区间[0.60～0.65]和[0.65～0.70]，通过查表可获得两组插值多项式系数 $\begin{cases} a_0 = -2.129 \\ a_1 = 2.32 \end{cases}$，$\begin{cases} a_0 = -1.999 \\ a_1 = 2.12 \end{cases}$，然后使用一次 Newton 插值多项式 $p_0(x) = a_0 + a_1 x$ 可计算出对数函数的两个估计值；若使用二次 Newton 插值，则这两个输入值均落入插值区间[0.60～0.65～0.70]，通过查表可获得插值多项式系数 $a_0 = -2.909, a_1 = 4.82, a_2 = -2$，然后使用二次 Newton 插值多项式 $p_1(x) = a_0 +$

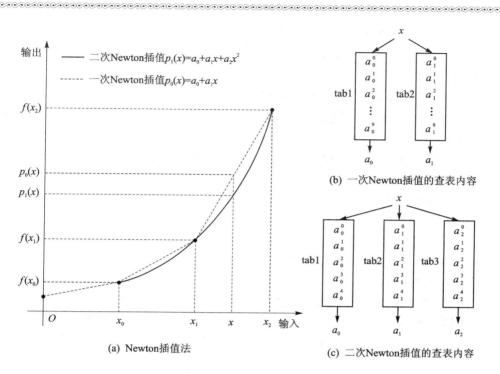

图 7.12 计算精度提高后的混合查表法示意图

$a_1x+a_2x^2$ 也可计算出对数函数的两个估计值。基于一次和二次 Newton 插值的混合查表法估计结果如表 7.2 所示,可见,在对输入数据进行相同分段和采样的情况下,二次 Newton 插值的计算精度比一次 Newton 插值的计算精度要高。

表 7.2 基于一次 Newton 插值和二次 Newton 插值的混合查表法估计结果对比

输入值 x	0.63	0.67
函数理想值 $f(x)$	-0.6666	-0.5778
一次 Newton 插值估计值 $p_0(x)$	-0.6674	-0.5786
二次 Newton 插值估计值 $p_1(x)$	-0.6662	-0.5774

7.4　硬件的时间和空间折衷

通过增加或升级处理器、存储器等硬件资源可以有效地提高系统执行速度,同时也会增加系统的复杂性,降低系统的可靠性,延长系统设计和实现周期,提高系统成本、体积和功耗等。硬件的时间和空间折衷就是要在系统执行速度和硬件资源使用带来的负面影响之间进行权衡和选择,从而使系统设计达到最优。

硬件时空折衷的一些基本原则和方法如下:

1. 修改算法和优化数据流程

优先通过修改算法和优化数据流程来提高硬件运行效率,而不是提高硬件性能和增加硬件资源。

2. 算法结构和计算方法的简化

算法结构和计算方法的简化是解决硬件时空矛盾的有效方法,其手段很多,此处只介绍几种最基本的手段。

① 要使算法的运行速度达到最大,就要求其计算是有规律且重复的,因为这样算法的数据和运算能分别在同时运行的多个处理单元上进行。

② 利用算法的对称性、周期性和重复性等规律性结构来重组算法,以简化算法并减少计算量。

③ 为了适应常用实时数字信号处理算法结构,DSP 和 FPGA 包含丰富的乘-累加单元,最擅长重复的乘-累加运算,因此,在实现某种算法时,要尽量将其运算结构转化为乘-累加的形式。

④ 在硬件中实现乘法功能也需要占用大量资源,在定点数运算中,还可进一步把乘法转化为移位和加法运算,以节约硬件资源。

在信号滤波和建模过程中,经常使用固定系数乘法,例如:

$$y = c_0 x_0 + c_1 x_1 + c_2 x_2 + c_3 x_3$$

式中:$c_0 = 0.2304, c_1 = -8.4864, c_2 = 2.4832, c_3 = 40.256$,为固定数值的系数,$x_i (i=0,1,2,3)$ 是输入,y 是输出。若准确到小数点后两位,则 4 个系数又可近似表示为

$$c_0 = 0.2304 \approx 0.234375 = 0.25 - 0.015625 = 2^{-2} - 2^{-6}$$
$$c_1 = -8.4864 \approx -8.484375 = -8 - 0.5 + 0.015625 = -2^3 - 2^{-1} + 2^{-6}$$
$$c_2 = 2.4832 \approx 2.484375 = 2 + 0.5 - 0.015625 = 2 + 2^{-1} - 2^{-6}$$
$$c_3 = 40.256 \approx 40.25 = 32 + 8 + 0.25 = 2^5 + 2^3 + 2^{-2}$$

由此可得

$$y \approx (2^{-2} x_0 - 2^{-6} x_0) + (-2^3 x_1 - 2^{-1} x_1 + 2^{-6} x_1) +$$
$$(2 x_2 + 2^{-1} x_2 - 2^{-6} x_2) + (2^5 x_3 + 2^3 x_3 + 2^{-2} x_3)$$

上式便可使用移位器和加法器这些占用硬件资源少的运算单元代替乘法器完成计算。在定点二进制数表示中,一个数与 2^n 相乘可转化为对该数进行左移 n 次操作,一个数与 2^{-m} 相乘可转化为对该数进行右移 m 次操作。可见,完成上式计算共需要进行 10 次加法运算和 11 次移位运算。

对上式的运算顺序进行调整,进一步归纳整理后可得

$$y \approx x_3 2^5 + (-x_1 + x_3) 2^3 + x_2 2 + (-x_1 + x_2) 2^{-1} +$$
$$(x_0 + x_3) 2^{-2} + (-x_0 + x_1 - x_2) 2^{-6}$$

完成该式计算还是需要进行 10 次加法运算,但移位运算减少到了 6 次。可见,

利用算法的规律性结构合并同类项后,大大减少了计算量和资源使用量。

3. 算法的并行结构和串行结构转换

在硬件设计中,在运算速度要求严格的条件下,常常考虑用并行结构实现算法,即采用多个处理单元、存储单元、总线和接口等硬件资源对多个数据或多个任务进行同时处理,并行结构是典型的以空间换时间的方法。

算法的串行结构一般是通过分时复用运算单元、存储单元、总线和接口等硬件资源来实现的,数据和任务分时占用硬件资源,串行结构最有效地使用了系统资源,减少了系统空间占用,但付出了时间代价。

在很多情况下,并不是绝对地使用并行结构或串行结构,而是结合系统资源和速度要求,在两者之间进行权衡,选择串并折衷的算法结构方案。下面仍以图 7.3 所示的 FIR 滤波器直接型结构的 FPGA 硬件实现为例,介绍算法的并行结构和串行结构折衷。

(1) 全并行实现

上文已经给出 12 阶 FIR 滤波器直接型结构的 FPGA 全并行实现结构,如图 7.6 所示。全并行结构最大限度地应用硬件资源,以换取最快的执行速度。在本例中共使用 12 个移位寄存器单元、12 个固定系数乘法器和 11 个加法器,一个时钟即可完成一次滤波运算,即 12 次乘法和 11 次加法。

(2) 全串行实现

由图 7.3 可知,FIR 滤波器直接型结构包含的基本运算操作为乘法和加法,乘法和加法也是最占资源的,因此,考虑分时使用一个乘法器和一个加法器完成滤波运算,以使资源使用量最少。12 阶 FIR 滤波器直接型结构的 FPGA 全串行实现结构如图 7.13 所示,其中,12 个移位寄存器单元用来存放滤波数据,12 个存储单元用来存储系数,输出端的寄存器暂存累加和,控制器实现对寄存器和存储器的存取控制。该结构工作时,首先向移位寄存器输入新滤波数据,同时所有数据依次向前更新;然后控制器依次选择系数地址和数据地址,分时利用乘法器和加法器完成 12 次乘-累加操作;最后输出滤波结果。可见,采用全串行结构至少需要 12 个时钟周期才能完成一次滤波计算。

(3) 串并折衷实现

如果使用全串行结构满足不了算法计算速度的要求,则需要考虑增添并行结构,以资源换速度。串行结构和并行结构折衷的原则就是,在满足算法运算速度要求的基础上,优先使用串行结构,以减少资源用量。12 阶 FIR 滤波器直接型结构的 FPGA 串并折衷实现结构如图 7.14 所示,将系数和数据分为 3 组,每组包括 4 个数据和 4 个系数,每组内采用串行结构计算,3 组之间是并行关系。该结构采用了 3 个乘法器和 3 个加法器,需要 4 个时钟周期计算完成一个有效的滤波器输出结果。

将上文所述的 FIR 滤波器直接型结构的 FPGA 全串行、全并行和串并折衷实现结构总结于表 7.3,可见使用硬件资源的多少和执行速度的快慢是成正比的。

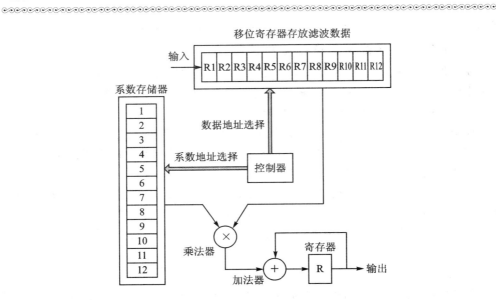

图 7.13　12 阶 FIR 滤波器直接型结构的 FPGA 全串行实现结构

表 7.3　FIR 滤波器直接型结构的 FPGA 串并折衷实现对比

结　构	乘法器使用数量	加法器使用数量	计算一个滤波输出结果使用的时钟数
全串行结构	1	1	12
串并折衷结构	3	3	4
全并行结构	12	11	1

4. 计算与查表的选择

同软件一样,计算与查表的选择也是硬件时间和空间折衷的方法。对运算速度要求苛刻,而且有丰富存储资源的场合,可以考虑使用查表的方法。硬件查表法同样是以占用较多存储空间为代价,来提高系统执行速度,从而节约时间的。下面以分布式算法为例来介绍硬件计算与查表的折衷。

得益于 FPGA 中查找表结构的潜能,分布式算法在滤波器设计方面显示出了很高的效率。分布式算法是基于查找表的一种计算方法,在利用 FPGA 实现实时数字信号处理方面发挥着重要的作用,可以大大提高信号的处理速度,主要应用于数字滤波、随机信号建模、数字频率合成等数字信号处理运算。

分布式算法推导如下:设 A_k 是已知常数,如滤波器系数、FFT 中的正弦或余弦基本函数等;$x_k(n)$ 是变量,可以看作是 n 时刻的第 k 个采样输入数据;$y(n)$ 代表 n 时刻的系统响应,那么它们的内积为

$$y(n) = \sum_{k=1}^{N} A_k x_k(n) \tag{7.8}$$

把数据格式转换为二进制补码形式,则有

第 7 章 实时数字信号处理系统的折衷设计

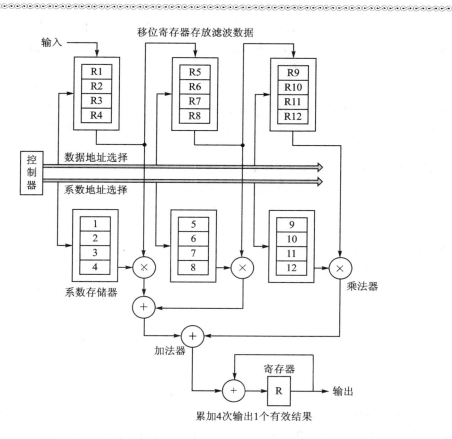

图 7.14 FIR 滤波器直接型结构的 FPGA 串并折衷实现结构

$$x_k(n) = -2^{B-1}x_{k(B-1)}(n) + \sum_{b=0}^{B-2}x_{kb}(n)2^b \qquad (7.9)$$

式中：$x_{kb}(n)$ 为二进制数，取值为 0 或 1；$x_{k(B-1)}(n)$ 是符号位，为 1 时表示数据为负，为 0 时表示数据为正；b 取值从 0 到 $B-1$，代表数据的位数。将式(7.9)代入式(7.8)可得

$$y(n) = \sum_{k=1}^{N}A_k x_k(n) = \sum_{k=1}^{N}\left[-2^{B-1}x_{k(B-1)}(n)A_k + \sum_{b=0}^{B-2}A_k x_{kb}(n)2^b\right] \qquad (7.10)$$

省略时间标识 n，上式可展开为

$$\begin{aligned}
y = &[A_1 x_{10} + A_2 x_{20} + \cdots + A_N x_{N0}]2^0 + \\
&[A_1 x_{11} + A_2 x_{21} + \cdots + A_N x_{N1}]2^1 + \\
&[A_1 x_{12} + A_2 x_{22} + \cdots + A_N x_{N2}]2^2 + \\
&[A_1 x_{13} + A_2 x_{23} + \cdots + A_N x_{N3}]2^3 + \cdots + \\
&[A_1 x_{1(B-2)} + A_2 x_{2(B-2)} + \cdots + A_N x_{N(B-2)}]2^{B-2} + \\
&[A_1 x_{1(B-1)} + A_2 x_{2(B-1)} + \cdots + A_N x_{N(B-1)}](-2^{B-1}) \qquad (7.11)
\end{aligned}$$

这样就可以通过建立查找表来实现上式 B 个中括号中的运算,查找表可用所有输入变量的位进行寻址。x_{kb} 为查找表的输入,输出为上式中括号中的值,然后加权相加即得到最终的滤波器输出值。

根据以上分析,中括号中的每一乘积项都代表输入变量的某一位 x_{kb} 与常量 A_k 的二进制"与"操作,加号代表算术和操作,指数因子对中括号中的值加权。如果事先构造一个查找表,该表存储着中括号中所有可能的组合值,则可以通过所有输入变量相对应位的组合向量 $x_{Nb}, x_{(N-1)b}, \cdots, x_{2b}, x_{1b}$ 来对该表进行寻址,该查找表称为分布式算法查找表(DALUT)。分布式算法查找表的结构如表 7.4 所列。

表 7.4 分布式算法查找表的结构

输入的查表地址					表地址对应的存储值
x_{Nb}	$x_{(N-1)b}$	$\cdots$	x_{2b}	x_{1b}	
0	0	$\cdots$	0	0	$A_1 \times 0 + A_2 \times 0 + \cdots + A_N \times 0$
0	0	$\cdots$	0	1	$A_1 \times 1 + A_2 \times 0 + \cdots + A_N \times 0$
0	0	$\cdots$	1	0	$A_1 \times 0 + A_2 \times 1 + \cdots + A_N \times 0$
$\vdots$	$\vdots$	$\vdots$	$\vdots$	$\vdots$	$\vdots$
b_N	b_{N-1}	$\cdots$	b_2	b_1	$A_1 \times b_1 + A_2 \times b_2 + \cdots + A_N \times b_N$
$\vdots$	$\vdots$	$\vdots$	$\vdots$	$\vdots$	$\vdots$
1	1	$\cdots$	1	0	$A_1 \times 0 + A_2 \times 1 + \cdots + A_N \times 1$
1	1	$\cdots$	1	1	$A_1 \times 1 + A_2 \times 1 + \cdots + A_N \times 1$

在 FPGA 中实现分布式算法的硬件结构如图 7.15 所示,可以采用状态机来控制该结构的运行,状态机包括以下 3 个状态,在同步时钟控制下状态顺序转移。

S0 状态:该状态完成输入数据的装入。首先,输入数据 $x_1(n), x_2(n), \cdots, x_N(n)$ 依次并行移入数据寄存器,然后,每个数据再按位依次移入串行移位寄存器,数据完全移入后状态转移到 S1。

S1 状态:该状态分别完成查表、查表结果加权和累加、所有数据向右串行移动 1 位,在输入数据所有位都被移出串行移位寄存器并完成了查表功能后,则状态转移到 S2,否则在 S1 状态循环。由于加权值是 2 的倍数,因此,查表结果加权既可以用乘法来实现,也可以用移位的方法来实现。

S2 状态:该状态输出最终结果 $y(n)$,并将状态转移到 S0。

在类似式(7.8)的算法结构中,如果包含较多乘-累加运算,且输入数据的位宽较少,则分布式算法的执行速度远高于用乘-累加器直接计算的方法。利用 FPGA 实现分布式计算可以大大提高计算速度,在高速信号处理中发挥着重要作用。

5. 流水线操作

流水线处理是高速设计中的一个常用设计手段。如果某个算法的处理流程可以分为若干步骤,而且整个数据处理是"单流向"的,即没有反馈或者迭代运算,前一个

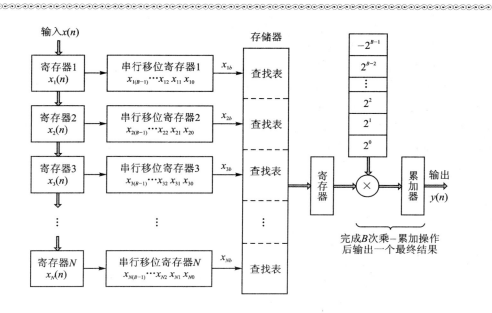

图 7.15 在 FPGA 中实现分布式算法的硬件结构

步骤的输出是下一个步骤的输入,则可以考虑采用流水线设计方法来提高系统的工作频率。流水线设计的结构示意图如图 7.16 所示。

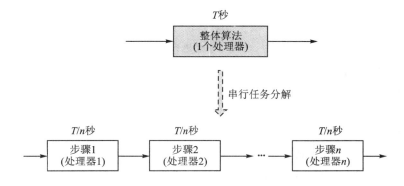

图 7.16 流水线设计的结构示意图

(1) 基本结构分配

将整体算法适当划分为 n 个操作步骤,并将其单流向串联起来。相应地复制 n 个处理单元,每个处理单元完成一个操作步骤,并且所有的处理单元同时工作。如果将每个操作步骤简化假设为通过一个触发器,那么流水线操作就类似一个移位寄存器组,数据流依次流经每个触发器,完成每个步骤的操作。

(2) 处理时间分配

若在一个处理单元上运行整体算法需要 T 秒,那么将整体算法均匀拆分为 n 个子算法,每个子算法在相同的处理单元上运行则需要 T/n 秒。如果所有的子处理单元同时工作,则在流水线上运行整体算法只要 T/n 秒。

(3) 处理时序

一个四级流水线设计时序示意图如图 7.17 所示。就单独每个数据 A、B、C、D、E 而言,从进入流水线到全部处理步骤结束,共耗时 $T_s \times 4$。因为流水线内同时有 4 个处理步骤在同时进行,所以流水线每 T_s 周期就会有一个数据完成处理。但在流水线工作的开始会产生一个流水线延迟 $T_d = T_s \times 4$,即第一个数据通过流水线所耗费的时间。此后,流水线便每隔 T_s 输出一个结果。

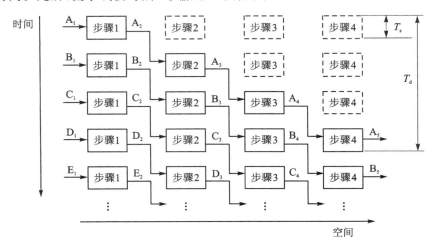

图 7.17 四级流水线设计时序示意图

(4) 特点和基本要求

从空间上看,将在一个处理器上执行的整体算法按先后执行顺序划分为多个处理步骤,并将多个处理步骤分配到多个处理器;从时间上看,数据流在各个步骤的处理是连续的,并且在每一个时刻,所有的步骤都同时进行操作。

(5) 流水线设计的关键

要求每个操作步骤的划分合理,尽量使每个操作的用时一致。如果前级操作时间恰好等于后级的操作时间,那么设计最为简单,速度也最快,前级的输出直接汇入后级的输入即可。如果前级操作时间大于后级的操作时间,则需要对前级的输出数据适当缓存,才能汇入后级的输入端。如果前级操作时间恰好小于后级的操作时间,则必须通过复制处理单元,将数据流分流,或者在前级对数据采用存储和预处理方式以降低数据率,否则会造成后级数据溢出。

流水线处理方式之所以频率较高,是因为复制了处理模块,它使在时间上依次串行执行的各个操作得以在流水线各个环节上同时执行。它是硬件时空折衷的又一种具体体现。

下面举例说明流水线结构及其工作原理。多项式乘除法运算不仅在信号处理中

第 7 章 实时数字信号处理系统的折衷设计

用到,而且在系统控制、编码理论等许多领域中也是需要的。多项式乘法可以归结为卷积运算,而除法情况相对复杂。

对于下面的 m 次多项式 $A(x)$ 和 n 次多项式 $B(x)$(其中,$m>n$):

$$A(x) = a_0 x^m + a_1 x^{m-1} + \cdots + a_m \tag{7.12}$$

$$B(x) = b_0 x^n + b_1 x^{n-1} + \cdots + b_n \tag{7.13}$$

其商多项式 $Q(x)$ 和剩余多项式 $R(x)$ 由下式来定义:

$$A(x) = B(x)Q(x) + R(x), \quad \deg R(x) < \deg B(x)$$

该除法的第 1 步计算如下:

$$
\begin{array}{r}
q_0 x^{m-n} \\
b_0 x^n + b_1 x^{n-1} + \cdots + b_n \overline{\smash{\big)}\, a_0 x^m + a_1 x^{m-1} + \cdots + a_n x^{m-n} + \cdots + a_m} \\
\underline{a_0 x^m + c_1 x^{m-1} + \cdots + c_n x^{m-n} (-)} \\
0 x^m + a_0^1 x^{m-1} + \cdots + a_{n-1}^1 x^{m-n} + \cdots + a_{m-1}^1
\end{array}
\tag{7.14}
$$

式中:$b_0 \neq 0$;$q_0 = a_0/b_0$;$c_1 = b_1 \times q_0, \cdots, c_n = b_n \times q_0$;$a_0^1 = a_1 - c_1, \cdots, a_{n-1}^1 = a_n - c_n$。

然后,将 $A(x)$ 换成 $A^1(x) = a_0^1 x^{m-1} + \cdots + a_n^1 x^{m-n} + \cdots + a_{m-1}^1$,重复第 1 步的操作,到第 $m-n+1$ 步,得到 $Q(x)$ 和 $R(x)$:

$$
\begin{array}{r}
q_0 x^{m-n} + q_1 x^{m-n-1} + \cdots + q_{m-n} = Q(x) \\
b_0 x^n + b_1 x^{n-1} + \cdots + b_n \overline{\smash{\big)}\, a_0 x^m + a_1 x^{m-1} + \cdots + a_n x^{m-n} + \cdots + a_m} \\
\underline{a_0 x^m + c_1^1 x^{m-1} + \cdots + c_n^1 x^{m-n} (-)} \\
0 x^m + a_0^1 x^{m-1} + \cdots + a_{n-1}^1 x^{m-n} + \cdots + a_{m-1}^1 \\
\vdots \\
\underline{a_0^{m-n} x^n + c_1^{m-n+1} x^{n-1} + \cdots + c_n^{m-n+1} (-)} \\
0 x^n + a_0^{m-n+1} x^{n-1} + \cdots + a_{n-1}^{m-n+1} = R(x)
\end{array}
\tag{7.15}
$$

式中:$b_0 \neq 0$,$q_{m-n} = a_0^{m-n}/b_0$。

从上述公式可以看出,进行多项式除法的核心运算是除法、乘法和减法,且这 3 种运算是重复进行的。由此可以想到,流水线各个环节动作应该包括除法、乘法和减法。

在 $m=4,n=2$ 情况下的多项式除法流水线结构如图 7.18 所示。在此情况下,需要进行 3 步上述计算,每步计算要完成 1 次 $q=a/b$、5 次 $a'=a-qb$,所以设计了 3 个流水线计算单元,每个流水线计算单元要完成 1 次 $q=a/b$、5 次 $a'=a-qb$,数据依次流过各个流水线计算单元,3 个计算单元同时进行运算。

左边第 1 个单元对最早的输入 b_0 计算得 q_0 并存储下来,然后按顺序从右侧端子输出 $0, a_0^1, \cdots, a_{m-1}^1$。

左边第 2 个单元在 a_0^1 尚未来到其左侧端子以前,需要等待其下侧端子的输入 b_0 来到,延时两个时钟周期后,a_0^1、b_0 同时到达左侧和下侧端子,然后由 a_0^1、b_0 计算得 q_1 并存储,然后按顺序从右侧端子输出 $0, a_0^2, \cdots, a_{m-2}^2$。

以后重复这个过程,经过 8 个时钟周期计算结束。

每个单元的首次计算需要两个时钟周期,第 1 个时钟周期计算 $q=a/b$,第 2 个

时钟周期计算 $a'=a-qb$，把 q 值储存，以后计算时只需进行 $a'=a-qb$ 即可。

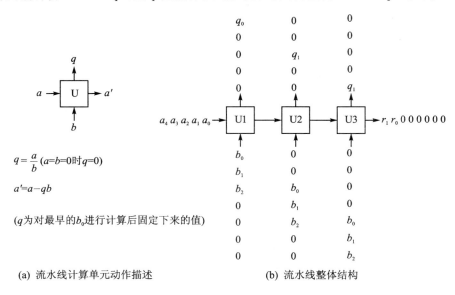

(a) 流水线计算单元动作描述　　　　　　　(b) 流水线整体结构

图 7.18　多项式除法流水线结构

7.5　其他类型折衷

1. 模拟和数字的折衷

模拟和数字折衷是信号处理系统设计中碰到的第一个选择，选择了数字方式才有进一步的软件和硬件折衷的问题。在 5.1 节已经对比采用模拟方式和数字方式实现信号处理的优缺点，从 5.1 节中的表 5.1 可以看出，在大多数情况下，数字方式明显优于模拟方式，信号处理系统数字化是发展的必然趋势。但是，自然界的各种物理量都是连续信号，在传感器和仪器仪表中，这些物理量的模拟处理方式必不可少。因此，在设计信号处理系统时，必须考虑功能、性能和成本等要求，在模拟和数字实现方式之间进行选择。

模拟和数字折衷的一些基本原则和方法有：

① 如果系统功能单一、计算简单，可以优先考虑模拟方式实现；

② 若系统设计把复杂度、可靠性、成本、功耗和体积等因素放在第一位，则可以尽量简化系统功能和处理算法，然后采用模拟方式实现；

③ 如果部分算法较复杂，必须采用数字方式，则应尽可能地把更多模拟处理环节转换为数字方式；

④ 在传感器和仪器电路中，对于敏感信号的传输通道（包括调理、放大、滤波等），应尽可能地将数字电路前移，靠近信号源头、缩短模拟通道，以最大限度地避免

温度、电磁等环境因素对信号的影响;

⑤ 由于模/数转换器和数/模转换器的转换速率和分辨率的限制,有些高频信号、宽带信号和微弱小信号无法直接转换成数字信号处理,也要使用模拟处理方式,或进行模拟变频、滤波和放大处理后,再转换成数字信号处理。

下面以自动控制系统中常用的比例-积分-微分(PID)调节器设计为例,介绍信号处理系统的模拟和数字实现。

连续 PID 调节器原理如图 7.19 所示,其输入与输出之间的关系式为

$$u(t) = K_p e(t) + K_i \int_0^t e(t) \mathrm{d}t + K_d \frac{\mathrm{d}e(t)}{\mathrm{d}t} \tag{7.16}$$

式中: K_p、K_i 和 K_d 分别称为比例系数、积分系数和微分系数,$e(t)$ 为被调节量,$u(t)$ 为调节器输出。

连续 PID 调节器可以用模拟电路来实现,如图 7.20 所示,利用运算放大器和阻容器件实现了连续信号的比例调节、积分和微分运算。电路的输入和输出关系表达式为

$$u(t) = -\left(\frac{R_2}{R_1} + \frac{C_1}{C_2}\right) e(t) - \frac{1}{R_1 C_2} \int_0^t e(t) \mathrm{d}t - R_2 C_1 \frac{\mathrm{d}e(t)}{\mathrm{d}t} \tag{7.17}$$

式中: 比例系数、积分系数和微分系数分别为 $K_p = -\left(\frac{R_2}{R_1} + \frac{C_1}{C_2}\right)$,$K_i = -\frac{1}{R_1 C_2}$,$K_d = -R_2 C_1$。因此,通过调节阻容器件的阻值和容值就可以得到所需的 PID 调节器参数。

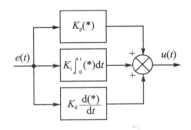
图 7.19 连续 PID 调节器原理框图

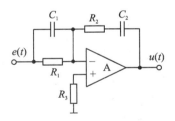
图 7.20 连续 PID 调节器的模拟电路实现

对连续 PID 调节器系统和信号进行离散化可得数字 PID 调节器,其 Z 域传递函数模型如图 7.21 所示,输入与输出之间的时域关系式为

$$u(k) = K_p e(k) + K_i \sum_{j=0}^{k} e(j) + K_d [e(k) - e(k-1)] \tag{7.18}$$

可见,数字 PID 调节器可以由数字乘法器、数字积分功能和数字微分功能组合而成,其实现如图 7.22 所示。

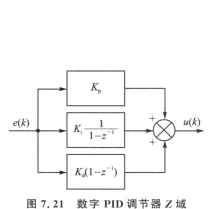
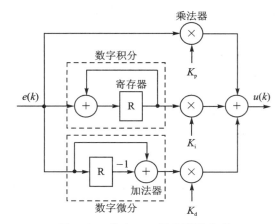

图 7.21　数字 PID 调节器 Z 域传递函数模型　　图 7.22　数字 PID 调节器的实现

2. 小型化设计的综合折衷

无论在商用仪器仪表和传感器中，还是在武器装备和航天系统中，小型化是实时数字信号处理系统的发展趋势。系统小型化的手段主要有：

- 使用微小型器件；
- 数字化和软件化设计；
- 系统集成；
- 系统功能精简；
- 系统结构简化和性能下调等。

系统体积的减小会对重量、功耗、精度和速度等指标产生影响，因此，需要在多个指标之间进行权衡和选择。下面以一个多传感器数字信号处理系统的结构简化设计为例，来讨论减小体积与其他系统指标的折衷。

一个典型的多传感器实时数字信号处理系统如图 7.23(a)所示，为每个传感器都分配独立的信号处理通道，每路信号处理采用的是 FPGA 配合 DSP 或 MCU 的结构，这是因为在很多传感器和仪器中，既需要产生精确的时序信号或完成高速并行信号处理，这是 FPGA 所擅长的，又要进行便于 DSP 或 MCU 实现的复杂任务控制和调度。下面分步骤介绍系统结构简化的方法和各项指标之间的折衷。

(1) 压缩处理器的种类

对比图 7.23(a)和图 7.23(b)，将系统中的处理器种类压缩后体积会减小，但需要把不同处理器上实现的功能都移植到一种处理器上，这将会增加设计难度和周期，提高设计成本。

(2) 共用处理器

进一步采用共用处理器技术，把相同种类的多个处理器上的任务合并到一个更高性能的处理器里,形成单处理器的多通道结构,如图7.23(c)所示。在实现相同功能的前提下,大大压缩处理器和存储器的数量,减小了系统的体积,但是,系统重量、功耗、成本和可靠性指标往往也随之下降。

(3) 分时复用处理器

如果各个传感器的信号处理通道是相同的,则可采用分时复用处理器结构,该结构是多通道信号处理系统的最小配置,如图7.23(d)所示。多个传感器分时使用一路信号处理通道(包括输入、输出接口),进一步压缩了资源使用量,减小了系统体积、功耗和成本,但系统处理速度将大幅下降。

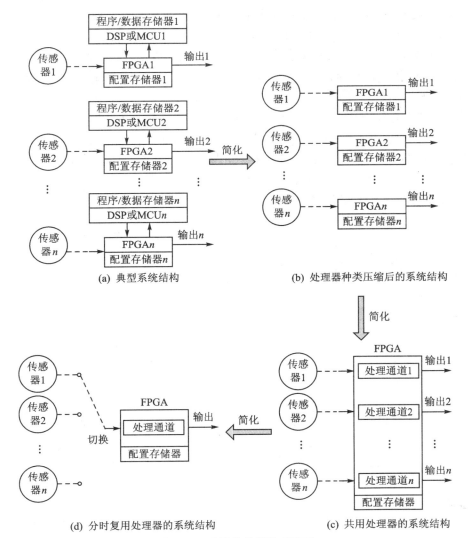

图 7.23 系统结构简化示意图

3. 高可靠设计的综合折衷

在核电、航空和航天等领域,实时数字信号处理系统是敏感信息分析、处理和执行机构控制的中心,其故障常常会带来非常严重的灾害和无法挽回的损失,所以对系统的可靠性要求非常高。在系统设计时,为提高可靠性指标,有可能要牺牲系统的某些功能和性能或占用更多的资源,这就要考虑多种因素进行综合折衷。系统可靠性分析和设计有一套完整的理论体系,本书只给出两种基本方法,作为系统折衷设计的参考。

(1) 系统简化

该方法以牺牲系统功能、精度和速度为代价,降低系统复杂性,减少系统元件数量,下调系统工作频率,从而达到提升系统稳定性和可靠性的目的。

例如,在实时数字信号处理系统中,经常会使用数字信号处理器和 DAC 来产生信号波形,典型应用如 DDS(Direct Digital Synthesizer),该方法能产生各种频率、幅值和相位的周期信号。如果产生的是正弦信号,信号波形产生系统结构如图 7.24 所示。在数字信号处理器中可以采用计算的方法,逐点计算出正弦序列,也可以事先将每个采样点的正弦信号值存储在查找表中,采用查表的方法得到正弦序列,然后将正弦序列送到 DAC 中产生正弦信号波形。信号的基本动态范围是由 DAC 的位数决定的,DAC 位数每增加 1 位,则信号动态范围便可扩大 1 倍。图 7.24 中采用了 4 位 DAC,用 4 位数字量来量化整个正弦信号幅值。

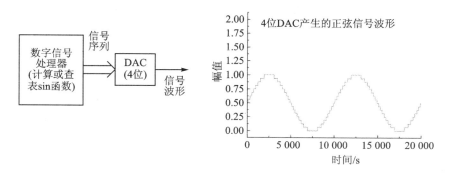

图 7.24 正弦信号波形产生系统

在某些场合,由于 DAC 速度、精度、接口和供电等因素的限制,导致无法选择更高位数的 DAC,但是可以采用信号模拟叠加的方式来等效扩展 DAC 位数,增加信号动态范围。扩展动态范围的正弦信号波形产生系统如图 7.25 所示,将正弦序列分解为两部分,分别进入两个 4 位的 DAC,产生两个幅值相等的上半正弦波和下半正弦波,然后再使用模拟加法器将两部分波形合并成完整的正弦信号。此时,是用 4 位数字量量化了正弦信号的一半幅值,则完整正弦信号的动态范围等效于使用 5 位 DAC 得到的动态范围。

在本例的设计和实现过程中就有可能涉及可靠性和动态范围的折衷。对比

第7章　实时数字信号处理系统的折衷设计

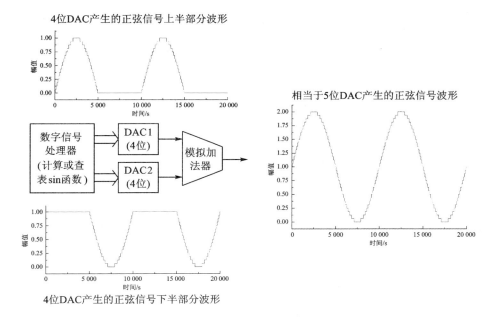

图 7.25　扩展动态范围的正弦信号波形产生系统

图 7.24 和图 7.25 可知，为了扩大动态范围多使用了一个 DAC 和一个模拟加法器，这就增加了系统的复杂性，降低了系统的可靠性。此外，本例还可能会涉及小型化和动态范围的折衷、成本和动态范围的折衷等问题。

（2）系统关键环节和薄弱环节的冗余设计

该方法通过占用更多系统资源来提高可靠性。提升可靠性指标的同时，系统成本、体积和速度等指标均劣化，这就需要在这些指标之间进行折衷。

在基于设计的提高可靠性的技术中，冗余设计技术应用较多，发展也较成熟。冗余的方法主要有硬件冗余和时间冗余等。

1）硬件冗余

在硬件冗余技术中应用最为广泛的是硬件三模冗余（triple module redundancy）。经典的三模冗余故障容错技术是基于"多数表决"的思想，其结构如图 7.26 所示。对系统薄弱环节进行复制，同一个输入进入 3 个相同模块，3 个输出送到多数表决器进行结果判断，最后把多数表决器的输出作为冗余系统的输出。如果 3 个冗余模块全部正常工作，或者三者中有两个正常工作，则都可以保证整个系统正常工作。

完全硬件三模冗余至少需要 3 倍于原始设计所需的硬件资源，大大增加了系统资源的开销，导致系统成本、体积和功耗的增加；由于结构复杂化，也导致系统的运行速度下降。更多情况下是采用选择性三模冗余和局部三模冗余，对不同的薄弱环节进行优先级排序，并将薄弱环节从系统级电路分解到底层电路，最后只对高优先级薄弱环节中的局部电路进行冗余。这样就便于在可靠性和其他指标之间找到折衷的平

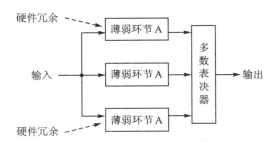

图 7.26 硬件三模冗余示意图

衡点。

2) 时间冗余

时间冗余主要用于提高实时数字信号处理系统的抗瞬态干扰能力。时间三模冗余结构如图 7.27 所示，对于同一个输入，在关键环节中分时（CLK_0，CLK_{0+T}，CLK_{0+2T}）进行 3 次重复处理，并将每次处理的结果寄存在不同的寄存器中，然后将寄存器结果送入多数表决器进行结果判断，3 个结果中只要有两个没有受到瞬态干扰，表决器就会输出正确结果。显然，时间冗余显著增加了系统的延时，并使用了更多的系统资源。

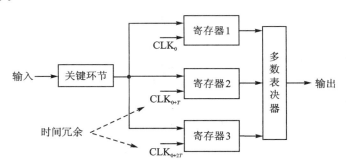

图 7.27 时间三模冗余示意图

第8章 实时数字信号处理算法的开发

8.1 实时数字信号处理算法的概念和性能分析

从广义上讲,算法是对特定问题求解步骤的一种描述,是解决特定问题的方法。在实时数字信号处理系统中,算法就是将一组数据变换到另外一组数据的映射和运算方法,包含了运算的具体实现步骤。

数字信号处理算法一般将复杂的运算或映射分解为多个有先后关系的子运算或子任务,根据各个子运算之间的执行顺序,可以把算法分为顺序执行和并行执行两大类。实时数字信号处理算法的基本类型如图 8.1 所示,顺序执行的算法每个时刻只有一个子运算在执行,而并行算法每个时刻则有多个并行的子运算在执行。并行算

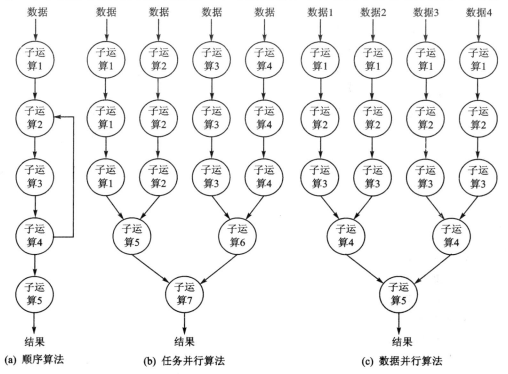

图 8.1 实时数字信号处理算法的 3 种基本类型

法还可以进一步分为任务并行和数据并行两类,任务并行是指在不同的处理器上同时运行不同的任务,且每个任务对所有的数据都进行操作。数据并行是指在不同的处理器上同时运行多个相同的任务,各个任务只对部分数据进行操作。

由于算法就是运算的具体方法和步骤,所以一个可执行、可实现的算法还应具备以下几个基本特性:

- 一个算法应包含有限的操作步骤和执行指令,而不是无限的;
- 算法的含义应当是唯一的,不应该产生歧义,算法中的每个步骤应当是明确的、确定的,不能是模棱两可的;
- 算法的每一个步骤和指令都应当能有效执行,并得到确定结果;
- 算法至少要有一个输出结果。

同样的运算可以有多种不同的算法实现方法,方法之间有优劣之分,一般希望采用结构简单、运算步骤少的算法,这些算法往往具有重复性、规律性和并行性等特点,这就涉及算法性能的评估。一般采用算法复杂度来衡量算法性能,可以从空间和时间两个角度来考虑算法复杂度,如下:

- 算法的空间复杂度指算法在执行时所占用的处理器、存储器、总线和接口等硬件资源的种类和数量;
- 算法的时间复杂度是指软件和硬件运行所需的时间,主要指算法所执行操作的数量和每个操作的执行时间。

在仪器和传感器系统中,实时数字信号处理算法的空间和时间复杂度主要受以下一些因素的影响:

1. 运算和任务的种类与数量

算法中运算和任务的多样性会增加算法的复杂度,因为种类繁多的运算和任务很难用简单而规则的结构来实现,需要占用多种硬件资源或使用多种软件指令;而运算和任务的总数量以及复杂运算和任务的数量也是决定算法复杂度的重要因素。下面举例说明。

例如,某类数字闭环光纤角速度传感器的实时数字信号处理算法功能如图 8.2 所示,完成的主要运算和操作任务包括如下 7 部分:

- 输入信号滤波和输出信号滤波;
- 调制信号的相关检测;
- 比例和积分控制;
- 参数温度误差建模和补偿;
- 随机信号产生;
- 方波和阶梯波等调制波形产生;
- 数/模转换器、模/数转换器和开关控制器等器件的时序控制信号产生。

其中,调制波形产生、时序控制信号产生、随机信号产生和相关检测便于在 FPGA 或 CPLD 中完成,而参数建模和补偿、系统控制和信号滤波在 DSP 或 MCU 中实现更为简单。显然,如此种类繁多的运算和任务在实现时将导致处理器、存储器和接口等硬件资源种类和数量的增加,从而增加算法的空间复杂度。

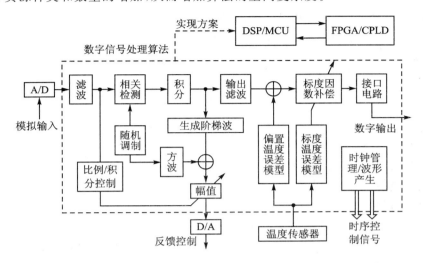

图 8.2 数字闭环光纤角速度传感器的实时数字信号处理算法框图

例如,与基本的加法、减法和乘法等运算相比,开方运算就要复杂得多。开方运算可以采用非线性方程的迭代解法来求取近似值,下面以 Newton 迭代法为例介绍开平方运算。

求解一个正数 a 的平方根可以表示为 $x=\sqrt{a}$,这与求非线性方程 $f(x)=x^2-a=0$ 的近似解是等效的。采用 Newton 迭代法求解该非线性方程解的迭代公式为

$$x_{n+1} = x_n - \frac{f(x_n)}{f'(x_n)} = \frac{x_n + a/x_n}{2}, \quad n = 0, 1, \cdots, k-1 \tag{8.1}$$

一般可设迭代解的初值为 $x_0=a$,当迭代解满足 $x_k^2-a \leqslant u$ 时,则得到正数 a 开平方的近似解 $x_k \approx \sqrt{a}$。这里,u 为事先约定的允许近似误差。

从式(8.1)可知,每次迭代需要进行 1 次加法、1 次除法和 1 次右移位。若需要迭代 k 次,则共需要完成 k 次加法、k 次除法和 k 次移位才能得到开方近似解。若令 $a=5,k=3$,则迭代计算过程如下:

$$x_0 = 5 \text{(赋初值)}$$

$$x_1 = \frac{x_0 + a/x_0}{2} = 3 \text{(第 1 次迭代)}$$

$$x_2 = \frac{x_1 + a/x_1}{2} = \frac{7}{3} \approx 2.33 \text{(第 2 次迭代)}$$

经过第 2 次迭代得到 $\sqrt{5}$ 的一个估计值 2.33,对比直接计算值 $\sqrt{5} \approx 2.24$,估计误差的绝对值为 0.09,相对值为 4%,在某些场合这已是可以容忍的计算误差了。

此外,如果不是提前设定好迭代次数 k,而是通过每次迭代后检测表达式 x_n^2-

$a \leqslant u$ 是否成立来确定迭代是否结束,则求开平方运算的计算量和操作还将大幅增加。

2. 算法结构的顺序性、规律性和重复性

具有顺序性、规律性和重复性的算法结构是简单的,如线性卷积、线性相关、常系数 FIR 滤波器等。反之,算法中具有较多分支、判断、反馈、嵌套等结构,或算法结构和参数没有规律,甚至需要实时进行调整,则会增加算法复杂度。例如,自适应滤波器和时变最佳线性滤波器的算法结构和参数就依赖于输入数据的特性,并会实时发生变化。

3. 运算的动态范围和精度

在数字信号处理器底层操作中,数据是用二进制数表示的,数据的总位数代表该数据字长。算法的动态范围和精度共同决定了数据的字长,字长的增加也会导致算法复杂度的增加。

在 DSP 和 FPGA 等处理器中,算术逻辑运算单元(ALU)、乘法器、寄存器、总线和接口等硬件资源的位宽是有限的,如果处理的数据字长太长,就要利用"并串转换"和"串并转换"的方法把数据分段处理。对于一个标准位宽是 N 位的运算单元,根据动态范围和精度的要求,所处理的数据是 $2N$ 位字长,则处理过程中数据要分段为高 N 位和低 N 位分别处理,最后再重新组合成 $2N$ 位结果。这样不仅使运算过程复杂化,而且增添了额外的存储和调度操作,从而增加了算法的时间和空间复杂度。

例如,在 TMS320C54X 系列定点 DSP 中进行 64 位加和 32 位乘扩展精度运算(见图 8.3),两个 64 位数相加需要两次 32 位加和 1 次进位位加,两个 32 位数乘要分别进行 1 次乘、3 次乘-累加和两次移位操作。32 位整数乘的汇编程序如下所示,其

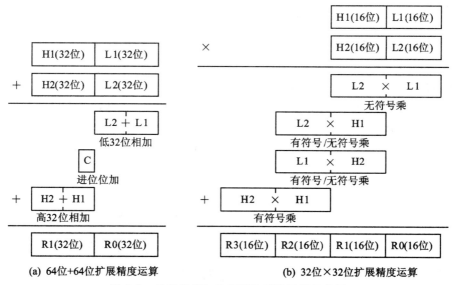

(a) 64位+64位扩展精度运算　　　　(b) 32位×32位扩展精度运算

图 8.3　扩展精度加法运算和乘法运算示意图

中,[H1,L1]和[H2,L2]分别为两个32位操作数,[R3,R2,R1,R0]为64位乘积,注意有符号/无符号乘指令 MACSU、无符号乘指令 MPYU 和移位操作指令 LD 的使用。

```
STM      #L1,AR2              ;AR2 = L1 的地址
STM      #L2,AR3              ;AR3 = L2 的地址
LD       *AR2,T               ;T = L1
MPYU     *AR3+,A              ;A = L1 * L2
STL      A,@R0                ;保存 R0
LD       A,-16,A              ;A = A >> 16
MACSU    *AR2+,*AR3-,A        ;A = L1 * L2 >> 16 + L1 * H2
MACSU    *AR3+,*AR2,A         ;A = L1 * L2 >> 16 + L1 * H2 + H1 * L2
STL      A,@R1                ;保存 R1
LD       A,-16,A              ;A = A >> 16
MAC      *AR2,*AR3,A          ;A = (L1 * H2 + H1 * L2) >> 16 + H1 * H2
STL      A,@R2                ;保存 R2
STH      A,@R3                ;保存 R3
RET
```

此外,从7.3节和7.4节介绍的查表法中也可看出,运算的动态范围和精度要求越高,表的规模就越大,算法的空间复杂度也就越高。

4. 算法实时性要求

对于实时性要求高的算法,意味着要在单位时间间隔内完成更多的运算和操作,处理更多的数据,通常都会用到软件和硬件时空折衷的方法调整算法结构以及增加和升级硬件资源来加快算法执行速度,提高系统吞吐量。

5. 处理数据的种类和数量

处理数据的种类和数量对算法复杂度的影响是显而易见的。处理数据的数量越多,则算法的运算时间越长,这就增加了算法的时间复杂度;处理数据的种类越多,则越有可能要增加不同的存储方式和计算方法来分别处理,有时还需要将不同种类的数据进行相互转换,这些都将增加算法的空间复杂度;而有些种类的数据处理本身就相对复杂。下面举例说明。

例如,从5.3节的介绍可知,在定点数字信号处理器中,浮点格式的数据处理比定点格式的数据处理要复杂。对于图5.7和表5.3中的IEEE单精度浮点数格式,其典型浮点数加法运算单元(FPU)结构和运算举例如图8.4所示,主要操作步骤如下:

① 分别判断两个操作数的指数位 $e[30:23]$ 是否为全零。如果为全零,则将分数位 $f[22:0]$ 增加1位取值为"0"的最高位,形成尾数 $m[23:0]$;否则将分数位 $f[22:0]$ 增加1位取值为"1"的最高位,形成尾数 $m[23:0]$。

② 将两个操作数的指数 e_1,e_2(假设 $e_1 \geqslant e_2$)统一到较大的指数值 e_1,并计算 e_1-e_2。

③ 根据指数 e_2 的调整,将尾数 m_2 进行规整,即将尾数 $m_2[23:0]$ 右移 e_1-e_2 位。

④ 判断两个操作数的符号位 s_1 和 s_2 是否相同,如果相同,则两个规整后的尾数相加 m_1+m_2,否则两个规整后的尾数相减 m_1-m_2。

⑤ 结果的尾数必须左移或右移 n 位,以便使尾数归一化,即符合表 5.3 所列的格式 $m_r=(1.f_r)$ 或 $m_r=(0.f_r)$,这样就可以提取出结果的分数位 f_r。

⑥ 根据尾数归一化移位的情况,对指数进行规整,即尾数右移 n 位则结果指数规整为 $e_r=e_1+n$,尾数左移 n 位则结果指数规整为 $e_r=e_1-n$,这样就可以提取出结果的指数位 e_r。

⑦ 最后注意,结果的符号位 s_r 应赋为 s_1,即与指数值较大的操作数一致。

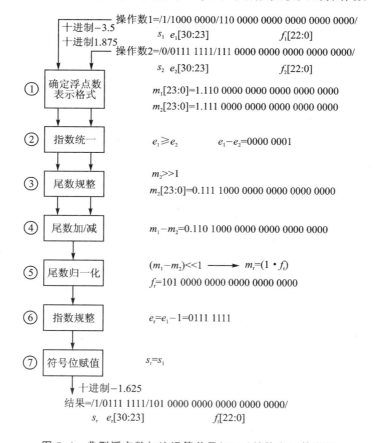

图 8.4 典型浮点数加法运算单元(FPU)结构和运算举例

再例如,复数运算比实数运算要复杂,复数相加、相乘和求模运算表示如下:

$$(a+jb)+(c+jd)=(a+c)+j(b+d) \qquad (8.2)$$

$$(a+jb)\times(c+jd)=(ac-bd)+j(ad+bc) \qquad (8.3)$$

第 8 章 实时数字信号处理算法的开发

$$|a+jb| = \sqrt{a^2+b^2} \qquad (8.4)$$

复数包含实部和虚部两个部分,这两部分要分别存储、交叉计算。因此,完成 1 次复数加法需进行两次实数加法;1 次复数乘法包含 4 次实数乘法和两次实数加法;1 次复数求模运算包含两次实数乘法、1 次实数加法和 1 次开平方运算;此外,在运算过程中还要多次存储中间结果。可见,复数运算比实数运算要复杂得多。

6. 数据流向的顺序性和单调性

在算法中,如果数据的移动是顺序的和单方向的,则占用存储资源少;如果数据的移动是随机的和多方向的,则会引入额外的存储单元、存取操作、延时操作以及判断和选择操作等。

例如,在数据排序、中值滤波和奇异值剔除(取极大值和极小值)等算法中,需要对一组数据按大小顺序进行排列,在排列过程中,数据的移动是没有规律的,需要对数据反复进行比较、判断、选择和存取等操作,这就大大增加了算法的复杂度。

传统排序方法主要依靠软件串行方式实现,典型方法包括冒泡法、选择法和插入法等,这些算法大多采用逐个数据循环比较的方式,操作复杂、运算耗时。下面以冒泡法为例来介绍排序的软件实现。冒泡法的排序过程如图 8.5 所示,第一轮将 $N(N=5)$ 个数两两比较并互换,较大的数向下移动,全部比较后最大的数移动到末端;然后再对剩下的 $N-1$ 个数进行两两比较,得到次大数;如此进行 4 轮比较后得到一组按从小到大顺序排列的数。

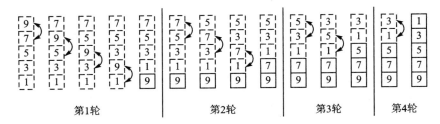

图 8.5 冒泡法排序过程

排序过程的 C 语言程序如下所示,可见,冒泡法排序要对数据进行大量的反复比较和存取等操作。

```
for ( j = 0; j<N-1; j++)         /* N 为排序数据的个数 */   /* 进行 N-1 轮比较 */
    for ( i = 0; i< N-1-j; i++)  /* 每轮比较 N-1-j 次 */
        if (D[i]>D[i+1])         /* 相邻两个数比较 */
        {
            Temp = D[i];
            D[i] = D[i+1];       /* D 为存放排序数据的数组 */
            D[i+1] = Temp;
        }
```

在软件中实现的排序法大多以两两之间顺序比较为基础,而用硬件可以实现所有数据的全并行比较,即一组数中的任意两个数同时进行比较,这样虽然可以大大提高实时性,但也需要付出资源代价。以 3 个数据 D1、D2、D3 排序为例,基于 FPGA 的硬件全并行比较排序实现过程如图 8.6 所示,每两个数比较大小都会有一个结果,定义比较结果为 1 和 0,将比较结果输入查找表即可查表得到排序结果。此处需要事先对所有可能的比较结果进行表地址编码,并将排序结果存放在相应的表地址中。

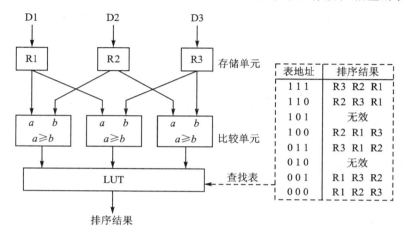

图 8.6 硬件实现全并行比较排序示意图

与软件串行比较排序方法相比,硬件全并行比较排序避免了数据的随机移动和反复存取操作,但占用了大量的硬件资源,以牺牲算法空间复杂度为代价来减小时间复杂度。

7. 输入数据之间的独立性和算法中间过程数据之间的关联性

算法中使用数据的关联性包括空间上的关联和时间上的关联。空间关联性是指数据在算法各个部分分布的广泛程度以及与其他数据的依赖性;时间关联性是指数据在算法运行过程中有效时间的长短。

如果算法中使用的数据相互独立、关联性差,特别是数据进行一次处理之后就丢弃的情况下,则占用运算资源、存储空间和总线等资源少;相反,如果算法所使用的数据有广泛的空间关联性和很强的时间关联性,则必将增加数据的存储量,对数据的处理顺序大多也是无规律的或跳跃式的,从而会引入额外的存储单元、存取操作以及判断和选择操作等。

例如,顺序平均、滑动平均和逐点平均这 3 种求平均算法所使用数据的关联性就是不同的,从而导致这 3 种求平均算法的复杂度也不同。下面以图 8.7 所示的周期时间序列为例,对比数据关联性对这 3 种求平均算法的复杂度的影响。

(1) 顺序平均

顺序平均是指数据按顺序进行分组累加,且每个输入数据只参与一次累加。对

图 8.7 所示的周期时间序列进行 5 点顺序平均的计算公式和最简实现方法如图 8.8 所示。输入数据连续进入累加运算单元,每累加 5 次输出一个值,并对累加结果寄存器清零。

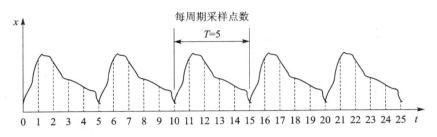

图 8.7 周期时间序列示意图

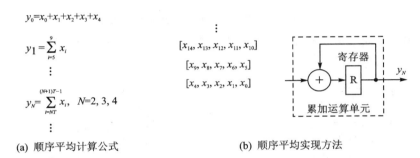

(a) 顺序平均计算公式　　　　　(b) 顺序平均实现方法

图 8.8 顺序平均算法及其最简实现方法

可见,输入数据按顺序进入累加器,且进行完一次累加后就可以删除,而并不需要与其他数据发生联系(弱空间关联性),也不需要进行存储以备后续使用(弱时间关联性)。

(2) 滑动平均

滑动平均是指数据按顺序进行分组累加,但每个输入数据要参与多次累加,参与累加的次数与滑窗长度有关。对图 8.7 所示的周期时间序列进行滑窗长度为 5 点的滑动平均的计算公式和最简实现方法如图 8.9 所示。移位寄存器中的输入数据依次进入累加运算单元,同时循环移位再次被装入移位寄存器;累加结束输出一个结果后,将移位寄存器内所有数据前移一级,移除最旧的一个数据,再装入一个新数据。

可见,每个输入数据要多次进行累加,参与累加的次数与滑窗长度对应。因此,每个输入数据都要在移位寄存器中暂存一段时间,这就增加了输入数据的时间关联性,从而增加了算法复杂度。

(3) 逐点平均

逐点平均是指数据按周期交错顺序进行分组累加,即将信号每个周期的对应位置点进行累加,每个输入数据只参与一次累加。对图 8.7 所示的周期时间序列进行逐点平均的计算公式和最简实现方法如图 8.10 所示。算法实现的关键就是设置一个移位寄存器或 FIFO 循环存放计算的中间结果,移位寄存器的级数或 FIFO 的深

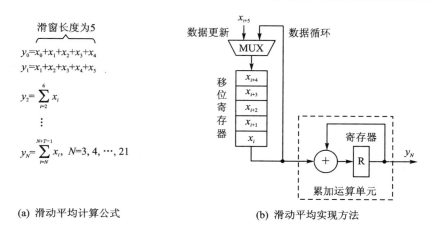

(a) 滑动平均计算公式　　　　(b) 滑动平均实现方法

图 8.9　滑动平均算法及其最简实现方法

度代表了中间结果循环的周期,其要与累加间隔(一般也是信号每周期采样点数)相同。

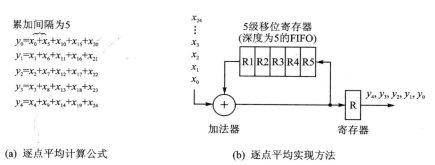

(a) 逐点平均计算公式　　　　(b) 逐点平均实现方法

图 8.10　逐点平均算法及其最简实现方法

可见,逐点平均的所有输出值计算都要持续到输入信号的最后一个周期,所以中间结果数据的时间关联性较强;输入数据不是连续相加的,而是隔周期相加的,所以输入数据的空间关联性较强。这样就造成算法及其实现复杂度的增加。

8.2　实时数字信号处理算法的设计和描述

设计一个优秀的实时数字信号处理算法,需要考虑以下几个基本设计要求:
- 正确性。对于合法的输入数据都能得到满足要求的输出结果。
- 可读性。算法要层次分明、结构简单、任务执行顺序和数据流向清晰,易于阅读和理解,便于协作设计和后续维护。
- 可执行性。软件编程和硬件设计时要充分考虑硬件执行系统的特点,尤其用 C 语言和硬件描述语言等高级程序语言编程时,更要考虑程序编译和综合后的结果是否便于处理器、存储器、总线和接口等硬件设备的执行。
- 健壮性和可靠性。对于非法输入要做出恰当反应或相应处理,且算法执行时不应该有未知的状态和不确定的分支。
- 实时性。算法在指定的硬件系统上运行时应保证实时性的要求。
- 从简原则。采用简单的方法实现运算,简化运算步骤和数据。算法简化设计要考虑的主要因素可以参考 8.1 节中关于算法复杂度的讨论。
- 运行高效率与资源低需求。算法效率高、执行时间短则时间代价就小,算法执行过程中需要的硬件资源少则空间成本就低。优秀的算法应兼顾时间代价和空间成本。

实时数字信号处理算法的开发就是将一个抽象的数学运算转换为具体的软件执行代码和硬件执行单元。在开发过程中,不同的阶段对算法有不同的描述方式。算法的开发过程基本可以分为 6 个阶段,是从算法的公式和自然语言描述阶段开始,到能提供最高运算速度和最有效的硬件资源使用的机器语言描述阶段结束。

1. 自然语言和公式描述

运用公式并辅以自然语言说明来对运算和任务进行描述,这个阶段的描述通俗易懂、易于表达和修改,但不严格,易产生歧义。自然语言和公式是对算法的最基本描述,算法原理性的更改和大的改动应该在这个阶段完成。

例如,最小均方(LMS)自适应滤波算法在自然语言和公式描述阶段包括以下主要内容:

(1) 参 数

滤波器长度为 $m+1$,步长参数为 μ。

(2) 初始化

如果知道滤波器系数向量 $\boldsymbol{W}(n)$ 的先验知识,则用它来选择 $\boldsymbol{W}(0)$ 值,否则令 $\boldsymbol{W}(n)=0$。

(3) 数 据

① 已知数据:n 时刻滤波器的输入向量 $\boldsymbol{U}(n)=[u(n),u(n-1),\cdots,u(n-m)]^\mathrm{T}$;
    n 时刻的滤波器期望响应 $d(n)$。

② 待计算数据:n 时刻的滤波器输出 $y(n)$;
    $n+1$ 时刻的滤波器系数更新值 $\boldsymbol{W}(n+1)$。

(4) 公 式

对 $n=0,1,2,\cdots$ 使用下列公式进行迭代运算:

① 滤波输出 $y(n)=\boldsymbol{W}^\mathrm{H}(n)\boldsymbol{U}(n)$。其中,$\boldsymbol{W}(n)$ 为滤波器系数向量,$\boldsymbol{U}(n)$ 为输入向量,$y(n)$ 也称估计值。

② 估计误差 $e(n)=d(n)-y(n)$。其中,$d(n)$ 为标准参考信号,也称期望值。

③ 滤波器系数的自适应 $\boldsymbol{W}(n+1)=\boldsymbol{W}(n)+\Delta\boldsymbol{W}(n)$。其中,调整增量为 $\Delta\boldsymbol{W}(n)=2\mu e(n)\boldsymbol{U}(n)$,而 μ 为调整步长。

2. 算法结构框图和数据(信号)流程框图描述

算法结构框图和数据(信号)流程框图用来表示信号处理算法的结构,表明信号处理算法的流程,标明数据流动方向,定义流程图中每个模块的功能。框图可以直观、形象地表示算法结构,分割算法功能,标明信号流向,显示各功能之间的逻辑关系,是编制算法仿真程序和算法实现程序的重要参考和依据。框图主要由表示相应操作的框、带箭头的流程线和框内外必要的文字说明等组成。为提高算法质量,一般规定几种基本结构,然后由这些基本结构按一定规律组成一个算法结构,不允许无规律地使流程随意转向,最好顺序进行。

例如,最小均方(LMS)自适应滤波的算法结构图和数据流程图描述如下:

① 图 8.11 所示的算法结构图表明自适应滤波算法结构包括横向滤波、估计误差产生和系数自适应调整 3 个部分,以算法结构为主,并没有明显刻画出信号和数据的流动过程。其中,横向滤波器就是一个系数可变的 FIR 滤波器的直接实现。自适应系数控制算法模型表明系数调整是依据估计误差 $e(n)$、输入向量 $U(n)$、调整步长 2μ 来进行的。

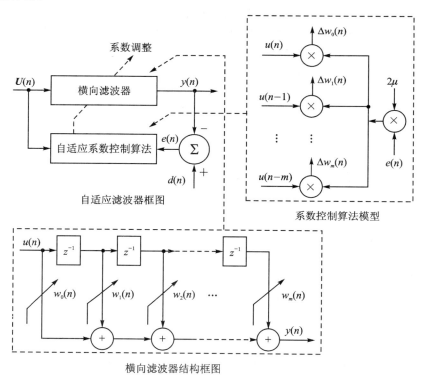

图 8.11　自适应滤波算法结构图

② 图 8.12 所示的信号流图很清晰地说明了 LMS 算法的信号或数据的流动过程,形象地反映了 $y(n) = W^H(n)U(n)$、$e(n) = d(n) - y(n)$ 和 $W(n+1) = W(n) +$

$\Delta W(n)$ 迭代运算的过程。

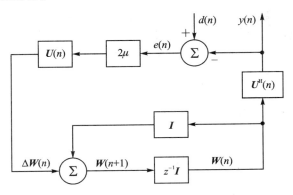

图 8.12 LMS 算法信号流图

有了信号流图和各个运算节点的算法结构图就可以编程了。

3. 伪代码描述

框图的方法适宜表示一个算法,但在算法设计过程中却使用不方便,因为在设计一个算法时要经常修改,而修改框图是比较麻烦的。伪代码是用介于自然语言和程序语言之间的文字和符号来描述算法的一种方法,像写文章一样,自上而下顺序编写,每一行表示一个基本操作。伪代码书写方便、格式紧凑、易读好懂,便于向算法的程序语言描述过渡。

用伪代码描述算法无固定、严格的语法规则,只要把意思表达清楚且书写格式清晰易懂即可。一般是将计算机语言中的关键字用英文表示,其他可英文也可中文。总之,要便于书写和阅读。

图 8.11 中的系数控制算法可以用伪代码描述如下:

```
begin                              /* 程序开始 */
    10 => m                        /* 给循环次数赋值 */
    给估计误差 e 赋值
    设置调整步长 us 的值
    为调整增量定义一维数组 iw[m]
    0 => iw                        /* 给调整增量置初值 */
    为输入向量定义一维数组 u[m]
    给输入向量 u[m]赋值
    for ( k = 0; k < m; k + + )
        {
         iw[k] = 2 * us * e * u[k]
        }
end                                /* 程序结束 */
```

对于比较简单的算法,也可跳过伪代码描述,直接用程序语言描述。

4. 计算和仿真程序语言描述

对于复杂的实时数字信号处理算法，在编制针对特定硬件的可执行实时处理程序之前，应先对算法的逻辑关系和功能进行仿真验证。该步骤由于不针对特定的硬件，所以并不能反映算法执行的时序关系和最基本的运算操作，只是验证最终计算结果的正确性。

一般利用 C 语言、MATLAB 和 Mathematica 等计算和仿真程序语言完成算法的简洁描述和仿真。在这些语言中已经定义了各种数学函数、信号处理函数库、控制系统函数库等，只需直接调用它们来描述和仿真算法即可。利用计算和仿真程序语言可以事先验证算法的正确性和准确性，但体现不出实时性和可执行性。

例如，在 MATLAB 中可以直接调用函数 ADAPTFILT.LMS 来构造一个最小均方(LMS)有限冲激响应(FIR)自适应滤波器。

由于 MATLAB 有丰富的信号处理函数库支持及专门针对数学运算的编程风格和软件环境，因此在描述算法时比 C 语言更加方便。但是，MATLAB 是"解释型语言"，仿真运行速度较慢；C 语言在描述算法时比较复杂，但是对于运算量和数据量较大的算法运行速度较快。

5. 可执行高级程序语言描述

到此为止，前 4 个步骤已完成算法的设计，但最终还是要在特定硬件上实现算法，也就是说，还要将算法转换为实时、可执行的程序语言。C 语言和 C++语言等是可以用来实现实时、可执行算法的程序设计语言。这两种语言具有实时性和可执行性，但又可以不依赖于具体硬件编程，属于可执行高级程序语言。此外，在很多场合既可以用 C 语言程序对算法进行功能仿真计算结果的验证，也可以用 C 语言在处理器上实时实现算法。

参考数据流图 8.12，用 C 语言实现 11 阶自适应滤波器算法的主要示意如下：

```
for (n = 12; n< = 7200; n++)
① for (k = 0; k<11; k++) y[n] = y[n] + w[n][k] * u[n-k];   /*计算横向 FIR 滤波器值*/
② e[n] = d[n] - y[n];                                      /*计算估计误差值*/
③ for (k = 0; k<11; k++)
   {
   iw[k] = 2 * us * e[n] * u[n];                           /*计算系数调整增量值*/
   w[n+1][k] = w[n][k] + iw[k];                            /*计算下一时刻系数值*/
   }
```

6. 可执行底层程序语言描述

底层程序语言更直接地反映了处理器的硬件结构，并能直接对处理器的硬件资源进行操作，因此，底层程序语言的执行速度最快；但其复杂、晦涩且随硬件绑定，可维护性和可移植性差。汇编语言、DSP 专用指令和 HDL 硬件描述语言等都属于底层程序语言。

用 HDL 硬件描述语言实现自适应滤波器的主要程序模块如图 8.13 所示。

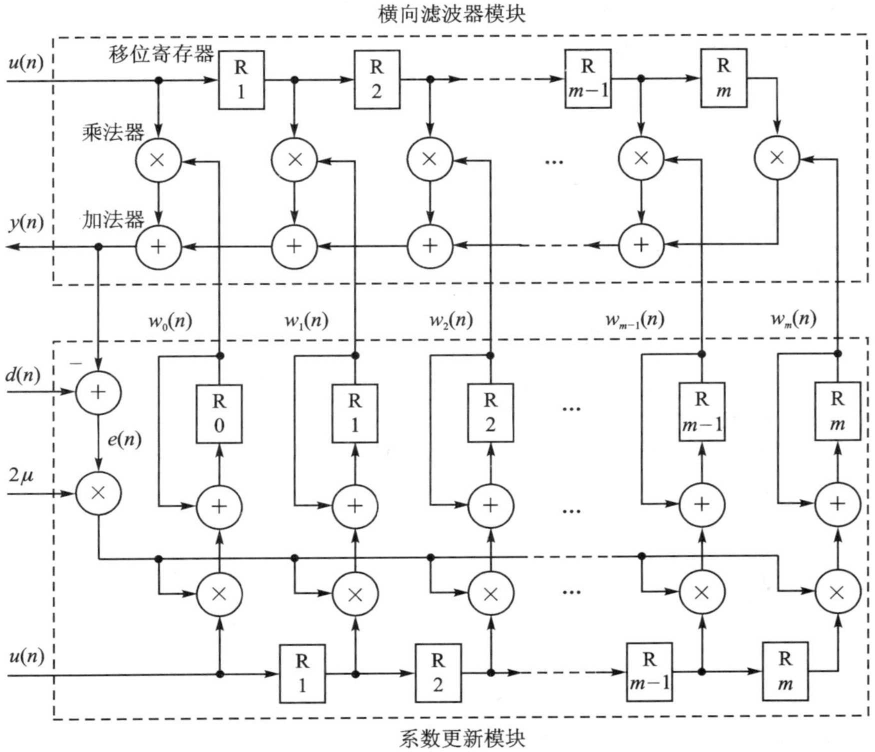

图 8.13　硬件实现自适应滤波器的程序模块

上述实时数字信号处理算法开发和描述的 6 个阶段中，前 4 个阶段已经可以准确地描述一个算法，使开发人员便于理解、修改算法，但不能实时执行，只能描述功能和逻辑、仿真和验证计算结果；最后两个阶段对算法的编程描述是实时可执行的，能反映算法执行的时序关系，尤其底层程序语言更能准确地描述出硬件资源是如何运行一个算法的。

8.3　实时数字信号处理算法实现的基本步骤

在仪器和传感器系统中，实时数字信号处理算法实现就是把一个独立于具体硬件结构、独立于时间约束的抽象的算法描述转换为依赖时间和软硬件结构的一组操作，然后再给这一组操作分配特定的计算资源。数字信号处理算法、软硬件设计方法和软硬件开发工具是实现算法的必备知识，其中，算法是灵魂，硬件电路和软件程序是算法的载体和体现。

算法实现以前面讨论过的各种折衷为基础,既包括修改算法结构,也包括修改软硬件结构。一般优先选择修改算法结构,使之适合软件指令和特定的硬件资源操作,从而更容易使软件程序和硬件系统简单、高效。

高效的算法实现一般具有以下特点:
- 各种运算和存储资源具有少的等待时间;
- 各种运算和存储资源之间的数据交换不频繁;
- 数据存储整齐、有序;
- 数据流动均匀、规律;
- 各种运算单元均具有高的利用率;
- 同类型运算单元的计算负载均衡。

前文介绍了实时数字信号处理系统中的基本软件结构和硬件结构,用这些基本结构来实现各种复杂、多变的算法就是结构化的算法实现方法。这样的算法实现便于设计、理解、修改和维护,提高了实时数字信号处理系统的质量和可靠性,降低了开发成本。结构化的算法实现强调软硬件系统设计风格和结构的规范化、条理化。

对于复杂的实时数字信号处理算法,是很难一步就设计出一个层次分明、结构清晰、算法正确的软硬件系统的,这就需要把一个复杂算法分解为几个阶段或层次,每个阶段或层次的规模和复杂度都控制在设计人员可以理解和处理的范围内。复杂算法的分解是自顶向下、逐步细化的,每一层向下细化和展开都应该是简单、明了的。复杂算法的实现还应采用模块化设计的方法,把大的运算模块划分为若干个小的子模块,每个子模块完成一个相对独立的功能,模块之间的耦合越少越好。

一个简化的算法分解及其在软硬件资源里配置实现的过程如图 8.14 所示,包括结构化和模块化的算法分解过程,以及由底层到顶层的软硬件资源和算法匹配的过程,这些过程多数是用启发的方式来完成的,因为大部分算法从输入到输出都有清晰的运算流程,算法的分解和细化、资源的分配和重组都可以通过简单的观察来完成。归纳起来,算法的实现过程要完成下面 3 个基本转换:
- 从大规模的复杂结构到模块化和标准化的简单结构;
- 从抽象的数学描述到具体的电路硬件和软件结构;
- 从单纯的功能描述和逻辑关系描述到精细的时序关系定义。

实时数字信号处理算法开发和实现过程中的主要步骤如下:

第 1 步:算法的开发和原理描述。

首先根据任务需求选择或开发一个算法,并且用自然语言和公式对该算法进行基本原理描述。

第 2 步:算法的优化和简化。

算法的优化和简化是降低算法复杂度、改善系统执行效率、提高系统吞吐量的最好方法。

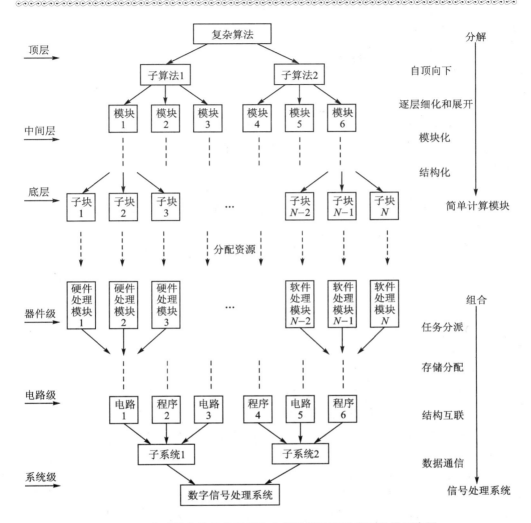

图 8.14 实时数字信号处理算法分解及其软硬件资源配置示意图

第 3 步：算法结构图和数据流程图描述。

根据自然语言和公式描述，分析和划分算法功能，规划和明确数据流向，使算法结构和数据流向图形化。

第 4 步：算法功能的仿真验证。

使用通用高级语言（如 C 语言、C++ 语言、MATLAB 语言），在通用计算环境下非实时地对算法进行仿真计算，以验证算法功能和逻辑关系的正确性。

第 5 步：算法由通用操作向专用操作的移植，形成适用于数字信号处理器运算的算法。

例如，由高级语言（如 C 语言、MATLAB 语言等）向低级语言、专用语言（如汇编语言、硬件描述语言等）转化；由通用运算机构（如三角函数、对数和指数函数等）向专用运算机构（如加法器、乘法器和移位器等）转化。

第 6 步：算法的分解。

综合考虑算法功能的独立性和数据的依赖性，将复杂算法分解成若干个小模块，每个模块都对应数据流程图中的一个节点，形成一个细化的数据流程图。

第 7 步：算法向系统资源的初步映射。

从时间（运算顺序、速度）、空间（处理器、存储器、总线等资源）、灵活性等角度考虑，将每个算法子模块分配到软件模块、专用处理器或逻辑阵列中，得到一个初步的算法映射结构，这样就可以用处理器的资源、性能、时序来初步描述和表征算法映射结构。

这种试验性的映射一般选择将算法各模块分配到一个处理器中，尤其对于由一种处理器组成的多处理器结构，这种单处理器映射是必需的，因为完成单处理器映射后才能定位处理器的时序瓶颈，从而方便从单处理器到多处理器的算法分解和功能扩展。

第 8 步：算法时序的估计和仿真。

当算法被映射到 DSP、MCU 等数字信号处理器的软硬件资源中时，是没有现成工具进行算法运行时序的仿真分析的，只能通过指令数量、指令周期和指令顺序来估计算法的执行时间。若算法是在 FPGA 或 ASIC 中实现的，则可用成熟软件进行依赖于硬件工艺的时序仿真和分析。

第 9 步：算法分解和数据流程图的改进。

根据时序分析可以确定算法中计算时间过长的瓶颈节点，将瓶颈节点算法进行再分解，以保证数据流程中各个计算节点的计算时间均匀，从而减少等待时间，提高效率。

第 10 步：算法向多处理器结构映射。

如果单处理器映射无法满足要求，则需考虑多处理器映射。利用改进的算法分解结构、串行流水线技术、数据和任务并行结构等，把算法的各个模块在不同的时隙分配给不同的处理器进行处理，同时，还要协调好处理器间的通信。

第 11 步：实时数字信号处理系统测试和验证。

系统测试、验证的基本要求是系统对算法的处理能够满足实时性的要求。此外，还要验证系统对算法的实时处理能否达到理论设计精度，以及在所有可能的输入条件下（或极限输入条件下）实时处理系统对算法的处理是否正确和准确。

实时数字信号处理算法在软件和硬件资源里实现时还需要进行简化、优化和转化等处理，第 9 章将介绍几种算法实现的典型技术手段。

第 9 章 实时数字信号处理系统实现的技术手段

9.1 输入数据的简化处理

输入数据的范围、精度、种类和数量直接影响算法实现的复杂度。在算法实现的开始阶段,应该结合算法的运算性质、结构特点以及算法对应的物理意义对输入数据进行分析,观察输入数据是否能够进行简化处理。尤其是在使用一些近似算法和估计方法时,其本身就是针对有限范围的数据或特殊种类的数据,因此,输入数据转换和简化处理也是必需的。输入数据的简化包括输入数据范围缩减、种类调整以及数量和成分的压缩等方法。下面通过举例介绍几种常用的方法。

1. 输入数据范围加性缩减

针对周期函数运算,输入数据范围可以缩减到一个周期内。若输入数据为 x,函数周期为 T,k 为整数,则缩减后的输入数据可表示为

$$x_s = x - kT \tag{9.1}$$

例如,正弦函数和余弦函数是典型周期函数,其周期 T 为 2π,则可以通过式(9.2)将输入数据范围缩减至区间 $[0, 2\pi]$ 内:

$$x_s = x - k(2\pi) \tag{9.2}$$

2. 输入数据范围乘性缩减

对于一类函数,输入数据可以进行乘性缩减。若输入数据为 x,缩减后的输入数据为 x_s,压缩基数为 B,k 为整数,则 x 和 x_s 的关系可表示为

$$x = x_s B^k \tag{9.3}$$

这类函数中典型的是对数函数,例如对数函数 $\lg x$ 和 $\log_2 x$,其压缩基数 B 分别为 10 和 2,则有

$$\lg x = \lg(x_s \times 10^k) = k + \lg x_s \tag{9.4}$$

$$\log_2 x = \log_2(x_s \times 2^k) = k + \log_2 x_s \tag{9.5}$$

可见,输入数据范围压缩后,只需计算一个较小范围的输入值对应的对数值,再加上一个常数即可。

3. 输入数据种类调整

如果数据种类繁多,在同时参与计算时,将会涉及不同种数据之间的转换,从而增加算法实现难度。例如,算法中同时出现实数和复数,同时使用浮点数和定点数,

以及不同定标的定点数同时参与运算等。在算法实现时要尽量减少数据种类。

例如，在定点数字信号处理系统中实现以乘法、加法为主的算法时，可以考虑先将数据统一进行加权，全部调整为整数或者全部调整为小数，运算完成后再统一去除权值。因为，小数乘小数的乘积还是小数，整数乘整数的乘积仍是整数，同时，进行加法和减法运算时也不用重新统一定标，这样就避免了不同定标带来的附加操作。

4. 输入数据数量和成分的压缩

当遇到算法比较复杂且对实时性要求较高的情况时，就应当考虑能否压缩输入数据的数量和成分，以缓解处理系统数据吞吐量和运算速度的压力。下面给出几种针对仪器和传感器系统进行实时数字信号处理的常用方法：

① 可以从数据源头着手，结合信号物理背景，通过不同源数据样本的相关分析去除冗余数据源，或者合并关联性强的数据源；

② 可在进入复杂算法前，对数据进行简单预处理，例如，对数据进行多点平滑、滤波和抽取等操作以减少和简化正式算法的数据处理；

③ 在某些只针对随机信号进行处理的场合，可以先剔除数据的均值、趋势项和周期项；

④ 可以利用高通、低通、带通和带阻滤波器对数据进行预处理，以去除数据中不需要的频率成分。

9.2 算法的优化和简化

算法的优化和简化是在实时数字信号处理系统设计的上游完成的，其对后续所有步骤均产生影响，因此，其对减小算法和系统复杂度、提高算法执行效率所起的作用最大。此外，相比于更改软硬件设计，更改算法付出的时间和经济成本最低。

算法的优化和简化就是寻找算法的周期性、对称性和重复性等特点，利用这些规律性重新构建计算过程，以减小计算量，提高计算效率。下面举例说明。

1. 利用算法的重复性

分解算法中的计算和操作步骤，分析其中有无重复的计算或操作，如果有重复的计算和操作，则可通过重新安排计算顺序来减小计算量。

例如，计算多项式 $f(x)=a_0+a_1x+a_2x^2+a_3x^3+a_4x^4+a_5x^5$，如果直接计算则需要进行 5 次加法运算和 15 次乘法运算。

通过观察发现，在计算 $f(x)$ 的过程中，a_1x、a_2x^2、a_3x^3、a_4x^4 和 a_5x^5 这 5 项计算有重复的部分。所以，我们可以改变 $f(x)$ 的计算顺序如下：

$$f(x)=a_0+a_1x+a_2x^2+a_3x^3+a_4x^4+a_5x^5=$$
$$a_0+(a_1+a_2x+a_3x^2+a_4x^3+a_5x^4)x \quad (9.6)$$

通过式(9.6)计算 $f(x)$ 只需要进行 5 次加法运算和 11 次乘法运算。进一步调

第9章 实时数字信号处理系统实现的技术手段

整 $f(x)$ 的计算顺序如下：

$$\begin{aligned}f(x) &= a_0 + (a_1 + a_2 x + a_3 x^2 + a_4 x^3 + a_5 x^4)x = \\ &= a_0 + [a_1 + (a_2 + a_3 x + a_4 x^2 + a_5 x^3)x]x = \\ &= a_0 + (a_1 + (a_2 + a_3 x + a_4 x + a_5 x^2)x)x = \\ &= a_0 + (a_1 + (a_2 + (a_3 + \underbrace{(a_4 + a_5 x)}_{\text{第1次MAC}})x)x)x\end{aligned} \quad (9.7)$$

（第1次MAC、第2次MAC、第3次MAC、第4次MAC、第5次MAC）

可见，调整后的运算量进一步缩减为 5 次加法运算和 5 次乘法运算，同时，运算结构变得规律、有序，只需进行 5 次完整的乘-累加运算，可以高效使用 MAC 指令或硬件单元。

这里需要注意，优化算法的计算过程是一个嵌套连环过程，下一次的乘-累加计算需要用到上一次嵌套内的乘-累加计算结果，所以该优化算法只能顺序执行，而不能并行进行，也不能采用流水线操作。因此，虽然减小了计算量，但计算速度却无法提高。

考虑有多个 MAC 硬件单元的情况，所以可以将算法调整如下：

$$f(x) = \underbrace{(a_0 + a_1 x)}_{\text{MAC}} + [\underbrace{(a_2 + a_3 x)}_{\text{MAC}} + \underbrace{(a_4 + a_5 x)}_{\text{MAC}} x^2] x^2 \quad (9.8)$$

式(9.8)计算 $f(x)$ 需要进行 5 次加法运算和 9 次乘法运算，与式(9.7)相比，增加了 4 次乘法运算，但可以采用多个 MAC 硬件单元并行计算，提高了运算速度。

在很多场合都会遇到多项式计算，例如，利用多项式逼近连续函数、数据拟合和信号建模等。更一般的多项式表达式如下：

$$f(x) = a_0 + a_1 x + a_2 x^2 + \cdots + a_{N-1} x^{N-1} + a_N x^N \quad (9.9)$$

其优化算法的一般表达式为

$$f(x) = a_0 + (a_1 + (a_2 + (\cdots (a_{N-1} + a_N x)x\cdots)x)x)x \quad (9.10)$$

2. 利用算法的对称性

在 3.3 节介绍了线性相位的 FIR 滤波器系数是对称的，如果其阶数为 N，则可以将相同系数的项先做加法合并，然后再做乘法，这样就只需要 $N/2$（N 为偶数）或 $(N+1)/2$（N 为奇数）次乘法运算，而不是通常所需的 N 次乘法运算，可以减少一半的乘法运算量。N 为偶数时情况如下：

$$\begin{aligned}y(n) &= \sum_{k=0}^{N-1} h(k)x(n-k) = h(0)x(n) + h(1)x(n-1) + \cdots + \\ &\quad h\left(\frac{N}{2}-1\right)x\left(n-\frac{N}{2}+1\right) +\end{aligned}$$

$$h\left(\frac{N}{2}\right)x\left(n-\frac{N}{2}\right)+\cdots+h(N-2)x(n-N+2)+h(N-1)x(n-N+1)=$$
$$h(0)[x(n)+x(n-N+1)]+h(1)[x(n-1)+x(n-N+2)]+\cdots+$$
$$h\left(\frac{N}{2}-2\right)\left[x\left(n-\frac{N}{2}+2\right)+x\left(n-\frac{N}{2}-1\right)\right]+$$
$$h\left(\frac{N}{2}-1\right)\left[x\left(n-\frac{N}{2}+1\right)+x\left(n-\frac{N}{2}\right)\right] \tag{9.11}$$

这里，$h(0)=h(N-1)$，$h(1)=h(N-2)$，$\cdots$，$h\left(\frac{N}{2}-1\right)=h\left(\frac{N}{2}\right)$。

3. 利用算法的周期性

2.1 节介绍了离散傅里叶变换的快速算法——快速傅里叶变换，对于 N 阶离散傅里叶变换，若用快速傅里叶变换取代其直接计算，则可使计算量从 N^2 减小到 $\frac{N}{2}\log_2 N$。下面对快速算法的简化原理和运算量进行具体分析。

若设 $W_N = e^{-j\frac{2\pi}{N}}$，则 N 点信号序列 $\{x(n)\}$ $(n=0,1,\cdots,N-1)$ 的 DFT 定义为 $X(k)=\sum_{n=0}^{N-1}x(n)W_N^{nk}$ $(k=0,1,\cdots,N-1)$，表达成矩阵形式为

$$\begin{bmatrix} X(0) \\ X(1) \\ X(2) \\ \vdots \\ X(N-1) \end{bmatrix} = \begin{bmatrix} W_N^0 & W_N^0 & W_N^0 & \cdots & W_N^0 \\ W_N^0 & W_N^1 & W_N^2 & \cdots & W_N^{N-1} \\ W_N^0 & W_N^2 & W_N^4 & \cdots & W_N^{2(N-1)} \\ \vdots & \vdots & \vdots & & \vdots \\ W_N^0 & W_N^{N-1} & W_N^{2(N-1)} & \cdots & W_N^{(N-1)(N-1)} \end{bmatrix} \begin{bmatrix} x(0) \\ x(1) \\ x(2) \\ \vdots \\ x(N-1) \end{bmatrix} \tag{9.12}$$

显然，求出 N 点 $X(k)$ 需要 N^2 次复数乘法，$N(N-1)$ 次复数加法，而 1 次复数乘法需要 4 次实数乘法和 2 次实数加法，1 次复数加法则需要 2 次实数加法。因为 $W_N^r = \cos(2\pi r/N) - j\sin(2\pi r/N)$，所以在与 W_N^r 相乘时，必须产生相应的正弦和余弦函数。在实时数字信号处理系统实现时，正弦和余弦函数的产生一般有两种方法：一是在每一步直接计算产生；二是在程序开始前预先计算出 W_N^r，将当 $r=0,1,\cdots,N-1$ 时的 N 个独立值存于数组中，等效于建立了一个正弦和余弦函数查找表，在算法执行时可以直接查表得到。

其实，在 DFT 中包含了大量的重复运算。观察式(9.12)中间的矩阵，虽然有 N^2 个元素，但由于 W_N 的周期性，其中只有 N 个独立的值，即 $W_N^0, W_N^1, \cdots, W_N^{N-1}$，且这 N 个值也有一些对称关系。概括起来，根据 W_N 因子的周期性和对称性以及三角函数的特殊取值，W_N 因子运算可以简化为如下形式：

$$\left.\begin{aligned} W_N^0 &= 1 \\ W_N^{\frac{N}{2}} &= -1 \\ W_N^{N+r} &= W_N^r \\ W_N^{\frac{N}{2}+r} &= -W_N^r \end{aligned}\right\} \tag{9.13}$$

例如，对 $N=4$ 的 DFT，按 DFT 的原始公式计算需要 $4^2=16$ 次复数乘法，按上述周期性及对称性，可写成如下的矩阵形式：

$$\begin{bmatrix} X(0) \\ X(1) \\ X(2) \\ X(3) \end{bmatrix} = \begin{bmatrix} W_4^0 & W_4^0 & W_4^0 & W_4^0 \\ W_4^0 & W_4^1 & W_4^2 & W_4^3 \\ W_4^0 & W_4^2 & W_4^4 & W_4^6 \\ W_4^0 & W_4^3 & W_4^6 & W_4^9 \end{bmatrix} \begin{bmatrix} x(0) \\ x(1) \\ x(2) \\ x(3) \end{bmatrix} = \begin{bmatrix} 1 & 1 & 1 & 1 \\ 1 & W_4^1 & -1 & -W_4^1 \\ 1 & -1 & 1 & -1 \\ 1 & -W_4^1 & -1 & W_4^1 \end{bmatrix} \begin{bmatrix} x(0) \\ x(1) \\ x(2) \\ x(3) \end{bmatrix}$$
(9.14)

式中：$W_4^2 = W_N^{N/2} = -1$，$W_4^6 = W_N^{N+\frac{N}{2}} = -1$，$W_4^3 = W_N^{\frac{N}{2}+1} = -W_4^1$，$W_4^9 = W_N^{2N+1} = W_4^1$。

将该矩阵的第 2 和第 3 列交换得

$$\begin{bmatrix} X(0) \\ X(1) \\ X(2) \\ X(3) \end{bmatrix} = \begin{bmatrix} 1 & 1 & 1 & 1 \\ 1 & -1 & W_4^1 & -W_4^1 \\ 1 & 1 & -1 & -1 \\ 1 & -1 & -W_4^1 & W_4^1 \end{bmatrix} \begin{bmatrix} x(0) \\ x(2) \\ x(1) \\ x(3) \end{bmatrix}$$
(9.15)

展开上式可得

$$\left. \begin{array}{l} X(0) = [x(0)+x(2)] + [x(1)+x(3)] \\ X(1) = [x(0)-x(2)] + [x(1)-x(3)]W_4^1 \\ X(2) = [x(0)+x(2)] - [x(1)+x(3)] \\ X(3) = [x(0)-x(2)] - [x(1)-x(3)]W_4^1 \end{array} \right\}$$
(9.16)

可见，整个计算过程还具有重复性，所有计算可以归纳为 $[x(0)+x(2)]$，$[x(1)+x(3)]$，$[x(0)-x(2)]$，$[x(1)-x(3)]W_4^1$ 这 4 个基本计算，且只需要进行一次复数乘法运算。由以上讨论可知，简化 DFT 算法的关键就是如何巧妙地利用 W 因子的周期性和对称性以及调整计算顺序后整个算法的重复性，推导出一个高效的快速算法。

4. 利用递归结构

利用阶数递归算法或时间递归算法减少重复计算，提高计算效率。一个典型的例子就是最小二乘(Least-Squares, LS)自适应滤波器中的时间递归算法，即递归最小二乘(recursive least-squares)算法。

LS 自适应滤波器的系数自适应调整是以滤波误差的平方和最小为准则的。对于阶数为 m 的自适应滤波器，定义 n 时刻滤波器的输入向量为 $\boldsymbol{U}(n) = [u(n), u(n-1), \cdots, u(n-m)]^T$，滤波器的期望响应为 $d(n)$，滤波器的输出为 $y(n)$，滤波器的系数为 $\boldsymbol{W}(n) = [w_0(n), w_1(n), \cdots, w_m(n)]^T$，滤波误差为 $e(n) = d(n) - y(n)$，指数加权因子(或遗忘因子)为 $\lambda(0 < \lambda \leq 1)$，$\lambda$ 一般是一个接近 1 且小于 1 的值，则 LS 自适应滤波器的计算结构如图 9.1 所示。

最小二乘准则下的滤波器系数调整是由以下正规方程决定的：

$$\boldsymbol{R}(n)\boldsymbol{W}(n) = \boldsymbol{D}(n)$$
(9.17)

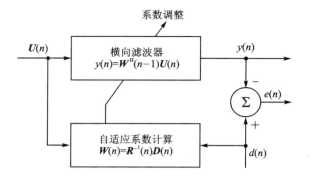

图 9.1　LS 自适应滤波器计算结构图

$$R(n) = \sum_{i=0}^{n} \lambda^{n-i} U(i) U^H(i) \quad (9.18)$$

$$D(n) = \sum_{i=0}^{n} \lambda^{n-i} U(i) d^*(i) \quad (9.19)$$

可见,为了求得 n 时刻滤波器的系数 $W(n)$,需要对滤波器输入的相关矩阵 $R(n)$ 求逆,即

$$W(n) = R^{-1}(n) D(n) \quad (9.20)$$

尤其当有新的输入数据 $u(n+1)$ 时,不得不重新计算

$$W(n+1) = R^{-1}(n+1) D(n+1) \quad (9.21)$$

如果对于每次新到的输入数据均完整地重新计算式(9.20),则需要消耗大量计算资源,因此需要考虑能否利用先前的计算结果来简化计算,由此引出了最小二乘方法的时间递归算法。

观察式(9.18)和式(9.19)可知,$R(n)$ 中包含 $R(n-1)$,$D(n)$ 中包含 $D(n-1)$,两式可以表示为

$$R(n) = \lambda R(n-1) + U(n) U^H(n) \quad (9.22)$$

$$D(n) = \lambda D(n-1) + U(n) d^*(n) \quad (9.23)$$

因此,n 时刻的 $R(n)$ 是由新信息 $U(n) U^H(n)$ 对过去值 $R(n-1)$ 进行修正得到的,n 时刻的 $D(n)$ 也是由新信息 $U(n) d^*(n)$ 对过去值 $D(n-1)$ 进行修正得到的。

从式(9.22)和式(9.23)解出 $R(n-1)$ 和 $D(n-1)$,然后代入 $n-1$ 时刻的正规方程 $R(n-1) W(n-1) = D(n-1)$ 可得

$$[R(n) - U(n) U^H(n)] W(n-1) = D(n) - U(n) d^*(n)$$

整理后,得到

$$R(n) W(n-1) + U(n) e^*(n) = D(n) \quad (9.24)$$

$$e(n) = d(n) - W^H(n-1) U(n) \quad (9.25)$$

若 $R(n)$ 可逆,则由式(9.24)和正规方程 $R(n) W(n) = D(n)$ 可得

第9章 实时数字信号处理系统实现的技术手段

$$\boldsymbol{W}(n-1) + \boldsymbol{R}^{-1}(n)\boldsymbol{U}(n)e^*(n) = \boldsymbol{R}^{-1}(n)\boldsymbol{D}(n) = \boldsymbol{W}(n) \tag{9.26}$$

如果定义 $\boldsymbol{K}(n)$ 为自适应增益向量,并用下式表示:

$$\boldsymbol{K}(n) = \boldsymbol{R}^{-1}(n)\boldsymbol{U}(n) \tag{9.27}$$

则式(9.26)可以表示成滤波器系数的时间递归更新形式,即

$$\boldsymbol{W}(n) = \boldsymbol{W}(n-1) + \boldsymbol{K}(n)e^*(n) \tag{9.28}$$

上式求滤波器系数虽然已经是时间递归形式,即从 $\boldsymbol{W}(n-1)$ 递推计算 $\boldsymbol{W}(n)$,但仍然需要计算相关矩阵的逆 $\boldsymbol{R}^{-1}(n)$,尤其当滤波器阶数 m 较大时,对相关矩阵求逆非常耗时。

为了避免相关矩阵求逆,并得到递归最小二乘算法,需要用到矩阵求逆引理,定义如下:设 $\boldsymbol{E}$ 和 $\boldsymbol{F}$ 是两个 $M \times M$ 的正定矩阵,$\boldsymbol{G}$ 是 $M \times N$ 的矩阵,$\boldsymbol{H}$ 是 $N \times N$ 的正定矩阵,它们之间的关系为

$$\boldsymbol{E} = \boldsymbol{F}^{-1} + \boldsymbol{G}\boldsymbol{H}^{-1}\boldsymbol{G}^{\mathrm{H}} \tag{9.29}$$

则根据矩阵求逆引理可得 $\boldsymbol{E}$ 的逆矩阵为

$$\boldsymbol{E}^{-1} = \boldsymbol{F} - \boldsymbol{F}\boldsymbol{G}(\boldsymbol{H} + \boldsymbol{G}^{\mathrm{H}}\boldsymbol{F}\boldsymbol{G})^{-1}\boldsymbol{G}^{\mathrm{H}}\boldsymbol{F} \tag{9.30}$$

将矩阵求逆引理应用于式(9.22)可得

$$\boldsymbol{R}^{-1}(n) = \lambda^{-1}\boldsymbol{R}^{-1}(n-1) - \frac{\lambda^{-2}\boldsymbol{R}^{-1}(n-1)\boldsymbol{U}(n)\boldsymbol{U}^{\mathrm{H}}(n)\boldsymbol{R}^{-1}(n-1)}{1 + \lambda^{-1}\boldsymbol{U}^{\mathrm{H}}(n)\boldsymbol{R}^{-1}(n-1)\boldsymbol{U}(n)} \tag{9.31}$$

上式求相关矩阵的逆变换成了所希望的时间递归形式,即从 $\boldsymbol{R}^{-1}(n-1)$ 递推计算 $\boldsymbol{R}^{-1}(n)$。为了简单起见,定义

$$\boldsymbol{P}(n) = \boldsymbol{R}^{-1}(n) \tag{9.32}$$

$$\boldsymbol{K}'(n) = \frac{\lambda^{-1}\boldsymbol{P}(n-1)\boldsymbol{U}(n)}{1 + \lambda^{-1}\boldsymbol{U}^{\mathrm{H}}(n)\boldsymbol{P}(n-1)\boldsymbol{U}(n)} \tag{9.33}$$

则式(9.31)可表示为

$$\boldsymbol{P}(n) = \lambda^{-1}\boldsymbol{P}(n-1) - \lambda^{-1}\boldsymbol{K}'(n)\boldsymbol{U}^{\mathrm{H}}(n)\boldsymbol{P}(n-1) \tag{9.34}$$

将式(9.33)进行整理,并将式(9.34)、式(9.32)和式(9.27)代入其中,可得

$$\boldsymbol{K}'(n) = \lambda^{-1}\boldsymbol{P}(n-1)\boldsymbol{U}(n) - \lambda^{-1}\boldsymbol{K}'(n)\boldsymbol{U}^{\mathrm{H}}(n)\boldsymbol{P}(n-1)\boldsymbol{U}(n) =$$
$$[\lambda^{-1}\boldsymbol{P}(n-1) - \lambda^{-1}\boldsymbol{K}'(n)\boldsymbol{U}^{\mathrm{H}}(n)\boldsymbol{P}(n-1)]\boldsymbol{U}(n) = \boldsymbol{P}(n)\boldsymbol{U}(n) = \boldsymbol{K}(n)$$

可见,$\boldsymbol{K}'(n)$ 是自适应增益向量 $\boldsymbol{K}(n)$ 的另一种表现形式。

综上所述,式(9.33)、式(9.34)、式(9.28)和式(9.25)组成了 RLS 自适应滤波算法。该算法的核心特征是:在每一次迭代计算中,用计算自适应增益向量 $\boldsymbol{K}(n)$ 的标量除法代替了直接对相关矩阵 $\boldsymbol{R}(n)$ 求逆。总结 RLS 自适应滤波器的算法结构如图 9.2 所示,信号流图如图 9.3 所示。其中,增益向量 $\boldsymbol{K}(n)$ 的计算分为了两步,并引入了中间向量 $\bar{\boldsymbol{K}}(n)$,这样既便于计算,又可以减小有限精度的影响,获得了更好的数值特性。

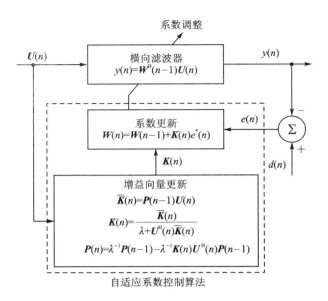

图 9.2　RLS 自适应滤波器的算法结构图

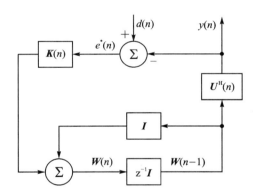

图 9.3　RLS 自适应滤波算法的信号流图

递归运算开始时,需要初始化两个量:
- 滤波器系数 $W(n)$ 的初始值一般指定为 $W(0)=[0,0,\cdots,0]^T$;
- 相关矩阵 $R(n)$ 或逆相关矩阵 $P(n)$ 的初始值一般指定为 $R(0)=\delta I$ 或 $P(0)=\delta^{-1} I$。其中,δ 是正则化参数,一般取值为很小的正数,当滤波器输入数据信噪比较低时,可以适当调大 δ 的取值。

在递归运算时,如果相关矩阵 $R(n)$ 和逆相关矩阵 $P(n)$ 失去了本该具有的厄米特对称性或正定性,则会导致 RLS 算法的计算数值不稳定。在实际运算时,可以通过式(9.34)只计算矩阵 $P(n)$ 的上三角或下三角部分,再利用厄米特对称性 $p_{ij}(n)=p_{ji}^*(n)$ 来补足剩余部分。这样,既保证了矩阵 $P(n)$ 的厄米特对称性,同时还利用了

计算结构的对称性,实现了算法的优化和简化。式(9.34)可以写成以下形式:
$$P(n) = \lambda^{-1}[I - K'(n)U^H(n)]P(n-1) \tag{9.35}$$

如果利用厄米特对称性计算矩阵 $I-K'(n)U^H(n)$ 和 $P(n-1)$ 相乘,则只需计算上三角或下三角部分,然后与标量 λ^{-1} 相乘时同样只需完成上三角或下三角部分矩阵元素的乘法操作,这样就大大减少了计算量。

RLS 算法涉及的背景理论和更详细讨论可参考 Simon Haykin 著的《自适应滤波器原理(第四版)》(2003)、John G. Proakis 等著的《统计信号处理算法》(2006)和 Dimitris G. Manolakis 等著的《统计与自适应信号处理》(2003)。

5. 利用串联或并联结构

对于某些计算复杂、运算量较大的算法,可以考虑对算法进行分解,使其由单级实现转换为多级串联实现或由整体实现转换为多部分并联实现,以简化算法,缓解计算瓶颈,增加系统吞吐量。例如,数字信号采样率下变换(抽取)由单级实现转换为多级实现,可以大大降低对抗混叠低通滤波器的设计要求,显著减少滤波的运算量和滤波器系数的存储量。

对于设计数字 FIR 滤波器而言,滤波器的阶数与滤波器的过渡带宽度和信号采样频率有关,过渡带带宽相对于采样频率越窄,则阶数越高。当通过抽取降低数字信号采样率时,如果抽取倍数很大,抗混叠低通 FIR 滤波器的过渡带相对于信号采样频率来说会很窄,则滤波器的阶数将非常高,以致没有充足的软硬件资源去实现或无法达到实时滤波的要求。将单级抽取转换为多级抽取,相应的抗混叠滤波器也由一级分解为多级,此时,每一级滤波器的过渡带宽度相对于采样频率会大大增加,这样就使每一级滤波器的阶数大幅下降。

若数字信号 $x(n)$ 的采样频率为 f_0,为了使其采样率降低为 f_0/D,则需对该数字信号进行抽取因子为 D 的抽取操作。抽取后,$x(n)$ 的频谱 $X(e^{j2\pi\frac{f}{f_0}})$ 将以抽样频率 f_0/D 为间隔周期重复,为了防止抽取后的信号在频域发生混叠,通常采取的措施是在抽取前设置抗混叠滤波器,对抽取前的信号进行低通滤波,把信号的频带限制在 $\frac{f_0}{2D}$ 以下。单级抽取方案如图 9.4 所示,$h(n)$ 为抗混叠滤波器,它输出的最高频率已被限制在 $\frac{f_0}{2D}$ 以下,因此,抽取不会引起频域混叠现象。

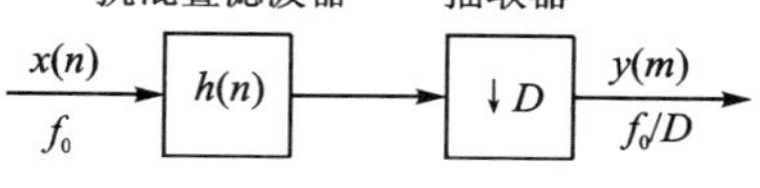

图 9.4 单级抽取方案示意图

单级抽取方案的幅频特性如图 9.5 所示,f_p 为抽取后信号的带宽,也即抗混叠滤波器的通带截止频率,f_s 为阻带截止频率。滤波后的数据被抽取,采样率降为 f_0/D,则滤波后的信号频谱将以 f_0/D 为周期重复,如图 9.5 中的虚线所示。为了避免抽取后信号频谱在频域复制时产生混叠,要求 $f_s \leq \frac{f_0}{2D}$。可见,如果抽取因子

D 很大,则抗混叠滤波器过渡带 f_s-f_p 将远远小于输入信号采样频率 f_0,此时抗混叠滤波器的阶数会非常高。

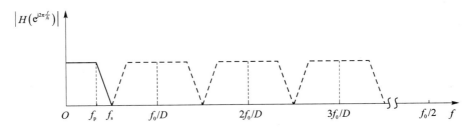

图 9.5　单级抽取方案的幅频特性

例如,对一个采样率为 $f_0=128$ kHz 的数字信号进行单级抽取,抽取因子为 $D=128$,抽取后信号采样率为 $f_0/D=1$ kHz,抽取后信号带宽为 $f_p=0.3$ kHz。采用最优等波纹设计法设计抗混叠 FIR 低通滤波器,设计参数如下:

输入信号采样率:$f_0=128$ kHz;

通带截止频率:$f_p=0.3$ kHz;

阻带截止频率:$f_s=0.5$ kHz;

阻带衰减:-80 dB。

根据以上参数,得到直接型 FIR 滤波器的最小阶数为 1 619 阶,计算量巨大,实时实现非常困难。

为了有效实现采样率转换,需采用多级抽取的方法。多级抽取方案如图 9.6 所示,将抽取因子 D 分解成 I 个小抽取因子 D_i 的乘积,即 $D=\prod_{i=1}^{I}D_i$。在每个抽取器前插入一个抗混叠低通滤波器 $h_i(n)$ 形成一级独立抽取,每一级的输出采样率为 $f_i=f_{i-1}/D_i$,最后一级的输出采样率为 $f_I=f_{I-1}/D_I=f_0/D$,整个系统由 I 个独立的子抽取级联组成。

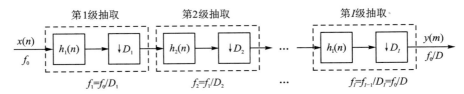

图 9.6　多级抽取方案示意图

当采取多级抽取方案时,要求各级子抽取的幅频特性如图 9.7 所示。

对于第 1 级抽取,输入信号采样率为 f_0,输出信号采样率为 f_1,抗混叠滤波器通带截止频率为 f_p,也即多级抽取后信号的带宽,阻带截止频率为 f_1-f_s,过渡带宽度为 $f_1-f_s-f_p$。与单级抽取相比,过渡带宽度由 f_s-f_p 变为 $f_1-f_s-f_p$,当 f_1 远大于 f_s 时,过渡带宽度比单级抽取时有了很大的增长,因此,对于同样的输入信号采

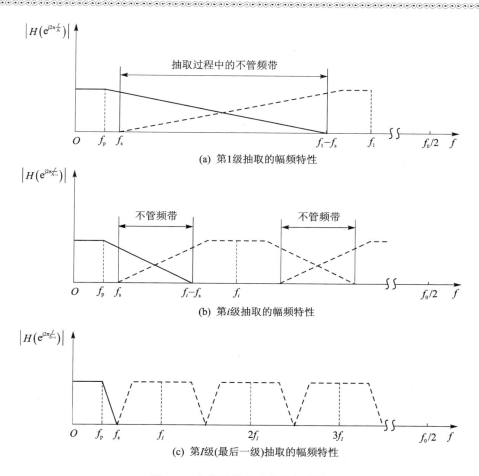

图 9.7 多级抽取方案的幅频特性

样率 f_0,第 1 级抽取抗混叠滤波器的阶数将比单级抽取抗混叠滤波器的阶数大幅下降。注意:这里抽取后虽然在区间 $[f_s, f_1-f_s]$ 内产生了混叠,但该混叠不会对基带 $[0, f_s]$ 有用信号产生影响,混叠信号将会在最后一级抗混叠滤波器中被全部滤除,因此,设计时可以对这部分不加以制约,这一区间称为抽取的不管频带。在设计各级滤波器时,只需保证区间 $[0, f_s]$ 内无混叠即可。

对于中间第 i 级抽取,抗混叠低通滤波器的设计参数基本要求如下:

输入信号采样率:f_{i-1};

抽取后输出信号采样率:$f_i = f_{i-1}/D_i$;

通带截止频率:f_p;

阻带截止频率:$f_i - f_s$。

第 I 级(最后一级)抽取的幅频特性如图 9.7(c)所示。为了避免抽取后信号频谱产生混叠,要求 $f_s \leqslant f_I/2$,为了尽可能扩大过渡带以减小滤波器阶数,一般选取

$f_s = f_I/2$。虽然最后一级低通滤波器的过渡带与单级抽取滤波器的过渡带相同,但最后一级输入信号的采样率已经降为 $f_{I-1} = f_0 \big/ \prod_{i=1}^{I-1} D_i$,过渡带的相对宽度大大增加,滤波器的阶数明显降低。

为了对比单级抽取方案和多级抽取方案,依然使用上文所述单级抽取的计算举例,即输入信号采样率为 $f_0 = 128\ \mathrm{kHz}$,抽取因子为 $D = 128$,抽取后信号带宽为 $f_p = 0.3\ \mathrm{kHz}$。使用 MATLAB 软件中的滤波器设计和分析工具箱,采用最优等波纹设计法设计最小阶数的抗混叠 FIR 低通滤波器,设计参数和设计结果对比如表 9.1 所列。可见,如果采用单级抽取方案,计算量巨大,几乎不可能实时实现,而采用三级抽取方案,计算量下降一个数量级以上,算法优化和简化效果明显。

表 9.1 单级抽取和多级抽取的抗混叠滤波器设计参数和运算量对比

抽取方案 设计参数	单级抽取	三级抽取		
		第 1 级	第 2 级	第 3 级
输入采样率/kHz	128	128	16	4
输出采样率/kHz	1	16	4	1
抽取因子	128	8	4	4
阻带衰减/dB	−80	−80	−80	−80
通带截止频率/kHz	0.3	0.3	0.3	0.3
阻带截止频率/kHz	0.5	15.5	3.5	0.5
过渡带/kHz	0.3~0.5	0.3~15.5	0.3~3.5	0.3~0.5
不管频带/kHz	—	0.5~15.5	0.5~3.5	—
滤波器阶数	1 619	20	11	50
乘法次数	1 619	20	11	50
		81		
加法次数	1 618	19	10	49
		78		

9.3 算法的转化和移植

在实时数字信号处理系统中,当原始算法中的计算和操作无法直接映射到目标处理器的硬件计算资源或软件指令中时,就需要进行算法的转化和移植,开发适合于特定处理器的新的计算方法。以下举例说明。

第9章 实时数字信号处理系统实现的技术手段

1. 运算符号的转化

在数字信号处理器中,一般是没有除法指令或硬件除法单元的,所以进行除法运算时要将除法进行转化。除了5.3节给出的除法运算方法外,对于固定除数的定点除法运算还可以转化为乘法和移位操作,从而进一步简化算法。

例如,定点数 x 被7除可以近似地表示为

$$y = \frac{x}{7} \approx \frac{x}{2^3} \times 1 \tag{9.36}$$

式中:除以 2^3 的操作可以通过右移3位来实现。可见,算法经过近似后,除法操作便可转化为简单的移位操作。更高精度的计算结果可以通过增加除数中2的幂次和增大乘数因子来实现,如

$$y = \frac{x}{7} \approx \frac{x}{7.1111} = \frac{x}{2^6} \times 9 \tag{9.37}$$

式中:除以 2^6 的操作可以用右移6位来等效实现。进一步更细致地近似后可得

$$y = \frac{x}{7} \approx \frac{x}{7.0136} = \frac{x}{2^9} \times 73 \tag{9.38}$$

对比式(9.36)~式(9.38),仅通过增加移位操作的数量就得到了更加精确的固定除数除法结果,显然这是一种成功且高效的算法转化。

2. 复杂连续函数的多项式近似

一般的数字信号处理器是无法直接计算三角函数、指数、对数和乘方等复杂函数的,可以将这些函数先展开为 Taylor 级数或 Maclaurin 级数,然后再取有限长的多项式来近似这些连续函数,这样就将复杂连续函数的计算转换为一系列简单的乘法和加法运算,更好地适合数字信号处理器的硬件操作。

若函数 $f(x)$ 在 $x=x_0$ 处任意次可导,则在 $x=x_0$ 处的 Taylor 级数展开为

$$f(x) = \sum_{n=0}^{\infty} \frac{f^{(n)}(x_0)}{n!} (x-x_0)^n \tag{9.39}$$

式中: $f^{(n)}(x_0)$ 是 $f(x)$ 在 $x=x_0$ 处的 n 阶导数。当 $x_0=0$ 时,式(9.39)即简化为 Maclaurin 级数

$$f(x) = \sum_{n=0}^{\infty} \frac{f^{(n)}(0)}{n!} x^n \tag{9.40}$$

一些常用函数的级数展开式如表9.2所列,更复杂函数的级数展开可直接由这些常用函数的级数展开推导出来。

从表9.2所列常用函数的幂级数展开式可知,复杂函数的计算转换为一系列的固定除数的除法、乘法和加法运算,而从上文可知,固定除数的除法也可转换为乘法和移位操作,这样就更便于数字信号处理器的硬件操作。多项式逼近的主要缺点是:为了达到较高的逼近精度需要进行大量的移位、乘法和累加计算,运算时间较长。

表 9.2 常用函数的幂级数展开式

函　数	幂级数展开式	收敛区间
$\sin(x)$	$x - \dfrac{x^3}{3!} + \dfrac{x^5}{5!} - \dfrac{x^7}{7!} + \cdots + (-1)^n \dfrac{x^{2n+1}}{(2n+1)!} + \cdots$	$\|x\| < \infty$
$\cos(x)$	$1 - \dfrac{x^2}{2!} + \dfrac{x^4}{4!} - \dfrac{x^6}{6!} + \cdots + (-1)^n \dfrac{x^{2n}}{(2n)!} + \cdots$	$\|x\| < \infty$
$\ln(1+x)$	$x - \dfrac{x^2}{2} + \dfrac{x^3}{3} - \dfrac{x^4}{4} + \cdots + (-1)^n \dfrac{x^{n+1}}{n+1} + \cdots$	$-1 < x \leqslant 1$
e^x	$1 + x + \dfrac{x^2}{2!} + \dfrac{x^3}{3!} + \cdots + \dfrac{x^n}{n!} + \cdots$	$\|x\| < \infty$
$\dfrac{1}{1-x}$	$1 + x + x^2 + x^3 + \cdots + x^n + \cdots$	$\|x\| < 1$
$(1+x)^m$	$1 + mx + \dfrac{m(m-1)}{2!}x^2 + \cdots + \dfrac{m(m-1)\cdots(m-n+1)}{n!}x^n + \cdots$	$\|x\| < 1$，m 为任意常数

取不同阶数（长度）的 Maclaurin 级数对正弦函数进行逼近的情况如图 9.8 所示，可见，阶数越高，多项式对函数的逼近越精确。此外，正弦函数输入值的范围也会影响逼近精度，输入值越小，相同阶数达到的逼近精度越高。

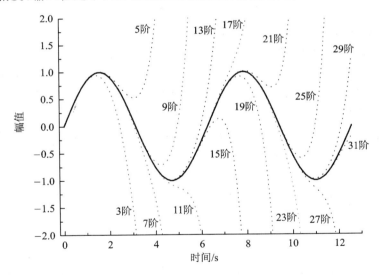

图 9.8　用多项式对正弦函数的逼近

3. 复杂函数的迭代逼近

从上文讨论可知，对于指数、对数和三角函数等超越函数，可以利用 Taylor 级数或 Maclaurin 级数来近似这个函数，这样计算就转换为一系列乘法和加法运算了，但是，为了达到高的近似精度就需要较大运算量。一种更有效的方法就是基于坐标旋转数字式计算机（Coordinate Rotation Digital Computer，CORDIC）的算法。

CORDIC 算法是一种迭代算法,几乎所有的超越函数都可以用其进行计算,本书只以计算正弦和余弦函数为例介绍 CORDIC 算法的基本工作原理。

CORDIC 算法是一个逐步逼近的算法,它利用一系列二进制近似的矢量旋转来逐步逼近预期角度。对于计算正弦和余弦函数,该算法是非常有效的,其广泛应用于快速傅里叶变换 FFT 和离散余弦变换 DCT 等算法的快速实时计算中。

基于圆坐标系的旋转逼近原理如图 9.9 所示。在 $x-y$ 坐标平面内,(x_0,y_0) 为旋转的初始矢量点,简单起见可以将初始矢量定义为单位长矢量 $(1,0)$,(x_i,y_i) 为第 i 次旋转到达的矢量点,θ_{i-1} 为第为 i 次旋转过的角度,$A_0=\theta$ 为旋转的目标角度,A_i 为第 i 次旋转后目标矢量与旋转矢量的角度差。

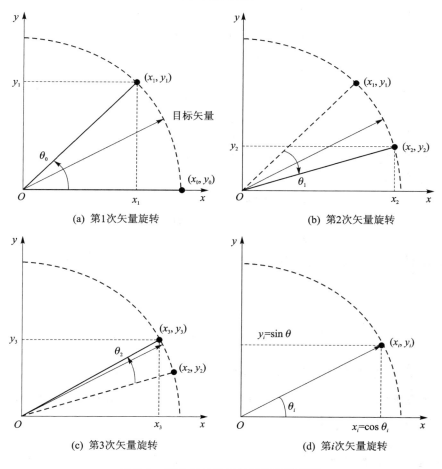

(a) 第1次矢量旋转　　(b) 第2次矢量旋转

(c) 第3次矢量旋转　　(d) 第i次矢量旋转

图 9.9　基于圆坐标系的旋转逼近原理

将点 (x_0,y_0) 逆时针旋转 θ_0 角度后到达点 (x_1,y_1),两点的旋转关系可表示为

$$\left.\begin{aligned} x_1 &= x_0 \cos\theta_0 - y_0 \sin\theta_0 \\ y_1 &= x_0 \sin\theta_0 + y_0 \cos\theta_0 \\ A_1 &= A_0 - \theta_0 \end{aligned}\right\} \quad (9.41)$$

$$\left.\begin{aligned} x_1 &= \cos\theta_0 (x_0 - y_0 \tan\theta_0) \\ y_1 &= \cos\theta_0 (y_0 + x_0 \tan\theta_0) \\ A_1 &= A_0 - \theta_0 \end{aligned}\right\} \quad (9.42)$$

式中：第三个方程称为角度累加器，在每次迭代时用于追踪已经旋转过的所有角度的累加和。

由于已经旋转超过目标角度，所以再将点(x_1, y_1)顺时针旋转θ_1角度后到达点(x_2, y_2)，两点的旋转关系可表示为

$$\left.\begin{aligned} x_2 &= x_1 \cos\theta_1 + y_1 \sin\theta_1 \\ y_2 &= -x_1 \sin\theta_1 + y_1 \cos\theta_1 \\ A_2 &= A_1 + \theta_1 \end{aligned}\right\} \quad (9.43)$$

$$\left.\begin{aligned} x_2 &= \cos\theta_1 (x_1 + y_1 \tan\theta_1) \\ y_2 &= \cos\theta_1 (y_1 - x_1 \tan\theta_1) \\ A_2 &= A_1 + \theta_1 \end{aligned}\right\} \quad (9.44)$$

为了逼近目标角度，再将点(x_2, y_2)逆时针旋转θ_2角度后到达点(x_3, y_3)，两点的旋转关系可表示为

$$\left.\begin{aligned} x_3 &= \cos\theta_2 (x_2 - y_2 \tan\theta_2) \\ y_3 &= \cos\theta_2 (y_2 + x_2 \tan\theta_2) \\ A_3 &= A_2 - \theta_2 \end{aligned}\right\} \quad (9.45)$$

以此类推，逐步减小旋转的角度增量，第$i+1$次旋转迭代后可得

$$\left.\begin{aligned} x_{i+1} &= \cos\theta_i (x_i - y_i D_i \tan\theta_i) \\ y_{i+1} &= \cos\theta_i (y_i + x_i D_i \tan\theta_i) \\ A_{i+1} &= A_i - D_i \theta_i = A_0 - \sum_{I=0}^{i} D_I \theta_I \end{aligned}\right\} \quad (9.46)$$

式中：$\sum_{I=0}^{i} D_I \theta_I$为已经旋转过的所有角度的累加和，$D_i$为旋转方向判决因子。当目标角度比累加的角度大时，判决因子D_i为1；当目标角度比累加的角度小时，判决因子D_i为-1。判决因子定义为

$$D_i = \text{sign}\, A_i = \pm 1 \quad (9.47)$$

在这里，把旋转变换改成了迭代算法，使得对任意目标角度的旋转能通过一系列逐步变小的角度旋转迭代来完成逼近。为了便于数字信号处理器硬件计算，每次迭代的旋转角度遵循法则

$$\tan\theta_i = 2^{-i} \quad (9.48)$$

这样，就将与正切项的乘法变成了简单的移位操作。因此，旋转逼近的通用迭

第 9 章 实时数字信号处理系统实现的技术手段

方程又可以表示为

$$\left.\begin{aligned}
x_{i+1} &= k_i(x_i - D_i y_i 2^{-i}) \\
y_{i+1} &= k_i(y_i + D_i x_i 2^{-i}) \\
A_{i+1} &= A_i - D_i \theta_i \\
D_i &= \text{sign } A_i \\
k_i &= \cos \theta_i = \frac{1}{\sqrt{1+\tan^2 \theta_i}} = \frac{1}{\sqrt{1+2^{-2i}}}, \quad 0 \leqslant \theta_i \leqslant \frac{\pi}{2}
\end{aligned}\right\} \tag{9.49}$$

旋转结束的标志是 $A_n = 0$ 或满足迭代结束条件 $|A_n| \leqslant \delta$（δ 为一个小的正数），则有

$$\left.\begin{aligned}
x_n &= k_{n-1}[x_{n-1} - D_{n-1} y_{n-1} 2^{-(n-1)}] \\
y_n &= k_{n-1}[y_{n-1} + D_{n-1} x_{n-1} 2^{-(n-1)}] \\
A_n &= A_{n-1} - D_{n-1} \theta_{n-1}
\end{aligned}\right\} \tag{9.50}$$

从上述迭代过程可以看出，每次计算新的旋转矢量点都需要乘以因子 k_i。我们可以在迭代过程中先忽略因子 k_i，则通用迭代方程简化为关于加、减、比较和移位的操作，如下：

$$\left.\begin{aligned}
\hat{x}_{i+1} &= \hat{x}_i - D_i \hat{y}_i 2^{-i} \\
\hat{y}_{i+1} &= \hat{y}_i + D_i \hat{x}_i 2^{-i} \\
A_{i+1} &= A_i - D_i \theta_i \\
D_i &= \text{sign } A_i
\end{aligned}\right\} \tag{9.51}$$

当迭代结束后，再一次性地乘以所有因子 $k_0, k_1, \cdots, k_i, \cdots, k_{n-1}$，即

$$\left.\begin{aligned}
x_n &= K_n \hat{x}_n \\
y_n &= K_n \hat{y}_n \\
K_n &= \prod_{i=0}^{n-1} k_i
\end{aligned}\right\} \tag{9.52}$$

在实际应用中，应事先基于可能的迭代次数计算出 K_n，这样，唯一的乘法操作就只是在计算结束时发生一次，而且是可以进一步优化的常数因子乘法。

表 9.3 给出了在 CORDIC 算法中每次迭代计算所需的基本参数。

表 9.3　CORDIC 算法中的基本参数

旋转次数 i	旋转角度 θ_i	$\tan \theta_i = 2^{-i}$	$k_i = \cos \theta_i$
0	45	1	0.707 106 781
1	26.555 051 177 1	0.5	0.894 427 191
2	14.036 243 467 9	0.25	0.970 142 5
3	7.125 016 348 9	0.125	0.992 277 877
4	3.576 334 375 0	0.062 5	0.998 052 578

续表 9.3

旋转次数 i	旋转角度 θ_i	$\tan \theta_i = 2^{-i}$	$k_i = \cos \theta_i$
5	1.789 910 608 2	0.031 25	0.999 512 078
6	0.895 173 710 2	0.015 625	0.999 877 952
7	0.447 614 170 9	0.007 812 5	0.999 969 484
8	0.223 810 500 4	0.003 906 25	0.999 992 371
9	0.111 905 677 1	0.001 953 125	0.999 998 093
10	0.055 952 891 9	0.000 976 563	0.999 999 523
⋮	⋮	⋮	⋮

CORDIC 算法中的迭代运算只包括加、减、比较和移位操作,所有这些操作均可方便地在单个时钟周期内执行,唯一的乘法运算是在迭代结束后进行,而且是常系数乘法。因此,相对于 Taylor 级数近似,使用 CORDIC 算法计算正弦和余弦函数使用的资源更少,计算速度更快。更详细的理论证明和其他函数计算方法,读者可以参考关于 CORDIC 理论的相关书籍和论文。

4. 查表法和查表-计算混合法

如果复杂算法的映射目标系统具有充裕的存储资源,则可以考虑将复杂算法计算转化为查表法或查表-计算混合法,尤其对于计算量较大的算法、实时性要求较高的算法、具有周期性的算法以及输入范围有限的算法等。查表法和查表-计算混合法在第 7 章已经进行过详细介绍和举例,此处不再赘述。

9.4 算法的分解

算法的分解就是将一个复杂算法分解为多个并行或串行的子算法或子模块,每个模块均是包含一条或多条指令的相对完整的运算或操作任务,能够接收数据、处理数据和输出数据。这种分解既要按照计算功能和操作任务进行划分,同时还要考虑数据的分类和流向。算法分解的基本原则是:
- 分解后的子模块功能相对独立;
- 各个子模块的任务量均匀;
- 各个子模块间的数据通信负荷小;
- 各个子模块执行任务的顺序和数据流动方向要规律、有序。

算法的分解一般是在分析算法结构图和数据流程图的基础上进行的,粗略来说分为两大步骤:一是算法初步分解,二是改进算法分解。每个大步骤里又包含若干个小环节,具体介绍如下:

1. 算法初步分解

① 按功能对算法进行初步划分,把算法分解成功能相对独立的模块;

② 分析数据之间的先后顺序和依赖关系；
③ 寻找任务的相似性、关联性和并行性；
④ 重新将多个任务整合成新的模块；
⑤ 分析初步分解算法的通信联系和时序关系。

2. 算法分解的改进

① 分别列出各个子模块的运算功能和操作任务，然后进行对比，寻找共同点，以确定可采用相似子程序的模块，从而开发可重用的高效率模块。

② 考虑前文介绍的算法复杂度定义及其影响因素来评估各个模块的复杂度，并最终确定计算瓶颈在哪些模块。通过把处理时间较长的模块进一步分解成多个更小规模的任务串行模块或数据并行模块结构来提高计算速度和吞吐量，以消除瓶颈，如图 9.10 所示。

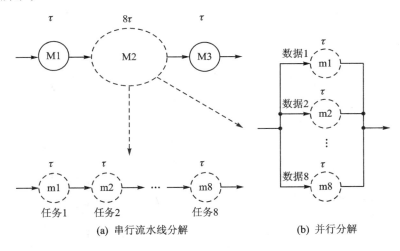

图 9.10 瓶颈算法模块分解

例如，在信号处理系统中常常会碰到矩阵和向量的运算，当矩阵阶数较高时，该运算往往成为计算瓶颈，我们可以把较大的矩阵运算分解为多个小规模的运算来缓解计算时间瓶颈，这实际上也是用资源换取速度的典型应用。

对于一个 4×4 矩阵和 4×1 向量的乘法

$$\begin{bmatrix} y_1 \\ y_2 \\ y_3 \\ y_4 \end{bmatrix} = \begin{bmatrix} c_{11} & c_{12} & c_{13} & c_{14} \\ c_{21} & c_{22} & c_{23} & c_{24} \\ c_{31} & c_{32} & c_{33} & c_{34} \\ c_{41} & c_{42} & c_{43} & c_{44} \end{bmatrix} \begin{bmatrix} x_1 \\ x_2 \\ x_3 \\ x_4 \end{bmatrix}$$

共需要进行 16 次乘法和 12 次加法，如果只使用一个 MAC 单元进行计算，则完成所有计算需要 16 个 MAC 计算周期，如图 9.11 所示。

将 4×4 矩阵和 4×1 向量的乘法分解为 4 个向量乘法，并使用 4 个 MAC 单元

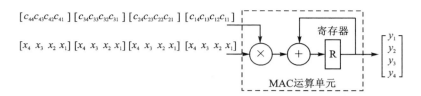

图 9.11　使用 1 个 MAC 运算单元实现 4×4 矩阵和 4×1 向量的乘法

并行计算,则矩阵和向量乘法的计算时间缩短为 4 个 MAC 计算周期,如图 9.12 所示。这样就把处理时间较长的模块分解成了多个小规模的数据并行结构,从而提高了计算速度,消除了瓶颈。

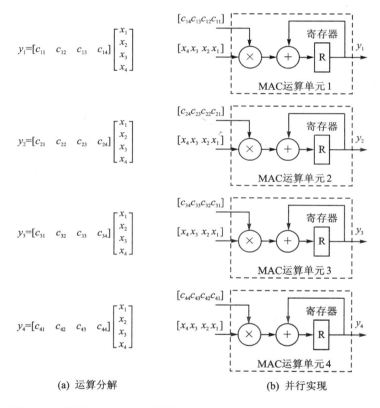

(a) 运算分解　　　　　　　　　　　(b) 并行实现

图 9.12　使用 4 个 MAC 运算单元实现 4×4 矩阵和 4×1 向量的乘法

如图 9.13 所示,把 4×4 矩阵和 4×1 向量分块后再相乘。分块计算把整个运算分解成了 8 个向量乘法,使用 8 个 MAC 单元并行计算,则矩阵和向量乘法的计算时间可进一步缩短到 2 个 MAC 计算周期外加 1 个加法延时。

③ 为了获得均衡而高效的算法分解结果,有时需要重新分配各个模块的运算和操作任务,使数据流程图中各个子模块的执行时间变得更平衡一致,从而改善时序安排,加快数据流动速度。均衡和细分模块任务来平衡模块执行时间的方法如图 9.14

第 9 章 实时数字信号处理系统实现的技术手段

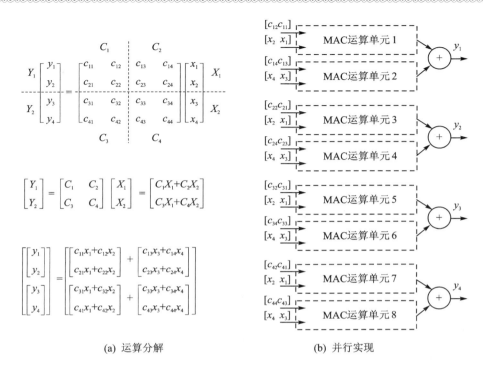

(a) 运算分解　　　　　　　　(b) 并行实现

图 9.13　使用 8 个 MAC 运算单元实现 4×4 矩阵和 4×1 向量的乘法

所示,各个运算模块采用串行流水线操作模式工作,流水周期取决于流水线中最大的模块延时。

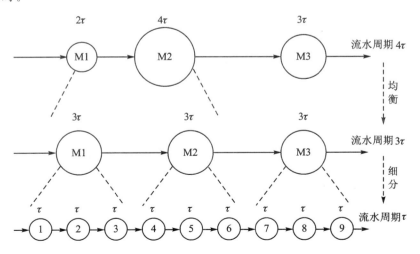

图 9.14　平衡模块执行时间示意图

例如,对于一个如图 7.3 所示的 6 阶 FIR 滤波器直接型结构,其硬件直接实现如图 9.15 所示。滤波运算由位于输入寄存器和输出寄存器之间的全组合逻辑并行乘加模块实现,该模块的最大延时由最长的加法链决定,为 $\tau_m+5\tau_a$,其中,τ_m 为乘法单元的延时,τ_a 为加法单元的延时。因此,该结构每隔时间 $\tau_m+5\tau_a$ 才能计算出一个输出值。由于使用了输入寄存器和结果寄存器,所以将产生两个流水线延时,即输入为 $x(n)$ 时,输出为 $y(n-2)$。

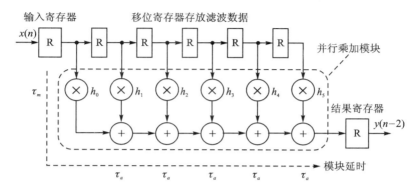

图 9.15　6 阶 FIR 滤波器直接型结构的硬件直接实现

将图 9.15 中的串行加法器链结构改为并行加法器树结构,如图 9.16 所示。将 5 个链式加法运算重新划分成了 3 层树结构,模块的最大延时也减小为 $\tau_m+3\tau_a$,该结构每隔时间 $\tau_m+3\tau_a$ 就能计算出一个输出值。

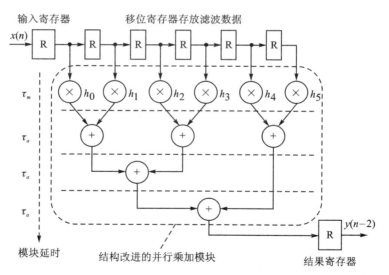

图 9.16　6 阶 FIR 滤波器直接型结构的硬件直接实现改进

为了进一步减小运算延时,将图 9.15 中的乘加运算模块细分为 6 个子模块,并在子模块之间插入寄存器,形成流水线结构,如图 9.17 所示。注意,为了保证数据和系数相乘的同步,也需要在每个数据移位寄存器后插入一级额外的寄存器。这里,每个子模块的延时为 $\tau_m+\tau_a$,所有子模块在同一个时钟驱动下流水工作,因此,该结构

每隔时间 $\tau_m+\tau_a$（即流水周期）就能计算出一个输出值。由于在子模块间插入了 5 个寄存器，所以输出多了 5 个附加流水线延时，即输入为 $x(n)$ 时，输出为 $y(n-2-5)$。

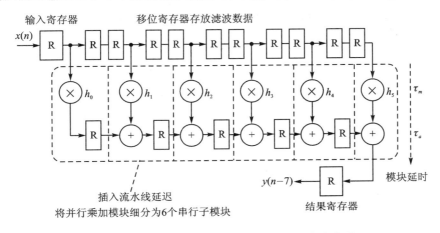

图 9.17 6 阶 FIR 滤波器直接型结构的流水线实现

根据图 3.7 所示的离散时间系统转置直接Ⅱ型结构，可得 FIR 滤波器转置直接型结构的硬件直接实现，如图 9.18 所示。相比图 9.17 中 FIR 滤波器直接型结构的流水线实现，转置直接型结构本身就是流水线结构，且结构更简单，资源占用更少，输出没有附加流水延时。这里，每个子模块的延时同样为 $\tau_m+\tau_a$，所有子模块在同一个时钟驱动下流水工作，因此，该结构每隔时间 $\tau_m+\tau_a$ 也能计算出一个输出值。

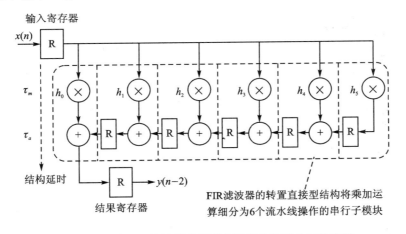

图 9.18 6 阶 FIR 滤波器转置直接型结构的硬件直接实现

再例如，在图 8.13 所示的自适应滤波器硬件实现结构中，对于输入样本 $u(n)$，完成一次迭代计算并开始处理下一个输入样本 $u(n+1)$ 之前，必须计算出 $y(n)$、$e(n)$ 和更新系数 $\hat{w}(n)$。每次迭代计算的最大延时由横向滤波器的计算时间和系数更新时间决定，最大延时路径如图 9.19 所示。显然，横向滤波器的计算时间为 $\tau_m+m\tau_a$，

系数更新时间为 $2\tau_m+2\tau_a$，路径总延时（即该结构的流水周期）为 $3\tau_m+(m+2)\tau_a$。

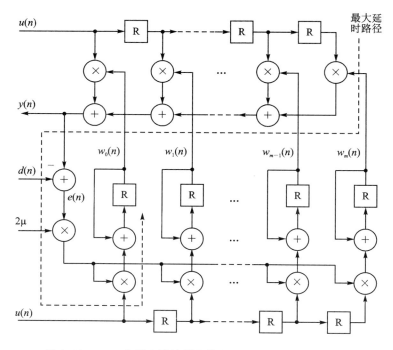

图 9.19　LMS 自适应滤波器硬件实现结构中最大延时路径

为了减小计算延时，在最大延时路径中插入寄存器，将计算任务均衡、细分，形成两级流水线形式的 LMS 自适应滤波结构，如图 9.20 所示。第 1 级计算时间为路径 1 的延时 $\tau_m+(m+1)\tau_a$，这一级将计算出 $e(n)$；第 2 级计算时间为路径 2 的延时 $2\tau_m+\tau_a$，这一级将更新系数 $\hat{w}(n)$。该结构的流水周期取 $\tau_m+(m+1)\tau_a$ 和 $2\tau_m+\tau_a$ 中的较大值，计算速度得到大幅提升。

此处要注意，由于在系数更新路径插入一级延时，所以系数更新表达式将发生变化。

标准的系数更新表达式为

$$\left.\begin{array}{l} w_0(n+1) = w_0(n) + 2\mu e(n)u(n) \\ w_1(n+1) = w_1(n) + 2\mu e(n)u(n-1) \\ \quad\vdots \\ w_m(n+1) = w_m(n) + 2\mu e(n)u(n-m) \end{array}\right\} \quad (9.53)$$

插入一级延时后的系数更新表达式为

$$\left.\begin{array}{l} w_0(n+1) = w_0(n) + 2\mu e(n-1)u(n-1) \\ w_1(n+1) = w_1(n) + 2\mu e(n-1)u(n-2) \\ \quad\vdots \\ w_m(n+1) = w_m(n) + 2\mu e(n-1)u(n-m-1) \end{array}\right\} \quad (9.54)$$

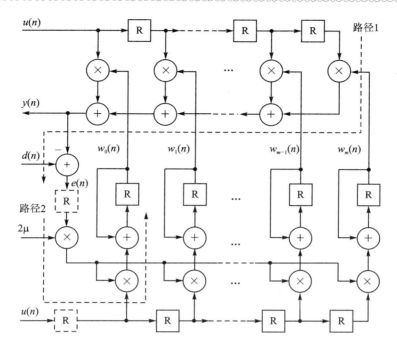

图 9.20　LMS 自适应滤波器的流水线结构

可见,若 $e(n)u(n)$ 在一级流水线延时期间的变化足够缓慢,即满足 $e(n)u(n) \approx e(n-1)u(n-1)$,则该流水线结构是实际可行的。但是,修改 LMS 算法毕竟会改变其性能,需对流水线结构进行充分和细致的仿真分析。

9.5　软硬件联合设计

在传感器和仪器仪表中,将算法在实时数字信号处理系统中实现经常需要同时进行软件和硬件设计,软硬件联合设计流程如图 9.21 所示,主要包括以下几个步骤:

(1) 确定系统功能和性能指标

确定设计任务和目标,明确系统功能需求和性能要求,主要包括精度、速度、成本、体积、功耗、可靠性、环境要求和资源要求等。

(2) 复杂操作和关键算法的选择与设计

根据已经明确的系统功能和性能指标要求,确定系统所需进行的复杂操作和核心算法。如前文所述,本步骤首先要得到复杂操作的逻辑关系描述和核心算法的数学描述,然后对二者进行优化和简化,最后完成复杂操作的逻辑功能仿真验证和核心算法的数值仿真验证。相关操作和算法向特定软硬件资源的转化、移植、分解和映射要与下面 3 个步骤同步进行,该过程在前文已经详细讨论,此处不再赘述。

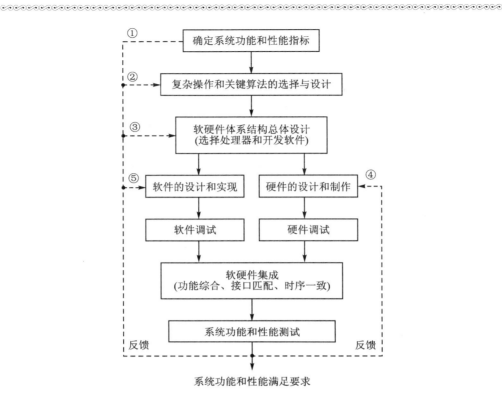

图 9.21 软硬件联合设计流程

(3) 软件和硬件体系结构总体设计

体系结构设计是实时数字信号处理系统的总体设计,它需要确定系统的总体构架,从功能上对软件和硬件进行划分,一些操作和运算直接由硬件完成,而另一些则由运行在可编程平台上的软件完成。在此基础上,确定系统的硬件选型(主要是处理器选型)、软件类型和工作环境(包括操作系统和开发环境等)。

(4) 硬件的设计、制作及测试

在这一阶段要确定硬件部分的各功能模块及模块之间的关联,并在此基础上完成元器件的选择、原理图绘制、印刷电路板设计、硬件的装配与测试以及目标硬件最终的确定和测试。典型的设计方法是选择一种现有的处理器作为处理核心,针对要解决的实际问题,添加相应的辅助处理器、接口电路和存储器等,并选择多处理器拓扑结构,为各个处理器分配存储器空间,定义处理器间通信方式。硬件设计还包括以下几个方面的辅助设计工作:

- 供电设计:包括额定电压和额定电流要求、电源滤波和退耦、加电顺序控制等;
- 接口设计:包括接口电平要求、接口形式(串行、并行、差分、单端等)、接口的扇入和扇出能力等;

第 9 章　实时数字信号处理系统实现的技术手段

- 存储器配置：包括从用途上选取数据存储器、程序存储器和缓存器等，还包括从种类上选择 RAM、ROM 和 Flash 存储器等；
- 时钟设计：包括频率和相位的精确度和稳定度、多时钟系统设计等；
- 处理器的外设配置：包括配置模/数转换器、数/模转换器、PWM 控制器、定时器、电压基准源等；
- 可靠性设计：包括器件质量等级和寿命、系统薄弱环节分析和冗余、特殊工作环境等；
- 安全性设计：包括散热设计、电磁兼容设计、力学设计等。

(5) 软件的设计、实现及测试

这部分工作与硬件开发并行、交互进行。软件设计主要完成引导程序的编制、操作系统的移植、驱动程序的开发、应用软件的编写等工作。设计工作完成后，软件开发进入实现阶段，主要是嵌入式软件的生成(编译、链接)、调试和固化运行，最后完成软件的测试。

使用 C 语言等高级语言编程是可以独立于硬件的，通过使用特定的编译器对通用程序编译来生成面向特定硬件的程序。高级语言编写程序速度较快，而且程序运行环境变化后，只需重新编译程序即可在新的硬件平台上运行，程序是可移植的，程序的维护和修改也容易。用汇编语言和硬件描述语言等底层语言编程是面向硬件的，所编制的程序与硬件结构一致，该类程序运行速度快，但编写和修改时间长，如果硬件环境变化，则程序必须重写。无论用什么语言编程，程序的调试、固化和测试都必须依赖于硬件。

用高级语言编写程序的优点很多，但也存在程序运行速度慢、效率低的缺点。通过优化软件的组织结构，可以改善编译效果、提高代码运行效率。下面给出几种程序结构的优化方法：

- 按照计算种类和结构、数据特点和相关性等标准将程序划分成不同的功能模块。
- 从顺序代码中提取所有可重用模块，将其组织成可反复调用的独立子程序。
- 在保证算法精度和动态范围要求的前提下，选择处理速度最快的数据类型。实时数字信号处理系统中常用数据类型有整型数和定点数、单精度浮点数、双精度浮点数等。
- 优化数据表中的数据存储结构和顺序，提高数据存取速度，从而提高程序处理速度。例如，在程序的关键路径上，以顺序访问的方式或容易寻址的方式存储将要处理的数据。
- 把数据量较大的计算程序代码进行分解和排序，尽量使数据流程图中少出现反馈、跳跃和多重嵌套式的连接，避免反复调用数据，这样就可以高效利用高速缓存，减小高速缓存和慢速存储器之间的通信，从而提高程序运行速度。

（6）软件和硬件集成

将测试好的软件装入硬件系统中，进行软硬件联合调试和测试，主要包括：
- 软件对硬件资源的访问和控制是否正确、精准；
- 硬件资源的功能和性能能否满足软件工作的要求；
- 软件和硬件工作时序的一致性；
- 验证软硬件系统功能是否能够正确无误地实现；
- 将正确的软件固化在硬件中。

本阶段的工作是整个开发过程中最复杂、最费时的，需要软件和硬件设计人员协同工作，还需要相应的辅助工具支持。

（7）系统功能和性能测试

测试软件和硬件协同工作时要注意系统功能和性能是否满足各项设计指标和要求。若不能满足，首先，考虑折衷系统功能和性能指标，或更改算法结构，使其在现有的软硬件资源上运行能满足要求；其次，考虑修改软件程序，但保持系统体系和硬件不变；最后，也是最坏的情况，则需要重新对硬件或系统体系进行设计，这样的反馈改进代价最大，要尽量避免，因此，在初期硬件设计时就要给关键硬件资源留足余量，并保留一些扩展的接口。

9.6 通信优化设计

为了得到高效的算法实现结果，必须对处理器间的通信和模块间的数据交换进行优化设计。实时数字信号处理系统中常用的通信优化手段有以下几种：

① 按数据流分解算法时，算法分割的位置应该是在数据流量较小的地方以及数据流动方向单一的地方，以减小处理器之间的通信量。

② 数据传输应尽量在可直接通信的处理器之间进行，且大数据量的通信应安排在有高性能通信接口和大量缓存的处理器之间。

③ 按控制流分解算法时，应将各个模块之间对数据的同步需求降为最低，这样就可以减小快速和慢速模块同步时造成的延迟。如图 9.22 所示，如果两个模块间对所处理的数据有同步需求，则需要引入同步延迟，从而造成通信速度下降。

④ 如果对数据的处理和通信能同时进行，也就是说，当部分数据到达即可同步开始处理，或部分数据处理完即可同步开始发送时，可以设法把通信时间隐藏在处理时间中，以减小通信时间的开销，如图 9.23 所示。

⑤ 通信时间优化设计不仅是数据传输的问题，同时也与数据处理算法的存储和处理数据的方式紧密相关。

如果一个算法只有当一组输入数据完全到达并存储后才能开始处理数据，也即该算法采用数据分组传输、存储和处理方法，那么算法的通信、存储和处理过程可以设计成如图 9.24 所示的形式。可见，输出数据之间的间隔是通信时间和计算时间的

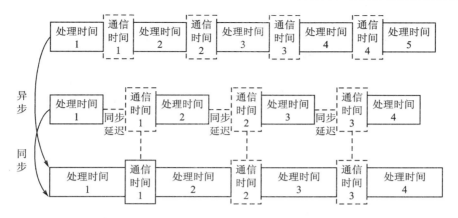

图 9.22 同步需求对通信速度的影响

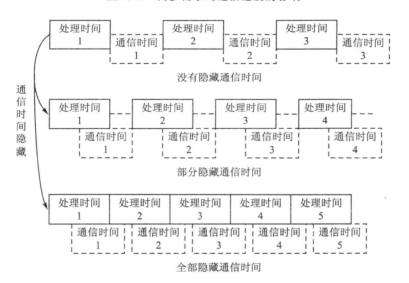

图 9.23 通信时间隐藏示意图

总和,输出数据相对于输入数据的延时由计算时间决定。

对图 9.24 所示的数据分组处理方式进行通信优化。增加接收数据存储资源,使得在处理第 1 组接收数据的同时,也可以接收和存储第 2 组数据,这样就把第 2 组数据通信时间隐藏到了第 1 组数据处理时间之中,如图 9.25 所示,显然,输出数据之间的间隔大大缩小。

例如,对于一个随机信号 $x(i)$ ($i=\underbrace{1,2,\cdots,N}_{\text{第1组}},\underbrace{N+1,\cdots,2N}_{\text{第2组}},2N+1,\cdots$),以每 N 个采样值为一组进行方差估计,第 n 组数据的方差估计表达式如下:

$$\hat{\sigma}_n^2 = \frac{1}{N}\sum_{i=(n-1)N+1}^{nN}[x(i)-\hat{\mu}_n]^2, \quad n=1,2,\cdots \tag{9.55}$$

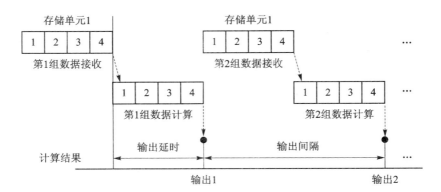

图 9.24　数据分组处理方式下的通信、存储和处理

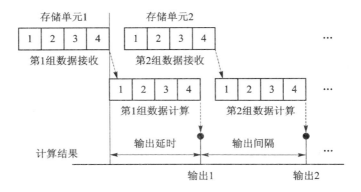

图 9.25　通过增加存储资源优化分组处理方式的数据通信

式中：$\hat{\mu}_n$ 为第 n 组数据的均值估计值，表示为

$$\hat{\mu}_n = \frac{1}{N} \sum_{i=(n-1)N+1}^{nN} x(i), \quad n=1,2,\cdots \tag{9.56}$$

显然，方差的估计只有当一组 N 个输入数据 $x[(n-1)N+1], x[(n-1)N+2], \cdots, x[nN]$ 完全到达并存储后才能开始，因为，计算方差的估计值前先要估计该组数据的均值，这就使用到该组全部数据。

然而，均值的估计则可以不必等到一组数据全部到达后再开始，可以使用递归算法，式(9.56)可以重新表示为

$$\hat{\mu}_n^N = \frac{N-1}{N} \left[\frac{1}{N-1} \sum_{i=(n-1)N+1}^{nN-1} x(i) \right] + \frac{1}{N} x(nN) =$$

$$\frac{N-1}{N} \hat{\mu}_n^{N-1} + \frac{1}{N} x(nN) \tag{9.57}$$

可见，求 N 个采样值的均值估计 $\hat{\mu}_n^N$ 可以转变为前 $N-1$ 个采样值的均值估计 $\hat{\mu}_n^{N-1}$ 和第 N 个采样值 $x(nN)$ 的加权求和，也即在原有求均值基础上，增加一个新采样值，就可以更新均值的估计值，这就是下面要介绍的数据流处理方法。

如果算法允许使用数据流处理方法,即每接收一个输入数据就做一次新运算,在下一个数据到达之前完成这些处理并舍弃上一次计算的输入数据,那么这种算法可以占用很少的存储空间来存储接收数据,使数据接收和运算同步进行成为可能,这样就可以最高效率地缩短输出延时,如图 9.26 所示。

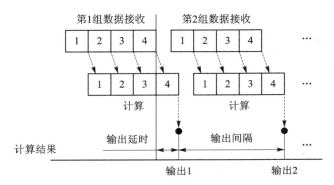

图 9.26　数据流处理方式下的通信、存储和处理

例如,对于离散时间信号 $x(n)$ 和 $y(n)$,可以用其有限长的样本序列来估计这两个信号的互相关函数,其计算表达式为

$$\hat{r}_{xy}(m) = \frac{1}{N}\sum_{n=0}^{N-1} x(n)y^*(n-m), \quad m = 0,1,2,\cdots,M-1 \tag{9.58}$$

互相关函数的估计可以使用两种方法计算:

一是采用数据分组传输、存储和处理的方法。当所有计算数据 $x(n)$ 和 $y(n)$ 都到达并存储后,利用式(9.58)分别计算 $\hat{r}_{xy}(m)(m=0,1,2,\cdots,M-1)$。

二是使用数据流处理的方法。式(9.58)可以表示为

$$\begin{bmatrix} \hat{r}_{xy}(0) \\ \hat{r}_{xy}(1) \\ \vdots \\ \hat{r}_{xy}(M-1) \end{bmatrix} = \frac{1}{N} \begin{bmatrix} y^*(0) & y^*(1) & \cdots & y^*(N-1) \\ y^*(-1) & y^*(0) & \cdots & y^*(N-2) \\ \vdots & \vdots & & \vdots \\ y^*(1-M) & y^*(2-M) & \cdots & y^*(N-M) \end{bmatrix} \begin{bmatrix} x(0) \\ x(1) \\ \vdots \\ x(N-1) \end{bmatrix}$$

$$\tag{9.59}$$

上式可以分解为各列向量加权求和的形式,表示如下:

$$\begin{bmatrix} \hat{r}_{xy}(0) \\ \hat{r}_{xy}(1) \\ \vdots \\ \hat{r}_{xy}(M-1) \end{bmatrix} = \frac{1}{N}x(0)\begin{bmatrix} y^*(0) \\ y^*(-1) \\ \vdots \\ y^*(1-M) \end{bmatrix} + \frac{1}{N}x(1)\begin{bmatrix} y^*(1) \\ y^*(0) \\ \vdots \\ y^*(2-M) \end{bmatrix} + \cdots +$$

$$\frac{1}{N}x(N-1)\begin{bmatrix} y^*(N-1) \\ y^*(N-2) \\ \vdots \\ y^*(N-M) \end{bmatrix} \tag{9.60}$$

将上式中的列向量用大写字母表示,则可以简写为

$$\hat{\boldsymbol{R}}_{xy} = \frac{1}{N}x(0)\boldsymbol{Y}_0 + \frac{1}{N}x(1)\boldsymbol{Y}_1 + \cdots + \frac{1}{N}x(N-1)\boldsymbol{Y}_{N-1} \tag{9.61}$$

上式可以按如下递归形式进行计算:

$$\hat{R}_{xy}^0 = \frac{1}{N}x(0)\boldsymbol{Y}_0$$

$$\hat{R}_{xy}^1 = \hat{R}_{xy}^0 + \frac{1}{N}x(1)\boldsymbol{Y}_1$$

$$\vdots$$

$$\hat{R}_{xy}^{N-2} = \hat{R}_{xy}^{N-3} + \frac{1}{N}x(N-2)\boldsymbol{Y}_{N-2}$$

$$\hat{R}_{xy} = \hat{R}_{xy}^{N-1} = \hat{R}_{xy}^{N-2} + \frac{1}{N}x(N-1)\boldsymbol{Y}_{N-1}$$

每次接收到新数据 $x(n)$、$y(n)$,便可以进行一次向量加权求和运算,且运算在下一组数据 $x(n+1)$、$y(n+1)$ 到达之前完成,这样就把计算工作量分配到各个输入数据接收间隔内完成。随着输入数据不断地到来,相关函数不断趋近最终值。运用该算法,每次输入新数据后,都能得到一个粗略的相关函数估计,这会给一些应用带来方便。

9.7 测试和验证方法

测试和验证工作贯穿算法和系统开发、实现的整个过程,由于传感器和仪器仪表中的实时数字信号处理算法和系统规模较小,所以其测试和验证可以精简为如图 9.27 所示的 4 个步骤。

① 在算法公式描述阶段,利用 C 语言、MATLAB 语言等在通用计算环境下对算法的基本功能进行非实时的仿真和分析,以验证所选择算法的可行性;

② 在完成算法分解和向数字信号处理器移植后,利用 C 语言、MATLAB 语言等在通用计算环境下模拟实时运行的算法正确性和准确性;

③ 对于用 FPGA 或 ASIC 实现的算法,可以用专用工具软件对系统的功能和时序进行仿真和验证;

④ 最终的测试和验证工作是在实时数字信号处理系统实物上进行的,考察算法在软硬件上执行的正确性。

第 9 章 实时数字信号处理系统实现的技术手段

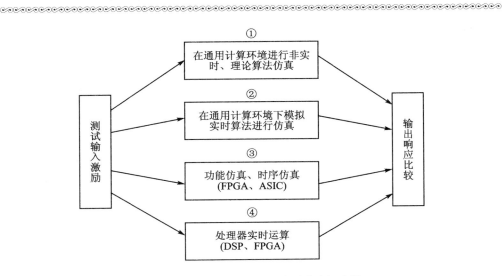

图 9.27 算法开发和实现的测试验证阶段

上述测试和验证步骤是在算法开发和实现的不同阶段进行的,所有测试均添加相同的输入测试激励,所有输出响应应该一致。

算法的测试和验证也可以分为如图 9.28 所示的几个层次:

① 对各个算法子模块和功能子模块进行单独测试和验证;
② 对完整、独立的算法和功能模块进行测试和验证;
③ 在整个实时数字信号处理系统中对算法进行测试和验证;
④ 在整个电路系统的环境下对算法进行测试和验证,包括电路系统的数字部分和模拟部分;
⑤ 在整个传感器或仪器仪表系统中对算法进行测试和验证,这是对电路系统、传感部件以及执行机构等的一个联合测试和验证。

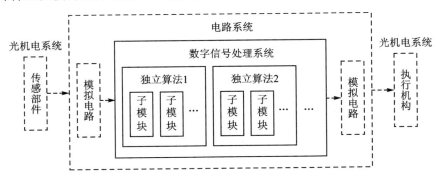

图 9.28 传感器和仪器系统中算法的测试和验证层次

上述①、②层次以软件仿真为主,而③、④、⑤层次既要有仿真又要有实物的测试。因此,除了要对实现算法的数字信号处理部分进行数学建模并生成数字激励信号外,对模拟电路、传感部件和执行机构等也要进行数学建模并生成相应的激励信号。

此外,算法具备在电路硬件系统实时运行的条件后,还需要考虑不同工作环境和条件下的测试和验证。例如,在不同温度、振动等环境下以及在不同工作频率、工作电压等条件下,算法能否正常运行或性能是否受到影响,主要考察算法软件、硬件设计和实现的健壮性及可靠性。

参考文献

[1] McClellan James H,Burus C Sidney,Oppenheim Alan V,et al. 基于计算机的信号处理实践[M]. 栾晓明,译. 北京:电子工业出版社,2006.

[2] 赵树杰,赵建勋. 信号检测与估计理论[M]. 2 版. 北京:电子工业出版社,2013.

[3] 马淑芬,王菊,朱梦宇,等. 离散信号检测与估计[M]. 北京:电子工业出版社,2010.

[4] 伦加雷 K V,马尔勒克 R K. 面向工程师的数字信号处理[M]. 刘树棠,译. 西安:西安交通大学出版社,2007.

[5] 梁红玉,郑霖,王俊义,等. 随机信号分析基础[M]. 西安:西安电子科技大学出版社,2013.

[6] Ifeachor Emmanuel C,Jervis Barrie W. Digital Signal Processing A Practical Approach[M]. 2nd ed. 北京:电子工业出版社,2003.

[7] Ackenhusen John G. 实时信号处理——信号处理系统的设计与实现[M]. 李玉柏,杨乐,李征,等译. 北京:电子工业出版社,2002.

[8] Ingle Vinay K,Proakis John G. 数字信号处理(MATLAB 版)[M]. 刘树棠,译. 西安:西安交通大学出版社,2008.

[9] 罗鹏飞,张文明. 随机信号分析与处理[M]. 2 版. 北京:清华大学出版社,2012.

[10] Uwe Meyer-Baese. 数字信号处理的 FPGA 实现[M]. 刘凌,胡永生,译. 北京:清华大学出版社,2003.

[11] 颜庆津. 数值分析[M]. 4 版. 北京:北京航空航天大学出版社,2012.

[12] 金靖,宋凝芳,李立京. 干涉型光纤陀螺温度漂移建模与实时补偿[J]. 航空学报,2007,28(6):1449-1454.

[13] 胡广书. 数字信号处理理论、算法与实现[M]. 2 版. 北京:清华大学出版社,2003.

[14] 程佩青. 数字信号处理教程[M]. 4 版. 北京:清华大学出版社,2013.

[15] 张福渊,郭绍建,萧亮壮,等. 概率统计及随机过程[M]. 北京:北京航空航天大学出版社,2000.

[16] 张贤达. 现代信号处理[M]. 2 版. 北京:清华大学出版社,2002.

[17] 苏曙光,沈刚. 嵌入式系统原理与设计[M]. 武汉:华中科技大学出版社,2011.

[18] 汪学刚,张明友. 现代信号理论[M]. 2版. 北京:电子工业出版社,2005.
[19] 高晋占. 微弱信号检测[M]. 2版. 北京:清华大学出版社,2011.
[20] Lyons Richard G. 数字信号处理[M]. 2版. 朱光明,程建远,刘保童,等译. 北京:机械工业出版社,2006.
[21] 周求湛,胡封晔,张利平. 微弱信号检测与估计[M]. 北京:北京航空航天大学出版社,2007.
[22] 张强. 随机信号分析的工程应用[M]. 北京:国防工业出版社,2009.
[23] 陈亚勇. MATLAB信号处理详解[M]. 北京:人民邮电出版社,2001.
[24] Manolakis Dimitris G, Ingle Vinay K, Kogon Stephen M. 统计与自适应信号处理[M]. 周正,等译. 北京:电子工业出版社,2003.
[25] Shiavi Richard. 信号统计分析方法——生物医学和电气工程应用指南[M]. 3版. 封洲燕,译. 北京:机械工业出版社,2012.
[26] Stark Henry, Woods John W. Probability, Statistics, and Random Processes for Engineers[M]. 4th ed. 北京:电子工业出版社,2012.
[27] 桂志国,杨民,陈友兴,等. 数字信号处理原理及应用[M]. 北京:国防工业出版社,2012.
[28] 何正风,等. MATLAB概率与数理统计分析[M]. 2版. 北京:机械工业出版社,2012.
[29] 王玉孝,柳金甫,姜炳麟,等. 概率论、随机过程与数理统计[M]. 2版. 北京:北京邮电大学出版社,2010.
[30] 奥本海姆 A V,谢弗 R W,巴克 J R. 离散时间信号处理[M]. 2版. 刘树棠,黄建国,译. 西安:西安交通大学出版社,2007.
[31] 支长义,程志平,陈书立,等. DSP原理及开发应用[M]. 北京:北京航空航天大学出版社,2006.
[32] 廖延彪,黎敏,张敏,等. 光纤传感技术与应用[M]. 北京:清华大学出版社,2009.
[33] Zepernick Hans-Jurgen, Filger Adolf. 伪随机信号处理——理论与应用[M]. 甘良才,等译. 北京:电子工业出版社,2007.
[34] 王岩,隋思涟,王爱青. 数理统计与MATLAB工程数据分析[M]. 北京:清华大学出版社,2006.
[35] Rice John A. 数理统计与数据分析[M]. 3版. 田金方,译. 北京:机械工业出版社,2011.
[36] 张德丰. 详解MATLAB数字信号处理[M]. 北京:电子工业出版社,2010.
[37] Jin Jing, Tian Haiting, Pan Xiong. Electrical crosstalk-coupling measurement and analysis for digital closed loop fiber optic gyro[J]. Chinese Physics B, 2010,19(3):030701.

[38] 施国勇. 数字信号处理 FPGA 电路设计[M]. 北京:高等教育出版社,2010.

[39] 许邦建,唐涛,张坤赤,等. DSP 处理器算法概述[M]. 北京:国防工业出版社,2012.

[40] 金靖,李敏,宋凝芳,等. 基于 4 态马尔可夫链的光纤陀螺随机调制[J]. 北京航空航天大学学报,2008,34(7):769-772.

[41] Mitra Sanjit K. 数字信号处理——基于计算机的方法[M]. 3 版. 孙洪,等译. 北京:电子工业出版社,2006.

[42] Kuo Sen M,Lee Bob H,Tian Wenshun. 实时数字信号处理:实践方法与应用[M]. 2 版. 梁维谦,译. 北京:清华大学出版社,2012.

[43] 飞思科技产品研发中心. MATLAB 7 辅助信号处理技术与应用[M]. 北京:电子工业出版社,2005.

[44] 郑君里,应启珩,杨为理. 信号与系统[M]. 2 版. 北京:高等教育出版社,2000.

[45] 张雄伟,陈亮,徐光辉. DSP 芯片的原理与开发应用[M]. 3 版. 北京:电子工业出版社,2004.

[46] 谭浩强. C 语言程序设计[M]. 3 版. 北京:清华大学出版社,2005.

[47] 刘金凤,赵鹏舒,祝虹媛. 计算机软件基础[M]. 哈尔滨:哈尔滨工业大学出版社,2012.

[48] Lyons Richard G. 精简数字信号处理——方法与技巧指导[M]. 张国梅,译. 西安:西安交通大学出版社,2012.

[49] Smith Steven W. 实用数字信号处理——从原理到应用[M]. 张瑞峰,詹敏晶,等译. 北京:人民邮电出版社,2010.

[50] 陈亮,杨吉斌,张雄伟. 信号处理算法的实时 DSP 实现[M]. 北京:电子工业出版社,2008.

[51] 何宾. FPGA 数字信号处理实现原理及方法[M]. 北京:清华大学出版社,2010.

[52] 高亚军. 基于 FPGA 的数字信号处理[M]. 北京:电子工业出版社,2012.

[53] Smith David R,Franzon Paul D. 面向数字系统综合的 Verilog 编码风格[M]. 汤华莲,田泽,译. 西安:西安电子科技大学出版社,2007.

[54] 夏宇闻. Verilog 数字系统设计教程[M]. 2 版. 北京:北京航空航天大学出版社,2008.

[55] Proakis John G. 统计信号处理算法[M]. 汤俊,等译. 北京:清华大学出版社,2006.

[56] Haykin Simon. 自适应滤波器原理[M]. 4 版. 郑宝玉,等译. 北京:电子工业出版社,2003.

[57] 王惠刚,马艳. 离散随机信号处理基础[M]. 北京:电子工业出版社,2014.

[58] 刘益成,罗维炳. 信号处理与过抽样转换器[M]. 北京:电子工业出版社,1997.

[59] 陈祝明. 软件无线电技术基础[M]. 北京:高等教育出版社,2007.

[60] 马东营,宋凝芳,金靖,等. 微小型光纤陀螺组合分时复用技术[J]. 光学精密工程,2010,18(10):2171-2177.

[61] 闫石. 数字电子技术基础[M]. 5版. 北京:高等教育出版社,2006.

[62] 华成英,童诗白. 模拟电子技术基础[M]. 4版. 北京:高等教育出版社,2006.

[63] 何克忠,李伟. 计算机控制系统[M]. 北京:清华大学出版社,1998.

[64] 胡寿松. 自动控制原理[M]. 6版. 北京:科学出版社,2013.

[65] Padgett Wayne T, Anderson David V. Fixed-Point Signal Processing[M]. San Rafael: Morgan & Claypool Publishers,2009.

[66] Kilts Steve. 高级FPGA设计——结构、实现和优化[M]. 孟宪元,译. 北京:机械工业出版社,2009.

[67] Ercegovac Miloš D, Lang Tomás. Digital Arithmetic[M]. San Rafael: Morgan Kaufmann Publishers,2004.

[68] Smith Steven W. The Scientist and Engineer's Guide to Digital Signal Processing[M]. 2nd ed. San Diego: California Technical Publishing,1999.

[69] Kuo Sen M, Lee Bob H. Real-Time Digital Signal Processing. Hoboken: JOHN WILEY & SONS,LTD,2001.

[70] Blahut Richard E. Fast Algorithms for Signal Processing[M]. Cambridge: Cambridge University Press,2010.

[71] Swanson David C. Signal Processing for Intelligent Sensor Systems[M]. New York: Marcel Dekker,Inc,2000.